U0058403

•高中生也看得懂•

機器學習

MATHEMATICS

的數學基礎

AI、深度學習打底必讀

感謝您購買旗標書,
記得到旗標網站
www.flag.com.tw
更多的加值內容等著您…

- FB 官方粉絲專頁：旗標知識講堂
- 旗標「線上購買」專區：您不用出門就可選購旗標書!
- 如您對本書內容有不明瞭或建議改進之處，請連上旗標網站，點選首頁的 [聯絡我們] 專區。

若需線上即時詢問問題，可點選旗標官方粉絲專頁留言詢問，小編客服隨時待命，盡速回覆。

若是寄信聯絡旗標客服 email，我們收到您的訊息後，將由專業客服人員為您解答。

我們所提供的售後服務範圍僅限於書籍本身或內容表達不清楚的地方，至於軟硬體的問題，請直接連絡廠商。

學生團體　訂購專線：(02)2396-3257 轉 362
　　　　　傳真專線：(02)2321-2545

經銷商　　服務專線：(02)2396-3257 轉 331
　　　　　將派專人拜訪
　　　　　傳真專線：(02)2321-2545

國家圖書館出版品預行編目資料

機器學習的數學基礎：AI、深度學習打底必讀 /
西內 啟 Hiromu Nishiuchi 作；
施威銘研究室 監修；胡豐榮 博士, 徐先正 譯--

臺北市：旗標, 2020.01　面；　公分

ISBN 978-986-312-614-0 (平裝)

1.電腦資訊業 2.數學 3.人工智慧

484.67　　108019371

作　　者／西內 啟 Hiromu Nishiuchi
譯　　者／胡豐榮 博士・徐先正
發行所／旗標科技股份有限公司
台北市杭州南路一段15-1號19樓
電　　話／(02)2396-3257(代表號)
傳　　真／(02)2321-2545
劃撥帳號／1332727-9
帳　　戶／旗標科技股份有限公司
監　　督／陳彥發
執行企劃／孫立德
執行編輯／孫立德
美術編輯／陳慧如
封面設計／古鴻杰・陳慧如
校　　對／孫立德・翁健豪

新台幣售價：580 元
西元 2024 年 7 月 初版 10 刷
行政院新聞局核准登記-局版台業字第 4512 號
ISBN 978-986-312-614-0

目錄

序　篇

AI、機器學習需要什麼樣的數學能力？

第 1 篇

機器學習的數學基礎

第 2 篇

機器學習需要的線性函數與二次函數

第 3 篇

機器學習需要的二項式定理、指數、對數、三角函數

第 4 篇

機器學習需要的 Σ、向量、矩陣

第 5 篇

機器學習需要的微分與積分

第 6 篇

深度學習需要的數學能力

序篇

AI、機器學習需要什麼樣的數學能力

單元 01

21 世紀每個人都需要具備數學能力

美國數學家亞瑟班傑明博士（*Arthur Benjamin, PhD*）在 *TED* 演講等公開場合，皆主張「與其在高中教微積分，不如教統計學更好」。對於讀理工的學生來說，微積分的確很重要，然而，一般人在日常生活中幾乎都用不到，反而是運用統計學而來的資訊卻隨處可見，因此他的主張也確實理所當然。我對於他的說法抱持正反兩種看法，當然，我認同統計學是所有人都應該學習這一點。

舉例來說，即使學生將來走的是商管方向，如果在高中時期曾經學過統計學，對於將來無論從事業務銷售、市場行銷、人資管理等各種領域，就能利用數據分析與統計學的概念，來解決提升銷售與降低成本的工作。

至於理科出身的人未來成為工程師，具有統計學基礎，對工作更是大有助益。像是製造業需要改良生產力與提升品質，或是採購與產量的最適化方面，善用統計學都有極大好處。

更進一步來說，就算從事與商業無關的範疇，具備統計學能力仍然相當有價值。舉凡我們生活相關的各種社會議題，像是醫療、社會福利、教育、犯罪防治、環境問題等等，就能以統計學的角度判斷「如何能有效率的解決問題」以及「現行的政策是否適當」等。

然而，我對班傑明博士的主張不認同之處，是在於微積分的部分，因為即使要學統計學，也仍然需要微積分基礎。我個人認為，正因為學生從高中就開始接受微積分的教育，將來在學習統計學或其他數學科目時才能比較順利。此外，也因為具備微積分與線性代數的能力，在進入機器學習領域時，才不會遇到太多的困難。

既然 21 世紀是 *AI* 的時代，那麼國中高中階段的數學教育應該怎麼安排，才能順應大勢所趨呢？我個人認為，在國中高中就應該為統計學與機器學習編排先期教育課程，才能讓這些學生順利銜接 *AI* 教育。

大多數學生會學到統計學，都已經在大學階段了。以前的統計學都是靠紙筆推導與計算，後來因為得到高速運算電腦的幫助，才得以將許多現實中難以計算的問題交由電腦處理，因此統計學與電腦兩者的結合，開啟了「現代統計學」與「現代 *AI*」的發展。

人類研究 *AI* 技術已經好幾十年了，第一次 *AI* 風潮起於 1950 年代，接著在 1980 年代再現風潮。兩次研究 *AI* 的主流，皆想藉由將人類的邏輯與知識灌輸給電腦，以催生電腦的智慧。然而，眼看人類灌輸邏輯與知識予電腦的做法窒礙難行，終使兩次 *AI* 風潮趨於消散。

不過，在 1960 年代已開始零星出現納入「機率」與「數據應用」等統計學概念的 *AI* 研究。像是東京大學甘利俊一博士，就是將統計學中機率與微分的思考方式帶進神經網路領域，而成為多層神經網路進行影像辨識研究的先驅。

整體而言，藉由電腦 *IT* 技術與統計學的完美結合，有兩個重點：其一，在統計學裏，靠紙筆無法計算的數據分析，藉由電腦演算法得以實現，此即為現代的統計學。其二，即使電腦技術比以前更加強大，但舊 *AI* 的發展模式仍然無用武之地，必須納入統計學的理論與計算方法才能實現。也因此，兩者結合才能在現代資訊領域發揮極大的力量。

以前的社會認為，只要少數科學家與工程師具備數學的能力即可，數學不好的人，只要從事與數學無關的工作，也一樣可以活得很好。然而，這種想法在 21 世紀改變了，統計學對現代人而言，已經變成是跟「計算」能力一樣重要的技能。在古早時代，一個國家擁有計算能力的人越多，其經濟發展就越快。相對於現今世代，一個國家擁有能善用機器學習與統計學的人越多，就能更快速的提升技術能力，提高商品價值及服務，進而大大地影響國力的強弱。

本書的目的，是讓讀者不用花好幾年的時間去研究數學，而能在盡量短的時間內，獲得機器學習與統計學上需要的基本數學素養。本書舉的例子，儘可能選擇與統計學相關，同時適用於商業實務的內容，讓讀者在學習的過程中，將這些觀念套用在工作中思考。相信只要能耐心閱讀，必然可快速恢復以前學過的基礎數學，進而在腦中映入機器學習背後如何運作的知識。

單元 02

數學金字塔

中等教育學習的數學範圍很廣，我將之區分為代數、幾何學、數學分析（含微積分）、以及包括機率等範疇，總共 4 大領域，並整理成金字塔形狀，即如圖表 0-1 所示。

一開始學習平面圖形（直線、三角形、圓形等）與立體圖形（立方體、三角錐體、球體等）的性質。其次是學習平行與交叉、相似與比例的圖形關係，以及相關證明方法。然後，再學習畢氏定理、平面圖形與立體圖形的數學式表示方法，最後將圖形積分後求出表面積與體積。這個規劃是為了培養未來的工程師而設計的數學教育課綱：

圖表 0-1

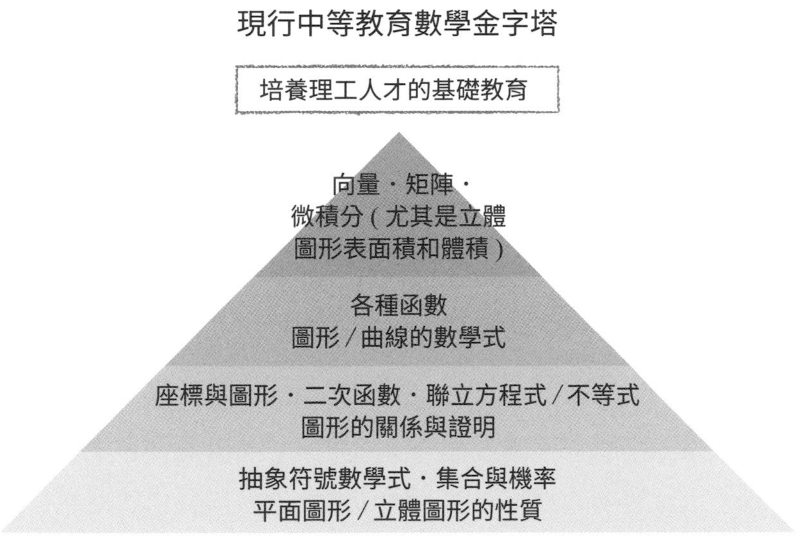

然而，現在是機器學習與統計學人才需求孔急的時代，如果我們希望中等數學教育培養出來的學子，將來進入大學能夠順利銜接機器學習與統計學的領域，就不需要學得如此龐雜，筆者認為，只要將重點放在代數、數學分析與機率就足夠了。幾何學相對來說用不到，只要建立基本的座標與函數圖形概念就已足夠，因此筆者從現行的數學金字塔中抽掉幾何學的部分，提出下圖的建議：

圖表 0-2

機器學習與統計學中等教育數學金字塔

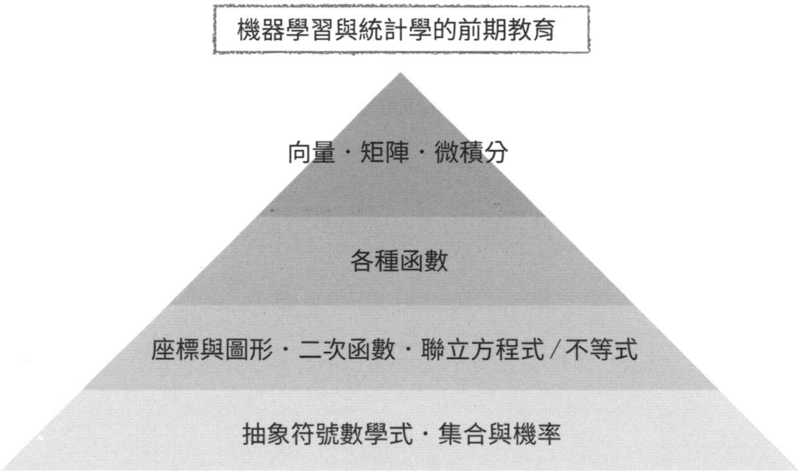

本書各篇與單元的安排，也大致以此為藍圖，可以幫助你快速學會與機器學習有關的數學，避免耗費時間在學習用不到的部分，這就是筆者設計本書的目的。

首先，第 1 篇是從初步的代數思考方式入門，亦即以 x、y 字母來代表數值的抽象意義，以及機率的基本觀念，而且也會談到對現代機器學習相當重要的貝氏定理。

接著，在第 2 篇要學習一次函數斜率與截距的觀念，二次函數求最大值或最小值的方法，以及用聯立方程式與不等式解出函數的相關係數。並且學會利用最小平方法求誤差的最小值，這些對於後面要講的迴歸分析相當有幫助。

在第 3 篇會學習指數函數、對數函數、三角函數，探討數值之間的各種關係。儘管筆者主張省略幾何學，不過在推導座標轉換時仍是有用的工具，因此也會介紹最基本的三角函數。此外，為了理解指數函數與對數函數，也會學習統計學中的邏輯斯迴歸、也就是機器學習中使用的 *Sigmoid* 函數（亦即 *S* 函數）。

在第 4 篇會學習向量與矩陣運算，並在多元迴歸分析中，利用矩陣形式表達出數據之間的關係，以及利用轉置矩陣計算迴歸係數，這都是機器學習中經常用到的技巧。在專業書籍或論文中也都會採用矩陣形式的符號來表達。

此外，在第 5 篇會介紹微分與積分的基礎知識，以及合成函數的微分。並利用最大概似估計法找出誤差函數（機器學習中稱為損失函數）的最小值。最後也會講到統計學常態分佈的機率密度函數。

在最後的第 6 篇，重點在於運用神經網路的深度學習技術，由於此處皆以向量與矩陣運算，在計算每一層神經網路的權重斜率時，會用到偏微分的技巧，包括純量對向量偏微分，向量對向量偏微分等等。而且此處會用到非線性邏輯斯函數做轉換，用梯度下降法找出最適合的迴歸係數，並於最後介紹反向傳播（或稱倒傳遞法）的運作原理。

本書中少部分數學式看起來有點可怕，不過只要仔細閱讀，就會發現一通百通，原則都是一樣的，以後再看到類似的數學式就會習以為常，能順利銜接後續的機器學習與統計學課程。

此處要提醒讀者，本書中大多數的範例都可以用手算出來，不過現代統計學以及結合統計學的機器學習技術，都必須靠電腦演算而得。因為，人類解決數學問題的方法與電腦明顯不同，人類是用思考的方式解題，而電腦是利用演算法不斷重覆運算去求得最適合的近似值，來找出數據間的數學模型，並做為後續新數據的推估之用。也因此，機器學習並非真正具有思考能力，而是讓電腦從現實數據中找出規則罷了。

期望讀者在讀完本書之後，即能具備機器學習的數學觀念，從完全不懂在搞什麼，到打開黑盒子，一窺裏面深藏的秘密。

第 1 篇

機器學習 (*Machine Learning*) 的數學基礎

單元 03

將事物用數字來表現

每件事物都包括很多性質，比如一堆積木中的每一塊積木都有大小、顏色、形狀的差異，一群人中的每個人也有年紀、性別、身高、體型等差異。這許許多多的性質，對於我們描述事物時會變得相當複雜，因此我們必須挑出重點、將之簡化，才能做後續處理，例如加總、計算平均、…等等。

這個挑重點、簡化的過程稱為「抽象化」，例如圖表 1-1 中有 5 個人的具體形象，每個人的性別、衣著、髮型、鼻子型狀各異，為了簡單描述他們，我們必須將具體形象的差異逐步抽象化，最後簡化為代表「5 個人」的抽象圖形(圓圈)，做為計數之用。

圖表 1-1

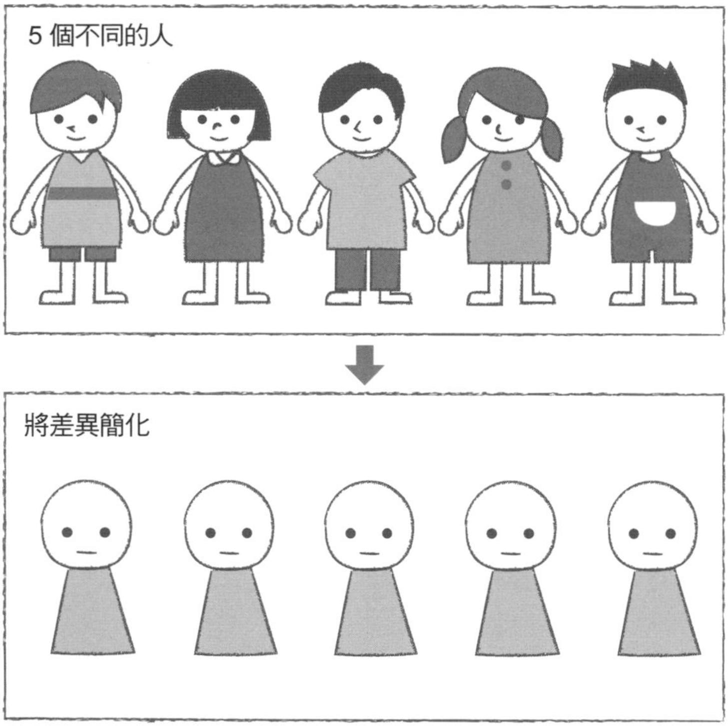

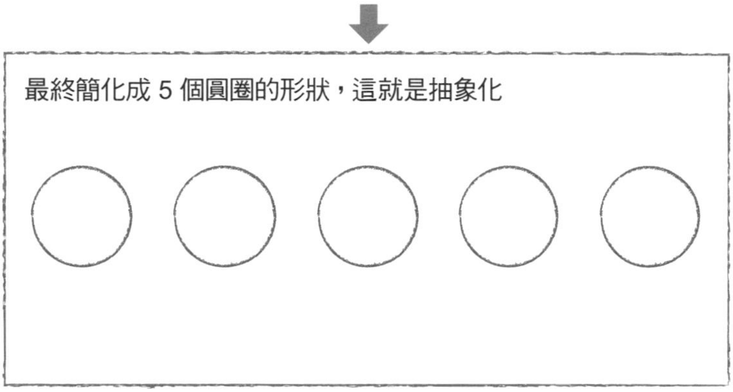

出處：《與數學的初次相遇繪本 2》

抽象化可讓我們無視個體之間的差異，將複雜的事物簡化為用數字代表，便於觀察與處理現實中的事物，進而對這個群體做推估與預測。

舉例來說，5 個人共有 2000 元的聚餐預算，請問他們可以選擇哪種價位的餐廳？相信大家立刻就能算出只要平均花費低於 400 元的餐廳即可。這就是自然而然運用了抽象化的概念，而自動忽略這 5 個人個別的現實差異。

被忽略的現實差異，包括每個人的體格胖瘦、喜歡或不喜歡吃肉、對海鮮是否過敏、食量大或小等等，如果要將許多差異性全都考慮進來，事情就會變得難以處理。因此忽略非必要的差異性，單純簡化為人數，有其便於處理上的優勢，如此才能超越許多現實上的限制。

小編補充： 世界上萬事萬物資訊太多，如果沒有挑重點、簡化，則會遇到組合爆炸的問題，而太過簡化則造成資訊消失的問題。如何適當的簡化、抽象化是目前機器學習很重要的課題。

這種將事物抽象化為數字的方法已廣為使用。比如我們無法實際看到幾百年前某一個國家的每一個人，但可藉由統計該國幾百年來居住的人口數變化，進而推估「因農業技術進步使得人口激增」，或是「因疾病流行以致於在無戰爭的情況下人口驟減」這些不同的情況。我們在做以上推估時，並不會去描述這群人每一個人的個別差異，而是簡化為單純的人數，這就是抽象化有利於推估事情的好處。

除了將現實事物抽象化為數字之外，我們還會進一步將數字改用英文字母來代表未知的數字，更進而將其用函數來表現未知數字的行為，這都是為了讓複雜事物更容易處理之故。

很多人在小學階段的算數游刃有餘，但不知何時開始變得對數學心存畏懼。我當年在做數學家教與補習班老師，甚至在大學教統計學時，都常常會看到這樣的人。為何這些人原本對算數很拿手、心算也很快，卻在不知不覺中開始對數學感到棘手？我認為應該就是這個「抽象化」的過程轉換不過來所致。

然而即便如此，我仍建議這些人要學習統計學，是因為統計學具有在現實中做為判斷依據的特性。數學是將現實的事物抽象化，並以特定形式處理數字的學問，而統計學則是活用該數學知識，推理出像是何種廣告行銷可提升銷售或是準備多少庫存較適當等現實的決策。若可應用這樣的案例，讓數學更貼近日常生活，或多或少能減輕學習上的心理障礙。

單元 04

將數字用字母符號代替

前一個單元 5 人聚餐共用 2000 元的例子，可立即算出每人平均 400 元。那麼如果是 6 人、7 人聚餐共用 2000 元，每人平均多少元相信也很容易計算出來。假設考慮不一定多少人的情況，我們可以將人數從「數字」進一步抽象化為用「字母符號」代替，例如將人數用 x 代表，表示有 x 人，此即為基本的代數觀念。

這樣做有什麼好處呢？我們先來思考下面這個問題：

> 某位好友長年以來的夢想是開一間咖啡館，採用最好的食材來製作餐點、咖啡與飲料。他在人潮眾多的車站前，找到一間已經裝潢且包括基本設備的店面，店租是每月 30 萬元（以下皆為日本物價），因此打算開店。
>
> 我仔細詢問之後，瞭解他的經營預估是：平均客單價要 500 元，食材和消耗品等進貨成本約為售價的 40%。而在 12 小時的營業時間裏，需要僱用 2 名計時人員維持營運。
>
> 假設計時人員的時薪為 1000 元，這間咖啡館單日平均要有多少客戶來店消費，才能負擔租金及人事費用的最低支出，而不會虧損呢？

有些人不仔細試算損益就盲目開店，通常也會以關門收場。然而真要好好試算，又該怎麼做呢？我們假設每日平均來客數 200 人，算算這樣是否有獲利？先把營業條件列出來：

- 每 1 位客人來店可帶來 500 元的業績
- 每份餐點的成本為 40%，表示毛利為 60%

> **小編補充：** 毛利不是最終的利潤，必須再扣掉人員薪資、水電費、房租、雜費等等，才是最後的淨利。

- 由此可知，每 1 位客人可創造 500 元 $\times$ 60% $=$ 300 元毛利
- 如此 1 個月的總毛利為 30 天 $\times$ 200 人 $\times$ 300 元 $=$ 180 萬元
- 人事費用每月為 2 人 $\times$ 1000 元 $\times$ 12 小時 $\times$ 30 天 $=$ 72 萬元
- 店租每月 30 萬元
- 人事費用與店租相加為 72 萬元 $+$ 30 萬元 $=$ 102 萬元
- 因此毛利扣除成本後，利潤為 180 萬元 $-$ 102 萬元 $=$ 78 萬元

如果每日平均來客數達到 200 人，利潤再扣掉雜七雜八的開支，看起來店長可以賺到錢（此處尚未列入店長的薪水）。

然而，實際每日來客數未必能達到 200 人，萬一只有 100 人或 50 人，是不是也要試算看看能否賺錢？然而每改變一次來客數，就要重新算一遍頗為麻煩。此外，如果想知道剛好能達到損益兩平（不賺不賠）的來客數，就要重複計算好幾組來客數，才能找出比較接近的數字。

其實不用那麼麻煩，只要改用代數來思考，將不確定的來客人數用符號 x 來表示，剛才的計算方式就可修改成下面這樣：

- 每 1 位客人可創造 500 元 $\times$ 60% $=$ 300 元毛利
- 1 個月的總毛利為 30 天 $\times$ 300 元 $\times$ x 人 $=$ 9000 $\times$ x 元
- 人事費用與店租共計 102 萬元
- 毛利扣除成本的利潤為 9000 $\times$ x $-$ 1020000 元

因此，利潤與來客數的關係就可以寫成數學式：

$$\text{利潤} = 9000 \times x - 1020000 \qquad \cdots(4.1)$$

在數學式右邊標示的 (4.1)，是數學式子的編號。因為在數學相關的書中會出現許許多多數學式，所以通常會加上編號以區別是書中的哪一條數學式。

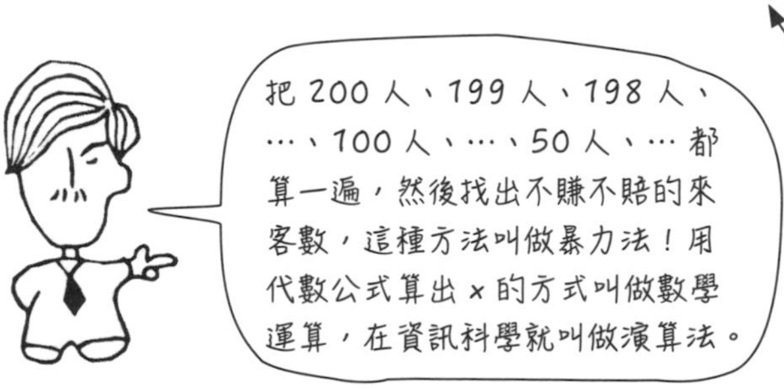

把 200 人、199 人、198 人、…、100 人、…、50 人、… 都算一遍，然後找出不賺不賠的來客數，這種方法叫做暴力法！用代數公式算出 x 的方式叫做數學運算，在資訊科學就叫做演算法。

代數的 3 種基本運算規則

由於後面會用到代數的基本運算，在此讓您複習一下：

規則 1 交換律：像 1 ＋ 2 ＝ 2 ＋ 1 或 2×3 ＝ 3×2，加法和乘法的順序互換，結果相同。

規則 2 結合律：像(1＋2)＋3 ＝ 1＋ (2 ＋ 3)或(2×3) ×4 ＝ 2×(3×4)，若為多個數字的加法或是多個數字的乘法，無論哪部份先計算都可以。

規則 3 分配律：像 3×(2 ＋ 1)＝ 3×2 ＋ 3×1 和 3×(2－1)＝ 3×2－3×1，相加（或相減）後再乘以其它數值，可先個別計算其相乘結果，之後再相加（或相減），結果相同。

咖啡館的營業條件改用數學式表示

我們將原本條列式的營業條件，改為以下像數學式子的方式思考：

利潤 ＝ 總毛利
－ 人事費用
－ 店租

細分成：

利潤 ＝ 營業天數 × 每日來客數 × 每 1 位客人貢獻的毛利 ← 總毛利細分
－ 人事費用
－ 店租

將每日來客數改為 x，繼續細分為：

$$利潤 = 營業天數 \times x \times (客單價 \times 毛利率)$$
$$- 時薪人數 \times 時薪 \times 每日工時 \times 營業天數$$
$$- 店租$$

總毛利細分

人事費用細分

最後就將營業條件改寫成下面這條式子：

$$利潤 = 營業天數 \times x \times (客單價 \times (1 - 成本率))$$
$$- 時薪人數 \times 時薪 \times 每日工時 \times 營業天數$$
$$- 店租 \qquad \cdots(4.2)$$

總毛利再細分

人事費用細分

這條式子在代入實際數值後：

$$利潤 = 30 \times x \times (500 \times (1 - 40\%))$$
$$- 2 \times 1000 \times 12 \times 30$$
$$- 300000 \qquad \cdots(4.3)$$

總毛利 代入實際數值

人事費用 代入實際數值

店租 代入實際數值

將 (4.3) 式等號右邊的式子加以運算並整理一下，就可得到 (4.1) 式了。想知道多少來客數時的利潤，只要將人數代入到 x 即可算出。

在數學上，因為乘號 $\times$ 與 x 容易弄混，所以我們會把 $9000 \times x$ 中間的乘號用『 $\cdot$ 』替代而寫成『 $9000 \cdot x$ 』，或是直接省略乘號寫成『 $9000\,x$ 』，這兩種表示法都是 $9000 \times x$ 的意思。

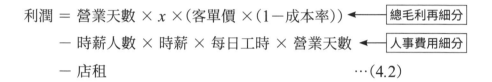

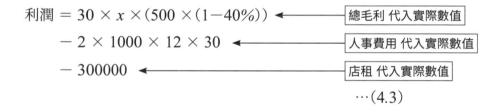

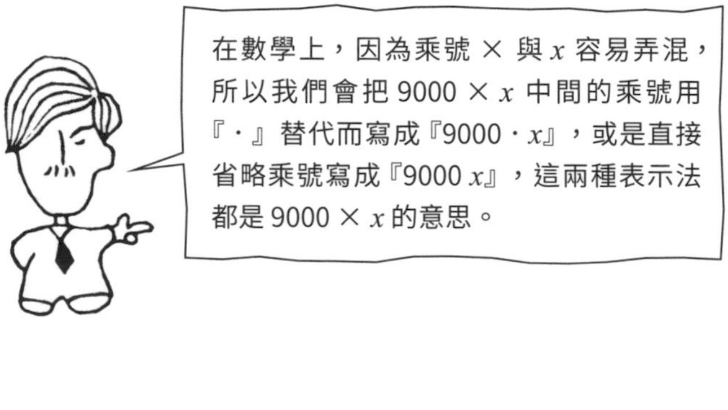

利用代數算出損益平衡的來客數

如果我們想要算出剛好損益平衡的來客數，就是利潤剛好為零時，可以用 (4.1) 式輕鬆算出來。可將 (4.1) 式改成下式：

$$0 = 9000x - 1020000 \qquad \cdots(4.4)$$

(4.1)式的利潤設為 0

我們在等號兩邊同時加上 1020000，再同除以除數 9000 (亦即同乘以 $\frac{1}{9000}$)，就可以進一步簡化這條數學式：

$$0 = 9000x - 1020000 \qquad \cdots(4.4)$$

$\Leftrightarrow \quad 1020000 = 9000x$ …(4.5)等號兩邊同時加上 1020000

$\Leftrightarrow \quad 1020000 \div 9000 = 9000x \div 9000$ …(4.6)等號兩邊同時除以 9000

$\Leftrightarrow \quad 113.3333\cdots = x$ …(4.7)得到答案

「⇔」符號，代表 (4.4) 式成立，則 (4.5) 式也成立；反之 (4.5) 式成立，則 (4.4) 式也成立。簡言之，即表示意義完全相同的數學式，也就是「實質等價」的意思。

如果我們將 113.3333…(其後 3 為盡可能多位數) 或 113.3333(近似值) 代入 (4.4) 式右邊的 x，用計算機算一下可得到「近似於 0」的值：

$$\begin{aligned} & 9000 \cdot 113.3333 - 1020000 \\ = \; & 1019999.7 - 1020000 \\ \fallingdotseq \; & 0 \end{aligned}$$

「≒」符號表示「近似於」，亦即「雖非完全相等但接近於相等」的意思。

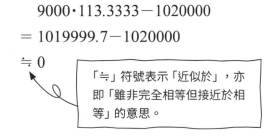

這也表示，如果平均每日來客數只要稍微超過 113.3333 人，即可勉強支付店租與人事費用。如果還有其他開銷，以及店長想開始支領養家活口的薪水，那麼 (4.4) 式等號左邊就不是利潤為 0，而是要將開銷與店長薪水加上後，再來計算出每日來客數 x 是多少。

代數可將概念數學化

如果計算出來的獲利來客數可以達成是最好，萬一來客數很難達成，就要考慮壓低成本率或提高客單價。然後考量店裏可容納的座位數，以及附近餐廳的競爭狀態，如果還是擔心難以實現預定來客數，恐怕還是放棄開店的想法比較好。

許多創業者認為「不實際去做做看，就無法瞭解具體的情況」或「人生在世不能太悲觀，總要衝一下」。當然，我也不能說他們一定錯，但往另一方面想，藉由預先判斷是否可行還是比較保險。其實只要稍加計算，即可清楚看出行事是否過於衝動，我們可以從前輩的失敗經驗學習，沒必要自己平白去經歷失敗的教訓。

像本單元舉的例子，用到的數學只算得上基本的代數，就有助於開店是否可行的評估。也只有這種將複雜的東西簡化的數學力量，才足以擔負起現代各種自然科學與社會科學重大進步的基礎。

當然這在機器學習方面也不例外。在機器學習的方法裏，不管舉多少個概念，往往也只知道個大概，然而利用數學式便可將這些概念性的東西簡單解釋清楚。所以就從本單元開始打好數學基礎，以幫助我們更容易理解新的技術。

單元 05

減法是負數的加法，除法是倒數的乘法

在前面已說明過加法與乘法的交換律、結合律、分配律 3 個代數基本運算規則，而那時我們並沒有談到減法與除法，那是因為減法與除法的交換律與結合律皆不成立。

減法/除法的交換律與結合律不成立

我們先來看看交換律，當兩個數字相減的順序相反，答案會不一樣，例如下式左邊計算的結果是 1，但右邊是 −1，顯然減法交換律不成立：

$$3-2\neq 2-3$$

「≠」符號稱為「不等號」，表示兩邊「不等於」的意思。

除法同樣也不適用於交換律。例如下面的式子，不等號左邊計算的結果是 2，但右邊是 0.5：

$$10\div 5\neq 5\div 10$$

再來讓我們檢查結合律。例如下面的式子在不等號左邊是「10 減 7 得 3，再減 2 得 1」，但右邊是「先將 7 減 2 得 5，再將 10 減 5 得 5」，兩者並不相等，表示減法結合律不成立：

$$(10-7)-2\neq 10-(7-2)$$

除法也一樣不適用於結合律，例如下面的式子在不等號左邊是「24 除以 6 得 4，再除以 2 得 2」，但右邊是「先將 6 除以 2 得 3，再將 24 除以 3 得 8」，兩者顯然不相等：

$$(24\div 6)\div 2\neq 24\div(6\div 2)$$

減法與除法雖然看起來不適用交換律與結合律，但只要將減法視為「負數的加法」，將除法視為「分數的乘法」。如此一來，減法與除法就搖身一變為加法與乘法，即可適用於交換律和結合律了。

我們來看看下面這個問題：

> 某工廠每月可生產 1000 個商品，本月該商品接獲的訂單量為 600 個。請問他們本月會剩下多少個商品？

這個問題非常簡單，將生產的 1000 個減去訂單 600 個之後，即可知剩餘 400 個。然而，要是問題變成下面這樣呢？

> 某工廠每月可生產 500 個商品，該商品本月接獲的訂單數量為 600 個。請問他們本月會剩下多少個商品？

答案會是「沒剩餘」或「不夠減」，因為工廠本月最多可以出貨 500 個，出完就剩 0 個，不可能出貨 −100 個。

上面提到的兩種情況，要嘛產量比訂單量多，要嘛產量低於訂單量，如果不清楚工廠每月生產的商品數量，要如何計算以下的問題？

> 某工廠本月生產 x 個商品，該商品本月接獲的訂單數量為 600 個。請問他們本月會剩下多少個商品？

我們將本月剩下多少商品寫成 $x-600$ 個，可能的情況分成兩種，一種是 x 比 600 大，另一種是 x 比 600 小，寫成數學式會像下面這樣：

$$
\text{剩餘商品數量} = \begin{cases} x-600 & (x \text{ 大於 } 600) \\ \text{沒剩餘} & (x \text{ 小於 } 600) \end{cases}
$$

負數是數學中存在，但在現實世界看不到，例如參加活動人數「負 100 人」，或銀行存款「負 100 萬」都是不存在的事。也因此，明明工廠出貨只是用產量減去訂貨量這麼簡單的減法，也因為不存在負數，而必須寫成上面比較複雜的式子。

小編補充： 不要小看那個剩餘商品數量的公式！它是機器學習中名聲響亮的 *ReLU*（*Rectified Linear Unit*）函數。

減法改為負數的加法，適用於交換律與結合律

以剛才舉的例子來說，生產 500 個，而訂單有 600 個，會剩下 −100 個，表示不足 100 個；當收入增加 −100 萬，就等於收入減少 100 萬；而往南負 100 公里即等於往北 100 公里。因此在計算減法的時候，一樣可以當成加法來運算，也就是加上「小於 0 的負數」。如此將減法視為「負數的加法」，便可適用於加法的交換律與結合律。

例如前面減法不適用於交換律的例子，我們用「負數的加法」觀點重新整理，將 3 減 2 的減法視為 3 加『負 2』的加法時，前後互換就沒有問題了。兩邊的結果都是 1：

$$3+(-2)=(-2)+3 \quad \longleftarrow \text{負數加法的交換律}$$

此外，也試試下面的結合律。左邊 10 加『負 7』得 3，然後加上『負 2』得 1。右邊先考慮『負 7』和『負 2』的加法得『負 9』，然後加上 10 得 1，顯然負數的加法在結合律亦成立：

$$(10+(-7))+(-2)=10+((-7)+(-2)) \quad \longleftarrow \text{負數加法的結合律}$$

除法改為倒數乘法，適用於交換率與結合律

原本除法不適用於交換率與結合律的情況，我們可以將除以除數改為乘以除數的倒數，我們來看下面的例子：

$$10\times\frac{1}{5}=\frac{1}{5}\times 10$$ ← 倒數乘法符合交換律

$$(20\times\frac{1}{2})\times\frac{1}{5}=20\times(\frac{1}{2}\times\frac{1}{5})$$ ← 倒數乘法符合結合律

這些都是很基本的運算規則，但卻是很重要的觀念，因為在推導比較複雜的數學式時，常會需要用到這種基本觀念，可別小看它的重要性。

單元 06

機率先修班：集合

機率可利用既有數據推估未來發生某事的可能性，在機器學習中是很重要的主題。機率與集合的邏輯觀念息息相關，因此本單元要先學習集合的運算規則，以及使用的符號。

用文氏圖呈現集合觀念

我們先來了解集合的觀念，在此會用到由英國數學家約翰·維恩提出的文氏圖（*Venn diagram*，或稱為維恩圖）。

社會上有形形色色的人，將之分類的方法很多，例如可以用性別、素食與否、主管或非主管等等做分類，在此我們考慮用「工作能力強的人」與「男性」來劃分，而這兩類的人是屬於所有人其中的兩個集合。我們可將此集合關係畫成文氏圖：

圖表 1-2 以文氏圖表示人的分類

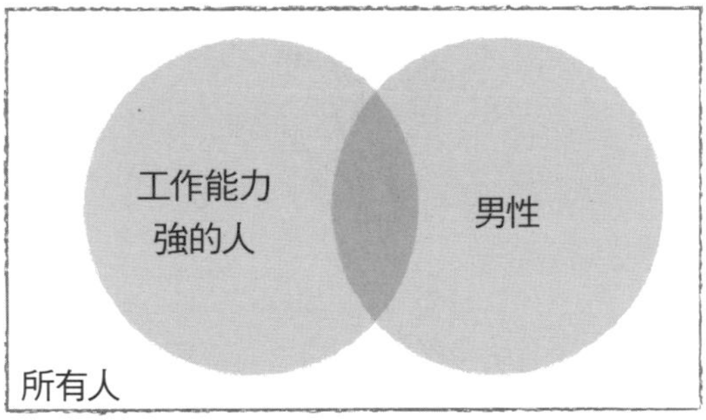

上圖中，「工作能力強的男性」會屬於「工作能力強的人」和「男性」這兩個集合的重疊區域。左邊圓圈未重疊的區域表示「工作能力強但不是男性」、右邊圓圈未重疊區域表示「是男性但工作能力不強」。而在兩個圓圈之外的人則是「既非男性且能力也不強」。

有些男性沙文主義的人會提出「所有工作能力強的人都是男性」這種命題，就上面文氏圖來看，很容易就可以找出反例，也就是只要有一位工作能力強的女性，就表示這個主張的邏輯錯誤，表示這個命題為「假」，也就是假命題。讓我們用文氏圖畫出來，先假設「所有工作能力強的人都是男性」的命題為「真」，則各集合的關係如下：

圖表 1-3

假設「工作能力強的人都是男性」

也就是說，如果「所有工作能力強的人都是男性」正確，就表示「工作能力強的人」集合會完全包含在「男性」集合中。因此，只要能舉出反例，即可證明此命題為假命題。

小編補充：一個命題經過推理後的結果為真，則該命題為「真命題」；反之若結果為假，則為「假命題」。例如「所有的金屬是硬的」結論為假，因為汞也是金屬，但不是硬的，這個命題就是假命題。再如「工作能力強的男性也是人」的結論為真，此命題即為真命題。

小編再補充：「假命題」和目前社會上流傳的「假議題」完全不同，前者有嚴謹的數學邏輯規範，後者通常是沒有明確定義的，經常是辯駁雙方的攻防用詞而已！

小編補充： **集合是由元素組成**

以拋硬幣為例，正常只會出現正面與反面 2 種情況，也就是 2 個元素，其組成的集合為 {正面 , 反面} 。若以擲一顆公正的 6 面骰子來說，骰出的可能點數為 1～6，每個點數都是 1 個元素，則各種可能點數組成的集合為 {1、2、3、4、5、6} 。

再舉個例子，一家公司中有許多員工，其中家住中部的人有張男、陳男、李男、林女、蘇女等 5 人，則家住中部的人組合而成的集合，裏面包含 5 個元素：{張男、陳男、李男、林女、蘇女} 。家住中部的男人則包含 3 個元素：{張男、陳男、李男} 。家住中部的女人則包含 2 個元素：{林女、蘇女} 。如此一來，{林女、蘇女} 與 {張男、陳男、李男} 這兩個集合亦稱為 {張男、陳男、李男、林女、蘇女} 集合的子集合。

用邏輯符號表達集合關係

前面的集合關係是用文氏圖說明，現在我們要改用邏輯符號（例如：∪、∩、⊂、…）來表達，就可將一大堆文字描述加以簡化。集合與集合之間做邏輯運算（例如：聯集、交集、包含於、…），是指集合中的元素做邏輯運算，其結果仍然會是個集合。

集合的聯集

A 集合與 B 集合做聯集，表示 A 集合中所有元素與 B 集合中所有元素共同組成一個集合，使用「∪」符號表示：$A \cup B$

例如 A 集合為 $\{1, 2, 3, 4\}$，B 集合為 $\{3, 4, 5, 6\}$，這兩個集合的聯集就是將 A、B 集合中所有的元素組合成 $\{1, 2, 3, 4, 5, 6\}$ 集合。所以：

$$A \cup B = \{1, 2, 3, 4, 5, 6\}$$

集合的交集

A 集合與 B 集合做交集，表示找出同時在 A、B 集合中都出現的元素，然後組成一個集合，使用「∩」符號表示：$A \cap B$

例如 A 集合為 $\{1, 2, 3, 4\}$，B 集合為 $\{3, 4, 5, 6\}$，這兩個集合的交集就是找出兩邊都出現的元素組合成 $\{3, 4\}$ 集合。所以：

$$A \cap B = \{3, 4\}$$

宇集合

宇集合代表所有可能的元素組成的集合，例如擲一顆 6 面骰子所有可能點數的集合為 $\{1, 2, 3, 4, 5, 6\}$，這個集合就是擲一顆骰子點數的宇集合，其每次擲出的點數都不會超出宇集合的範圍。如果同時擲兩顆 6 面骰子，兩顆點數相加只可能是在 2～12 點之間，因此其宇集合為 $\{2, 3, \cdots, 11, 12\}$，不可能擲出 1 點或 13 點。

再如圖表 1-2 中的「所有人」，就是人類的宇集合，不論是「工作能力強的人」或「男性」都包含在宇集合之內。

宇集合一般會用希臘字母中的 Ω(*Omega*) 表示，也有人使用 U(*Universal*) 表示。

空集合

空集合也是一個集合，只是裏面沒有元素存在，一般會用希臘字母 ϕ (*Phi*) 表示。

例如 A 集合為 $\{1, 2, 3, 4\}$，B 集合為 $\{5, 6\}$，這兩個集合的交集就是空集合，因為沒有一個元素同時存在 A 集合與 B 集合中。空集合除了用 ϕ 表示以外，也可以用 $\{\}$ 表示集合內沒有元素。以此處的A、B集合為例：

$$A \cap B = \phi$$

集合的補集

A 集合的補集是指排除 A 集合元素以外的元素組成的集合，會在 A 集合的上方加一條橫槓寫成 $\overline{A}$ 來表示。例如擲 6 面骰子的宇集合為 $\{1, 2, 3, 4, 5, 6\}$，A 集合是點數小於 3 的集合，亦即 $\{1, 2\}$。則 A 集合的補集就是 A 集合元素以外的所有元素（必須在宇集合內），亦即 $\overline{A} = \{3, 4, 5, 6\}$。

德摩根定律的集合形式

在邏輯推理中有一個重要的德摩根定律（De Morgan's laws），源於英國數學家奧古斯塔斯・德摩根，此定律用集合形式可表示如下：

$$\overline{A \cup B} = \overline{A} \cap \overline{B} \quad \text{（第一式）}$$
$$\overline{A \cap B} = \overline{A} \cup \overline{B} \quad \text{（第二式）}$$

第一式表示 A 集合與 B 集合聯集之後的補集，會等於 A 集合的補集與 B 集合的補集做交集。例如骰子點數 A 集合是 {1, 3, 6}，B 集合是 {3, 4, 5}，那麼第一式等號左邊，A 集合與 B 集合先做聯集會變成 {1, 3, 4, 5, 6}，然後再取補集會變成 {2}。

然後我們看第一式的等號右邊，先各別取補集，則 A 的補集是 {2, 4, 5}，B 的補集是 {1, 2, 6}，然後兩者的補集再做交集即為 {2}。表示第一式等號兩邊確實相等。

▶接下頁

接著來看第二式，A 集合交集 B 集合之後再取補集，會等於 A 集合與 B 集合先取各別的補集再做聯集。例如骰子點數 A 集合是 {1, 3, 6} ，B 集合是 {3, 4, 5} ，那麼第二式等號左邊，A 集合與 B 集合先做交集會變成 {3} ，然後再取補集會變成 {1, 2, 4, 5, 6} 。

然後我們再看第二式的等號右邊，先各別取補集，則 A 的補集是 {2, 4, 5} ，B 的補集是 {1, 2, 6} ，然後兩者的補集再做聯集即為 {1, 2, 4, 5, 6} 。表示第二式等號兩邊確實相等。

如果換用邏輯的講法，A 的補集就是「非 A」的意思，則德摩根定律第一式可解釋為「非『A 或 B』」等於「『非 A』且『非 B』」的意思。第二式可解釋為「非『A 且 B』」等於「『非 A』或『非 B』」的意思。

集合包含於另一個集合

如果一個 A 集合的元素都屬於 B 集合，我們說 A 集合「包含於」B 集合，可以用符號：

$$A \subset B$$

來表示。我們也可以用 $A \subseteq B$ 表示 A 集合「包含於或等於」B 集合。另外也可以使用 $\supseteq$ 與 $\supset$ 符號，$B \supseteq A$ 表示 B「包含或等於」A；$B \supset A$ 表示 B「包含」A。

例如 A 集合為 $\{1, 2\}$，B 集合為 $\{1, 2, 3\}$，則 A 集合所有的元素都「包含於」B 集合，即 $A \subset B$，或者說 B 集合「包含」A 集合，即 $B \supset A$。

單元 07

機率先修班：命題的邏輯推理

前面討論過「所有工作能力強的人都是男性」這個命題時，我們是利用集合的觀念並提出反例來證明該命題為假。要判斷命題是真或假，並非只有提出反例這一種方法，本單元會介紹「換質換位律(或稱換質位法)」以及「反證法(或稱背理法)」，這些都是邏輯推理很好用的論證方法。

判斷命題真假的換質換位邏輯觀念

邏輯推理會先有命題，進而推理出結果。換質換位律就是一種常用的邏輯推理方法，基本上可分為「換質推理」、「換位推理」以及兩者合併使用的「換質換位推理」。完整的論述相當嚴謹且複雜，在此處我們僅舉例說明，讓您建立基本的觀念。

一個命題不論真假，都會有類似的基本語句：「量詞＋主詞＋繫詞＋述詞」。例如「有些＋主管＋是＋女性」，其中「有些」是量詞、「主管」是主詞，量詞用來表現主詞的量，通常會用「所有、有些、沒有」這幾個詞，其中「所有、沒有」為一網打盡，稱為全稱，而「有些」為局部的，稱為「特稱」。「是」是繫詞、「女性」是述詞，繫詞用於連接主詞與述詞。

語句的形式分為以下 4 種句型：

全稱肯定型：所有＋(主詞)＋是＋(述詞)，也可說：(主詞)＋都是＋(述詞)
全稱否定型：沒有＋(主詞)＋是＋(述詞)，也可說：(主詞)＋都不是＋(述詞)
特稱肯定型：有些＋(主詞)＋是＋(述詞)
特稱否定型：有些＋(主詞)＋不是＋(述詞)

換質推理

命題的語句可以是肯定語句或否定語句，這稱為語句的「質」。例如「有些主管是女性」是肯定語句，「有些主管不是女性」是否定語句。換質就是在不影響原意的情況下，將肯定換成否定，否定換成肯定。其中要注意量詞的改變，「所有」換質為「沒有」、「沒有」換質為「所有」，而「有些」換質之後仍然是「有些」。

以下 4 種句型都適用於換質推理，推理規則為：

1. (所有主詞)＋是＋(述詞) ⇒ (沒有主詞)＋是＋(非述詞)
2. (沒有主詞)＋是＋(述詞) ⇒ (所有主詞)＋是＋(非述詞)
3. (有些主詞)＋是＋(述詞) ⇒ (有些主詞)＋不是＋(非述詞)
4. (有些主詞)＋不是＋(述詞) ⇒ (有些主詞)＋是＋(非述詞)

數學中將邏輯推理的過程用「⇒」符號表示。亦即 A ⇒ B，表示當 A 為真時，可推理出 B 也為真。反過來則不適用。

例如下面的命題中，換質推理的結論與原命題意思相同：

「所有 石頭 是 硬的」　　←── 原命題
⇒「沒有 石頭 是 軟的」　　←── 換質推理的結果

再例如：

「有些 主管 是 男性」　　←── 原命題
⇒「有些 主管 不是 女性」　　←── 換質推理的結果

換位推理

換位推理是將命題的主詞與述詞位置調換（換位）之後，仍保持原命題的意思。只適用於全稱否定型與特稱肯定型語句。其推理原則為：

1. 沒有＋(主詞)＋是＋(述詞) ⇒ 沒有＋(述詞)＋是＋(主詞)
2. 有些＋(主詞)＋是＋(述詞) ⇒ 有些＋(述詞)＋是＋(主詞)

例如：

「有些 女性 是 工作能力強的人」 ⟵ 原命題

⇒「有些 工作能力強的人 是 女性」 ⟵ 換位推理的結果

再例如：

「沒有 優秀主管 是 工作能力不強的人」 ⟵ 原命題

⇒「沒有 工作能力不強的人 是 優秀主管」 ⟵ 換位推理的結果

但，例如「優秀主管都是工作能力強的人」因為不符合上述 1. 或 2. 的句型，所以就不能換位推理為「工作能力強的人都是優秀主管」，很顯然有許多工作能力強的人並非主管，也可能工作能力強的人當上主管並不見得優秀。

再如「所有工作能力強的人，筆記也寫得好」，也一樣不能換位推理出「所有筆記寫得好的人，工作能力也強」，因為許多筆記寫得好的人，工作能力不見得強。

換質換位推理

換質推理與換位推理都是屬於「直接推理」的方法，然而有時候單靠直接推理無法得到合乎邏輯的結果時，我們就可以將上面兩者合併運用，稱為換質換位推理（既換質又換位）。這種推理法只適用於全稱肯定型語句與特稱否定型語句，其規則為：

1. 所有＋(主詞)＋是＋(述詞) ⇒ 所有＋(非述詞)＋是＋(非主詞)
2. 有些＋(主詞)＋不是＋(述詞) ⇒ 有些＋(非述詞)＋不是＋(非主詞)

例如：

「所有程式設計師都寫過程式」 ⟵ 原命題
⇒「所有沒寫過程式的都不是程式設計師」 ⟵ 換質換位推理的結果

再例如：

「有些寫程式的人不是資訊科系畢業」 ⟵ 原命題
⇒「有些非資訊科系畢業的不是寫程式的人」 ⟵ 換質換位推理的結果

這便是原命題的換質換位推理。原命題的真假與換質換位後的結果真假必須相同(否則就不叫邏輯推理啦)，意思就是說，如果我們無法直接證明原命題的真假，只要能夠判斷換質換位後的結果是真是假，就能間接證明原命題的真假。

反證法

有的命題到底是真是假，實在很難證明出來，因此數學上將不容易證明為真的命題，會反過來思考，只要能夠證明該命題的反面是假的，那就負負得正，表示原命題是真，這種方法稱為「反證法」。

例如圓周率 π 是無法用整數及分數表示的數字，這樣的數字稱為無理數。而可以用整數或分數表示的數字稱為有理數。「圓周率 π 為無理數」的命題很難直接證明出來，這時可以改為證明「假設圓周率 π 為有理數，就應可用整數或分數形式表現」這個新命題。但嘗試各種計算之後都無法將圓周率寫成分數形式，表示新命題為假，也就表示 π 確實不是有理數，即表示原命題「π 為無理數」為真。

小編補充： 已經有好幾種證明 π 為無理數的方法，可搜尋維基百科的「*Proof that* π *is irrational*」。

邏輯沒有模糊空間，但機率有

數學中的推理都有嚴謹的邏輯性，其中沒有模糊空間可言。不過要將這一套邏輯應用到真實世界時，就會遇到很大的困難。例如一開始 *AI* 應用在醫師診斷時，雖然「感冒 ⇒ 發燒超過 37 度」的命題基本上正確，但依個人的體質和感冒病毒的類型不同，也會出現身體癱軟無力且喉嚨痛，但體溫正常的情況。要是「感冒 ⇒ 發燒」的命題正確，其換質換位會變成「若體溫正常則沒感冒」也正確。由此推論出體溫正常的人，就不能判斷為感冒了，顯然這樣的 *AI* 遭遇了很大的挫折。

近年來，機率和統計的思考方式導入 *AI* 之中，其重大的意義便是將機率導入邏輯的「真假」判斷。例如剛才提到「感冒 ⇒ 發燒超過 37 度」的命題，可以調整為「感冒 ⇒ 發燒超過 37 度的機率有多少 %」，顯然 *AI* 找到了新的突破點。

以上並非只局限在 *AI* 領域，對於整體科學的演進也有影響。例如理論上「在試管中依此步驟加入藥物作用後，會發生這樣的反應」，只要完全照著操作，必然可無數次 100% 重製出結果。

然而，對於真實世界的生物為對象，例如「使用此肥料後，農作物的收穫量是否增加」，或是「這種病人喝了這瓶藥之後症狀是否改善」之類的研究，卻未必 100% 相同。即使同樣的農作物，也會受到土地狀態及天氣等種種條件差異的影響；而即使相同的藥物也會因個人體質的不同，出現有人有效、有人無效的狀況。不過這些仍然可以藉由機率，判斷出成功與失敗的百分比，這也正是下一個單元要談的主題。

單元 08

機率、條件機率與貝氏定理

前面學過的集合觀念，會大量運用在機率的計算中，這是機器學習的重要主題。談到機率，我們馬上會聯想到的例子就是骰子，我們現在考慮一顆公正的 6 面骰子，每個面的點數分別是 1～6，擲出時每一面出現的機率相同，都是 $\frac{1}{6}$。請思考下面的問題：

> 每次擲一顆骰子，連續擲 4 次，請問點數 6 出現至少 1 次的機率是多少？

我們試試用很直覺的方式思考：

首先，擲第 1 次骰子是否出現 6？

如果擲第 1 次未出現 6，擲第 2 次是否出現 6？

如果擲第 1 次有出現 6，擲第 2 次是否出現 6？

如果擲第 1、2 次都未出現 6，擲第 3 次是否出現 6？

……

幸好只擲 4 次，如果是連續擲出 100 次，用這種方法就太麻煩了。但若改用集合的觀念來思考，會變得簡單許多。

集合與事件

連續擲出 4 次骰子出現的點數有很多種組合，所有可能的組合構成了宇集合 Ω(也稱為樣本空間)，也就是說每一種擲出的可能組合，都視為宇集合中的一個元素。

小編補充： 每個公正骰子擲 1 次可能出現的點數為 1～6，共有 6 種可能，則宇集合 Ω = {1, 2, 3, 4, 5, 6}，其中每 1 個點數都是一個元素。骰子連續擲 2 次可能出現的點數組合為 (1, 1),(1, 2),(1, 3), ⋯ ,(6, 6)，則宇集合 Ω = {(1, 1),(1, 2),(1, 3), ⋯ ,(6, 6)}。依此類推，連續擲 4 次的宇集合 Ω = {(1, 1, 1, 1),(1, 1, 1, 2),(1, 1, 1, 3), ⋯ ,(6, 6, 6, 6)}

因此所有「6 出現至少 1 次的組合」會形成一個集合 (是宇集合中的一個子集合)，而其反面則是「6 連 1 次都沒出現的組合」，這也是宇集合中的另一個集合。這兩個集合的聯集必然等於宇集合，因此可以用集合的形式表達：

「6 出現至少 1 次的組合」∪「6 連 1 次都沒出現的組合」= 宇集合 Ω

集合的事件

現在要來瞭解什麼是集合的事件。在宇集合中任何一個可能的集合都是一個事件。例如「擲出的 4 個點數都不同」是一種可能發生的事件，而符合該事件的所有組合會構成一個集合，這個集合的元素是由 4 個不同的數字組合而成。

再比如說「連續擲出 4 個 6」也是一種可能發生的事件，而其集合會是 {(6, 6, 6, 6)}。但如果要擲出數字 7，此事件就不會發生在這個宇集合中。

在各種可能發生的事件中，有容易發生的事件，也有不易發生的事件，例如「擲出的 4 個點數都不同」的事件顯然要比「連續擲出 4 個 6」的事件來得容易發生。

隨機試驗

那我們如何知道某個事件是否容易發生呢？只要將擲 4 次骰子反覆進行很多次隨機試驗之後（因為每次擲出的點數都是隨機出現，因此稱為隨機試驗），即可得知出現次數比較多的就是容易發生的事件、出現次數比較少的就是不易發生的事件。比如說做 100 次、1000 次隨機試驗後，就可得到各事件出現的次數，進而算出各事件發生的機率。

事件機率的規則

事件又可分為「全事件」、「空事件」、「和事件」、「積事件」以及「餘事件」。了解事件代表的意義之後，就可以繼續探討事件發生的機率問題。

我們將某事件 A 與 B 發生的機率（*Probability*），取字首的 P 表示成 $P(A)$ 與 $P(B)$。事件的機率必須符合以下規則：

規則 1：發生「全事件 Ω」的機率為 1（亦即 100%）；發生「空事件 ϕ」的機率為 0：

$P(\Omega)=1$ ⟵ 所有發生在宇集合中的事件，發生機率為 1

$P(\phi)=0$ ⟵ 所有不可能發生在宇集合中的事件，發生機率為 0

規則 2：假設事件 A 和事件 B 不會同時發生（也就是沒有交集），則發生 A 或 B 的機率為兩個事件個別發生的機率相加，稱為「和事件」機率：

$$\text{當 } A\cap B=\phi \text{ 時，} P(A\cup B)=P(A)+P(B)$$

規則 3：事件 A「不發生的機率」，即為 1 減去 $P(A)$。即事件 A 的「餘事件」機率：

$$P(\overline{A})=1-P(A)$$

規則 4： 事件 A 和事件 B 互相獨立，則「發生 A 且發生 B」的機率即為 $P(A)$ 與 $P(B)$ 相乘，即「積事件」機率：

$$P(A \cap B) = P(A) \times P(B)$$

小編補充： 所謂事件互相獨立，表示事件之間沒有前後的因果關係，不會因為是否發生 A 而影響到 B 是否容易發生。例如骰子擲第 1 次出現 6 與擲第 2 次出現 6 的機率都一樣各是 $\frac{1}{6}$，因此連續兩次都擲出 6 的事件機率，就會是兩個獨立事件機率相乘等於 $\frac{1}{36}$。但如果像是摸彩活動，因某些獎已被抽走，則前後抽中的機率就有因果關係，不適用積事件。

我們接下來用實例來討論上述的規則。

全事件與空事件

首先討論規則 1：發生「全事件 Ω」的機率為 1(亦即 100%)，發生「空事件 ϕ」的機率為 0。舉個例子來說，「若擲 4 次骰子，無論擲出什麼，都會出現 4 個數字的組合」，這樣的事件便屬於全事件 Ω。無論這項隨機試驗做 100 次還是 1 萬次，結果都會屬於全事件之中，因此其機率為 1。

相對而言，「無任何元素的空事件」表示無論試驗多少次都絕對不會出現。比如「若擲 4 次骰子，不出現任何數字的機率為何？」因為每次擲出一定會有 1～6 的數字，不會出現沒有任何數字的情況，所以此事件的機率為 0。

和事件

接下來討論規則 2，也就是「和事件」。假設僅用 1 顆骰子擲 6 億次，則 1～6 每個數字都會出現大約 1 億次。也就是每個數字出現的機率均等，各為 $\frac{1}{6}$。

圖表 1-4

骰子的數字	擲 6 億次	機率
1	大約 1 億次	$\frac{1}{6}$
2	大約 1 億次	$\frac{1}{6}$
3	大約 1 億次	$\frac{1}{6}$
4	大約 1 億次	$\frac{1}{6}$
5	大約 1 億次	$\frac{1}{6}$
6	大約 1 億次	$\frac{1}{6}$

我們現在想想，擲 1 次骰子「出現 1 或 2」的機率為何？最簡單的方法就是計算「和事件」的機率。

當擲 1 次骰子時，「出現 1」、「出現 2」的事件不會同時發生。在 6 億次的試驗中，出現 1 約 1 億次、出現 2 也約 1 億次，因此「出現 1 或 2」的次數總共約 2 億次，也就是有 $\frac{2}{6}$ 的機率。

餘事件

現在來思考規則 3 的「餘事件」，也就是機率的減法。例如若擲 1 次骰子，「不出現 1」的事件機率為何？可考慮下面的事件關係：

$$\text{「出現 1」} \cup \text{「不出現 1」} = \text{全事件 } \Omega$$

由於「出現 1」與「不出現 1」這兩個事件不會同時發生，套用規則 2 可知發生兩個事件的機率等於各別機率相加。再由規則 1「發生全事件 Ω 的機率為 1」，可導出以下式子：

$$P(\text{「出現 1」} \cup \text{「不出現 1」}) = P(\text{全事件 } \Omega)$$
$$\Leftrightarrow P(\text{出現 1}) + P(\text{不出現 1}) = 1$$

那麼，P(出現 1) 與 P(不出現 1) 的各別機率是多少呢？這可以用代數的方式解決。將上列等式兩邊都減去 P(出現 1) 就可以算出來，這就是餘事件的計算方法：

$$P(\text{不出現 }1)=1-P(\text{出現 }1)=1-\frac{1}{6}=\frac{5}{6}$$

如此可知 P(不出現 1) 事件發生的機率，就是用 1 減去 P(出現 1) 事件發生的機率，等於 $\frac{5}{6}$。

積事件

最後要討論的是規則 4「積事件」。就人類的直覺來說，會認為擲硬幣已連續出現 5 次正面之後，下一次出現背面的機率應該比較高，或擲骰子連續出現 3 次 6 之後，會認為下次再出現 6 的機率應該很低。然而，公正的硬幣或骰子在正常情況下投擲，人類的直覺常常會誤導判斷。請參考圖表 1-5：

圖表 1-5

第 1 顆骰子	合計	第 2 顆骰子					
		1	2	3	4	5	6
1	約6億次	約1億次	約1億次	約1億次	約1億次	約1億次	約1億次
2	約6億次	約1億次	約1億次	約1億次	約1億次	約1億次	約1億次
3	約6億次	約1億次	約1億次	約1億次	約1億次	約1億次	約1億次
4	約6億次	約1億次	約1億次	約1億次	約1億次	約1億次	約1億次
5	約6億次	約1億次	約1億次	約1億次	約1億次	約1億次	約1億次
6	約6億次	約1億次	約1億次	約1億次	約1億次	約1億次	約1億次

如上圖表所示，先後擲 2 顆骰子，第 1 顆出現點數 1 之後，第 2 顆出現點數 1～6 的機率都相同。如此連續擲這 2 顆骰子 36 億次，會發現無論第 1 顆擲出的點數多少，第 2 顆擲出的點數次數都一樣，皆各約 1 億次。我們想問，若擲 2 顆骰子，這 2 顆的點數都是 1～3 的機率為何？

在圖表左上方，取第 1 顆骰子 1～3 的範圍，也取第 2 顆骰子 1～3 的範圍，觀察兩者重疊的灰色區域約有 9 億次符合要求，因此 36 億次中有 9 億次的機率為 $\frac{1}{4}$。

如果第 1 顆骰子和第 2 顆骰子出現的點數是獨立的，只要將第 1 顆骰子點數出現機率（出現 1～3 的機率為 $\frac{1}{2}$），乘以第 2 顆骰子點數出現機率（出現 1～3 的機率為 $\frac{1}{2}$）相乘即可，因此機率就是 $\frac{1}{4}$，這就是「積事件」機率的計算方法。

算出擲 4 次骰子，6 至少出現 1 次的機率

根據以上的思考方式，可簡單計算出一開始的問題：「擲 4 次骰子，6 至少出現 1 次的機率」。首先，依照餘事件的計算方法，如下所示：

$$\begin{aligned}&P(4\text{ 次中，}6\text{ 出現至少 }1\text{ 次})\\&=1-P(4\text{ 次中，}6\text{ 連 }1\text{ 次都沒出現})\end{aligned}\qquad\cdots(8.1)$$

「6 連 1 次都沒出現」可轉換成是「連續 4 次出現 1～5」的機率。亦即：

$$\begin{aligned}&P(4\text{ 次中，}6\text{ 出現至少 }1\text{ 次})\\&=1-P(4\text{ 次中，}6\text{ 連 }1\text{ 次都沒出現})\\&=1-P(1\sim5)\times P(1\sim5)\times P(1\sim5)\times P(1\sim5)\end{aligned}\qquad\cdots(8.2)$$

根據「和事件」規則，1 顆骰子「出現 1～5 的機率」就是出現 1、2、3、4、5 的各別機率相加，即 $P(1\sim5)=\frac{1}{6}+\frac{1}{6}+\frac{1}{6}+\frac{1}{6}+\frac{1}{6}=\frac{5}{6}$。如此就可算出問題的答案：

$$P(4\text{ 次中，6 出現至少 1 次}) = 1 - \frac{5}{6}\cdot\frac{5}{6}\cdot\frac{5}{6}\cdot\frac{5}{6}$$
$$= 1 - \frac{625}{1296} \qquad \cdots(8.3)$$
$$\fallingdotseq 0.5177\cdots$$

表示擲 4 次骰子，6 出現至少 1 次的機率大約為 51.8%。

擲骰子事件的機率很容易計算出來，但現實中的事件則未必，例如「每個人和朋友的出生年月日相同的機率」就沒那麼簡單可以計算出來。因為要考慮當年的經濟狀況、季節的差異，以及你是否喜歡和同年紀的人來往等等因素，此外，嬰兒潮世代要認識同年紀的機率也比其他世代來得多，這些都會造成偏差現象。

換言之，現實的事件和骰子事件不同，因為「事件是否在現實中存在」或「事件之間是否真的完全獨立」並不容易判斷，所以到目前為止學到的機率計算方法，都還無法簡單計算現實世界的現象。即便如此，我們學會這些計算機率的基本方法，仍然有助於應用在機器學習的領域。

條件機率與貝氏定理

貝氏統計學（*Bayesian statistics*）近年來成為機器學習技術的基礎理論而受到重視。貝氏定理也被應用於「利用已知事件的發生機率來推測未知事件的機率」，得以幫助未知事件做分類。

然而若直接採用貝氏定理，會造成計算成本大幅增加，因此我們會將各事件簡化為互相獨立事件，如此即可將貝氏定理簡化，而讓計算成本降低，這種由簡化版的貝氏定理所產生的分類器我們稱為「單純貝氏分類器」（*Naive Bayes classifiers*）。為什麼稱為單純呢？因為現實中，事件的發生並非完全相互獨立，彼此之間可能有所影嚮，各自獨立的假設未免太過單純，所以稱為「單純貝氏定理」。這種假設雖然與現實有所差距，但不失為一種可行的方法，近年應用在過濾垃圾郵件上也具有一定程度的準確性。

接下來透過下面的例子，說明貝氏統計學的基本觀念：

> 假設你在大公司中的人資部門工作，為了招募剛從大學畢業的社會新鮮人，必須看遍大量的求職履歷。然而，其中大多數求職者只是自信滿滿地強調工作熱忱，卻未提及具體的技能和動機。
>
> 然後你注意到過去錄取的員工履歷中，確實有 8 成的人都用了「熱忱」一詞形容自己。但是公司升任到高階主管與工作能力強的前 5% 同事，他們當初在履歷中寫「熱忱」的人卻只佔 1 成而已。
>
> 從這樣的數據來看，估計在履歷中寫「熱忱」的人，於錄取之後能夠成為公司前 5% 優秀員工的機率為多少？

條件機率

根據到目前學到的事件機率寫法，可將「在履歷中強調工作熱忱者」的機率用 P(熱忱) 表示，從文中可知機率為 0.8。另外，將「成為公司中的優秀員工」的機率用 P(優秀) 表示，從文中可知機率為 0.05。

現在我們想知道強調工作熱忱者之中有多少會是優秀員工？這就不是每次擲骰子的獨立事件機率，而是**有附帶條件的事件機率，稱為「條件機率」**。

首先，我們先思考優秀員工有強調工作熱忱的機率，是指「在符合優秀條件的前提下，強調熱忱」的機率，我們會用下面的條件機率形式來表達：

P(熱忱 | 優秀)

履歷強調熱忱 → 熱忱；符合優秀條件 → 優秀

放在「|」後面的是條件，放在「|」前面的是符合條件的事件。從文中描述可知「在符合優秀的前提下，強調熱忱的機率」為 1 成，也就是 0.10。

我們想知道的問題是「有強調工作熱忱，後來又成為公司優秀員工」的機率有多少？用集合的觀念來看就是「強調工作熱忱 且 優秀員工」，改用邏輯符號表示為「熱忱∩優秀」，其事件機率就可以表示為 P(熱忱∩優秀)。

小編補充： 我們用文氏圖畫出彼此的關係。在全事件 Ω 中有優秀與熱忱兩種事件，其中：

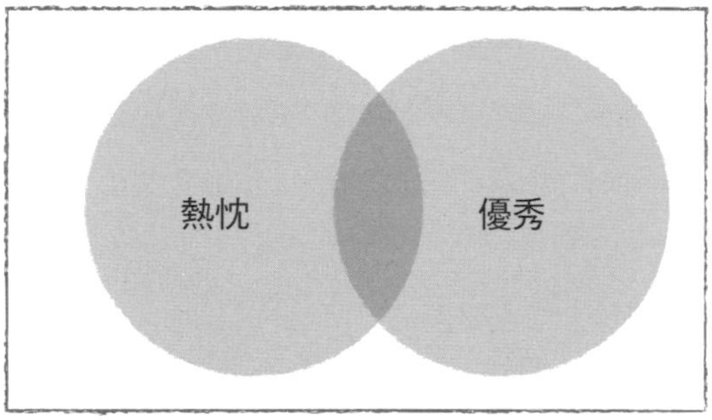

$$全事件中發生優秀事件的機率 = \frac{P(優秀)}{P(\Omega)} = P(優秀)$$

$$全事件中發生熱忱事件的機率 = \frac{P(熱忱)}{P(\Omega)} = P(熱忱)$$

從上圖可以看出，在符合優秀前提下強調熱忱的事件，就是深灰色的交集部份，其事件機率為 P(熱忱∩優秀)。那麼 P(熱忱 | 優秀)的條件機率會是多少呢？因為是以優秀為前提，因此全事件已經從 Ω 縮小成優秀事件了，如圖：

▶接下頁

條件機率下的全事件

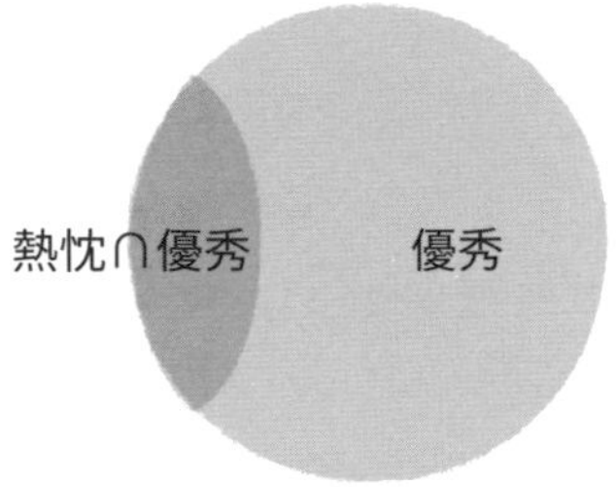

因此要計算 P(熱忱｜優秀)，就等於用深灰色交集的事件機率去除以縮小後的全事件(圓形) 機率：

$$P(\text{熱忱} \mid \text{優秀}) = \frac{P(\text{熱忱} \cap \text{優秀})}{P(\text{優秀})} \quad \cdots(8.4)$$

因此可以得到：

$$P(\text{熱忱} \cap \text{優秀}) = P(\text{優秀}) \times P(\text{熱忱} \mid \text{優秀}) \quad \cdots(8.5)$$

回想一下前面擲骰子的例子中，基於「事件互相獨立」的假設，因此「積事件」的機率可單純將獨立事件各別的發生機率相乘即可。但在這個例子裏，因事件並不互相獨立，就必須改用條件機率的乘法，也因此會有(8.5)式。

我們接著將「優秀員工 **且** 強調工作熱忱」兩者左右對調，也就是「強調工作熱忱 **且** 優秀員工」的答案也要一樣才對。就是「強調工作熱忱的機率」與「強調工作熱忱者也優秀的機率」相乘的結果：

$$P(\text{優秀} \cap \text{熱忱}) = P(\text{熱忱}) \times P(\text{優秀} \mid \text{熱忱}) \quad \cdots(8.6)$$

比較 (8.5) 與 (8.6) 式的左邊都是既有熱忱又優秀的機率，表示兩式的右邊也要相等。如此可得：

$$P(\text{熱忱})\times P(\text{優秀}\mid\text{熱忱}) = P(\text{優秀})\times P(\text{熱忱}\mid\text{優秀}) \quad \cdots(8.7)$$

現在再回頭看看原先的題目：估計「在履歷中使用『熱忱』一詞的人，在錄取之後能夠成為公司前 5% 優秀人員的機率」，換成條件機率的寫法就是 P(優秀 | 熱忱)。於是將 (8.7) 式兩邊同除以 P(熱忱) 後，即可求出此條件機率：

$$P(\text{優秀}\mid\text{熱忱}) = \frac{P(\text{優秀})\times P(\text{熱忱}\mid\text{優秀})}{P(\text{熱忱})} \quad \cdots(8.8)$$

用貝氏定理得到條件機率

像 (8.8) 式這樣的條件機率思考方式即稱為貝氏定理。根據此定理，欲求出原本無法得到直接數據的條件機率：「強調工作熱忱的人也優秀的機率」，就可以用這個公式推導出來。

我們現在已知的事件機率：

1. P(熱忱) = 0.80 ← 履歷表 8 成有寫熱忱，是已知的事實
2. P(優秀) = 0.05 ← 公司內有 5% 是考績優秀者，是已知的事實
3. P(熱忱 | 優秀) = 0.10 ← 考績優秀者，當初履歷有寫熱忱，也是事實上可查出來的

但一個新進人員履歷上寫著「熱忱」，將來表現會「優秀」的機率，是否可以由上列 3 項事實得知呢？根據單純貝氏定理，我們可以將已知的 3 項事件機率代入 (8.8) 式中，就可以算出 P(優秀 | 熱忱) 的條件機率：

$$P(\text{優秀}\mid\text{熱忱}) = \frac{0.05\times 0.10}{0.80} = 0.625\%$$

也就是說，在履歷中有寫熱忱一詞的人，經公司錄取之後會成為優秀員工的機率是 0.625%，就現有優秀員工比率 5% 來說，相對來得低很多，這可做為公司是否錄取強調工作熱忱者的參考。現實世界很多事情都有模糊地帶，所以才會導入條件機率的觀念。

過濾垃圾郵件可用條件機率幫助判斷

前面提到過濾垃圾郵件使用的單純貝式分類法，基本上也是利用相同的方法來計算。舉例來說，「威而鋼（*Viagra*）」一詞不僅可能在醫療機關和製藥公司人員的正式郵件中會提到，甚至也可能出現在朋友之間開玩笑的郵件中。以這個例子來思考「含有威而鋼一詞的郵件 ⇒ 垃圾郵件」的命題，就應被判定為「假」。

然而，如果在一封郵件中出現「多次威而剛」，使用頻率高於一般用法時，則包含此用語的郵件將被歸類為垃圾郵件，而應該被過濾掉，我們可以用以下算式求出：

$$P(\text{垃圾郵件} \mid \text{多次威而剛}) = \frac{P(\text{垃圾郵件}) \times P(\text{多次威而剛} \mid \text{垃圾郵件})}{P(\text{多次威而剛})} \quad \cdots(8.9)$$

若是計算出來的機率達到一定數值以上（例如 $\geq 90\%$），就應被自動歸類為垃圾郵件。像這樣經過簡單運算而做出大致正確的推測，是非常有用的單純貝式分類法。總而言之，藉由導入機率與貝氏定理後，就能夠讓機器學習做出雖然不見得完全正確，但仍屬於合理的推測判斷。

第 2 篇

機器學習需要的線性函數與二次函數

單元 09

函數、座標圖與線性函數

對從事業務工作的人來說，收入和努力通常都有相關性，意思就是如果完全不努力就不會有收入，努力越多則收入也會越高。然而到底是怎麼樣的相關性呢？我們就必須藉由實際的數據找出其中的關係。

機器學習運用大量的數據，透過統計學發掘出實際數據之間的關聯性，再藉由機器學習的技術推估出可行的方案，近年來在部份領域已得到頗為豐碩的成果。然而，實際的數據可能很難看出關聯性，因此通常會將數據交給電腦處理，以找出適合的數學式子來描述這些數據之間的關係，也就是函數。

函數代表的意思

例如下面的式子，是 x 值與 y 值之間的關係，函數 $f(x)$ 代表「當代入 x 值，經過函數計算後得出 y 值」(同理，也可以代入 y 值，再反求出對應的 x 值)：

$$y=f(x)$$

還記得開咖啡店的例子吧，從咖啡館的每日平均來客數 x 與月利潤關係的數學式中，我們將利潤假設為 y 萬元，因此可將 (4.1) 式改為下面這個函數：

$$10000y = 9000x - 1020000 \qquad \cdots(9.1)$$

$$\Leftrightarrow \frac{1}{10000}\cdot 10000y = \frac{1}{10000}(9000x - 1020000) \qquad \cdots(9.2) \longleftarrow \text{同乘 } \frac{1}{10000}$$

$$\Leftrightarrow \qquad y = 0.9x - 102 \qquad \cdots(9.3)$$

(9.3) 式就是 $y=f(x)$ 的形式，只要 x 值決定，就可以算出對應的 y 值。例如平均每日來客數為 10 人，就將 10 代入 x，利潤為 y 即為 −93(萬元)；若為 20 人，利潤就是 −84 萬元。顯然 x 與 y 的組合不只一個，也就表示當有一個 x 值，就有一個對應的 y 值。為了清楚表現這個函數 x 與 y 的關係，我們需要使用到直角座標（也稱為笛卡兒座標）。

用直角座標畫出函數圖形

首先，我們「任意假設 x 為 200 人，帶入 (9.3) 式，得到 y 為 78，即利潤為 78 萬元」這組 (x, y) 就可在座標上畫出 (200, 78) 的點：

圖表 2-1

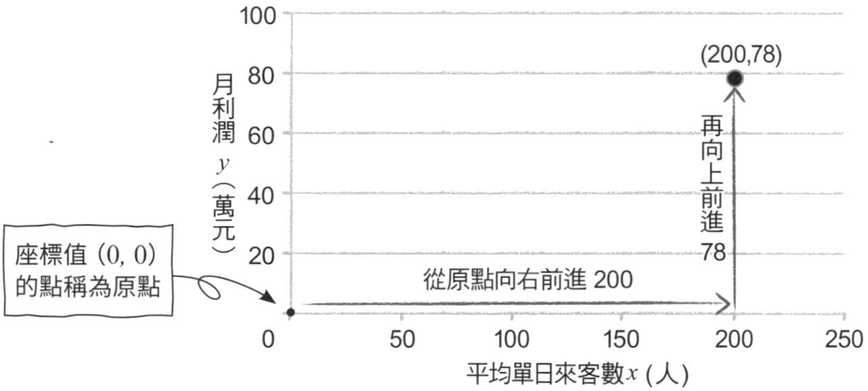

上圖中的點 (200, 78) 代表一組 (x, y)。同樣我們還可以算出其他 x 與 y 值的組合。例如將 x 為 150 代入 (9.3) 式中，可得到 y 為 33，並將之畫在座標上，就又多了一個點：

圖表 2-2

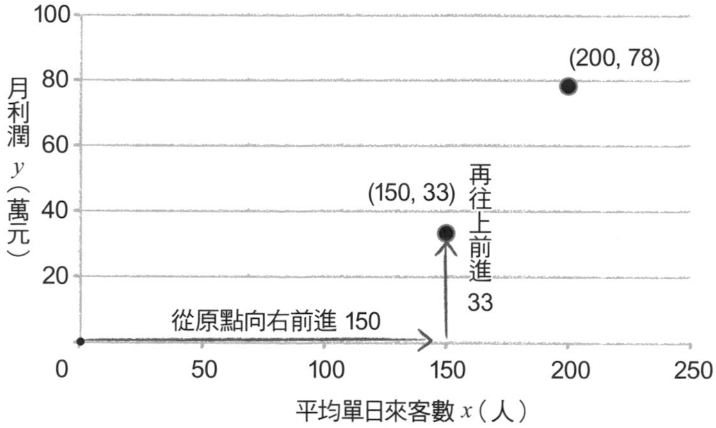

接下來考慮來客數 x 從 0 人到 250 人的所有整數，皆可從 (9.3) 式求出對應的 y 值後，然後在座標上畫出每一組 (x, y) 的點。而且 x 值還可以是小數，如此一來，座標上的點與點就越來越密，最後形成一條直線：

圖表 2-3

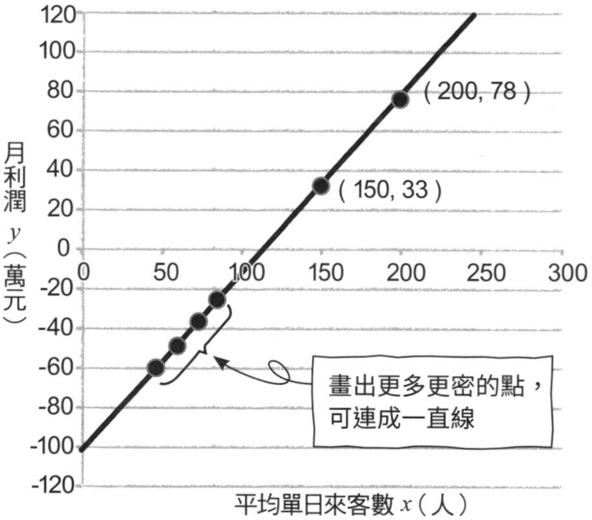

由此一來，我們就將 (9.3) 式用座標圖畫成一條從左下到右上的直線了。而且從 (9.3) 式我們也知道每日來客數最少是 0 人，因此當 x 值為 0 人時，利潤是 −102 萬元，且 x 每增加 1 人、則 y 也會隨之固定增加 0.9 萬元，如此會形成一條直線。這樣的直線關係，在數學上稱為「線性」關係。

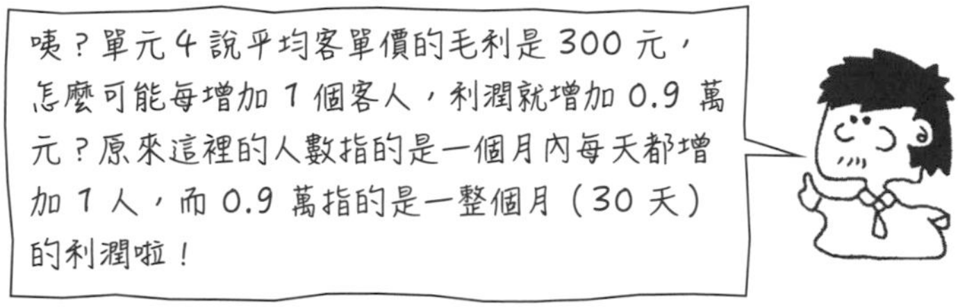

咦？單元 4 說平均客單價的毛利是 300 元，
怎麼可能每增加 1 個客人，利潤就增加 0.9 萬元？原來這裡的人數指的是一個月內每天都增加 1 人，而 0.9 萬指的是一整個月（30 天）的利潤啦！

線性關係的斜率與截距

直角座標上的一條直線，是由「斜率」和「截距」這兩個特性決定的。

「斜率」是指直線的傾斜程度，也就是「無論在直線上的任何位置，當 x 增加固定的值時，y 也會跟著增加固定的值」。斜率愈大，表示直線的傾斜程度愈陡；斜率愈接近 0，表示直線愈接近於水平。斜率也有區分正負值，斜率為正，表示從左下朝右上傾斜；斜率為負，表示從左上朝右下傾斜。

圖表 2-4

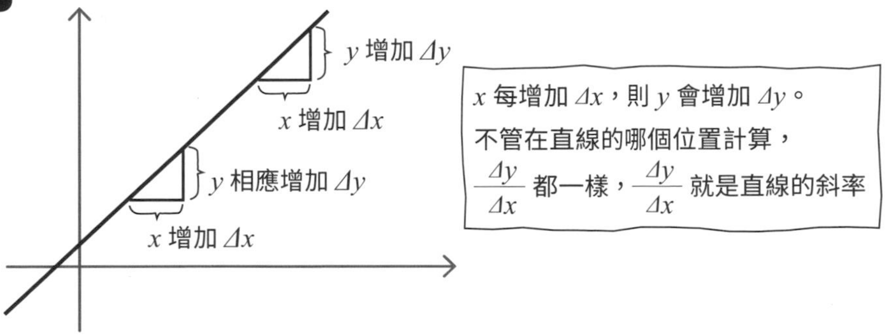

圖表 2-5

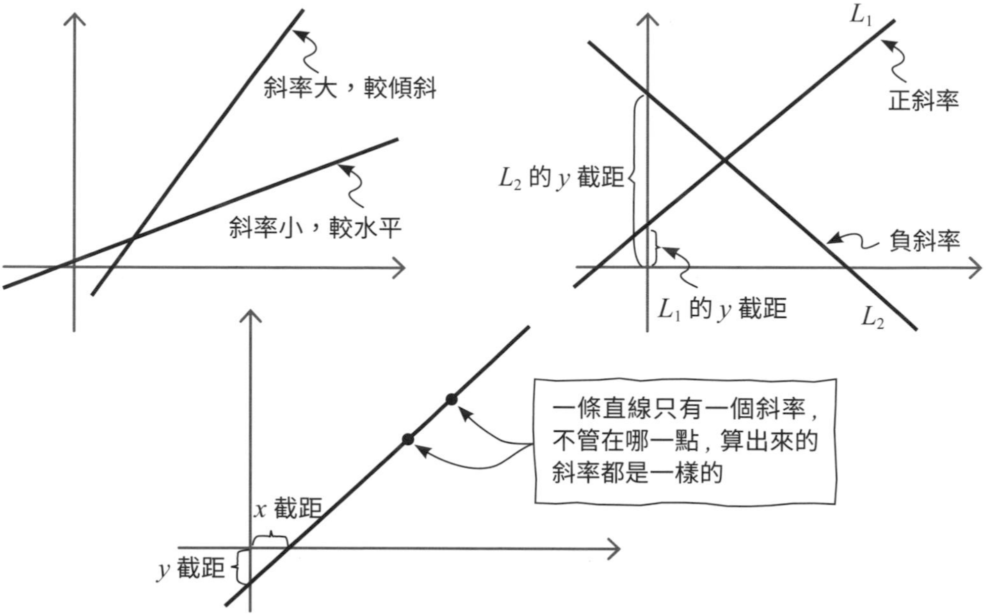

「截距」是指當 x 取 0 值時對應的 y 值(亦稱為 y 截距，就是和 y 軸的交點)，以及 y 取 0 值時對應的 x 值(亦稱為 x 截距，就是和 x 軸的交點)。

將 x 為 0 代入(9.3)式中，即可得到 y 截距為 -102；將 y 為 0 代入(9.3)式，亦可得到 x 截距為 113.33⋯：

圖表 2-6

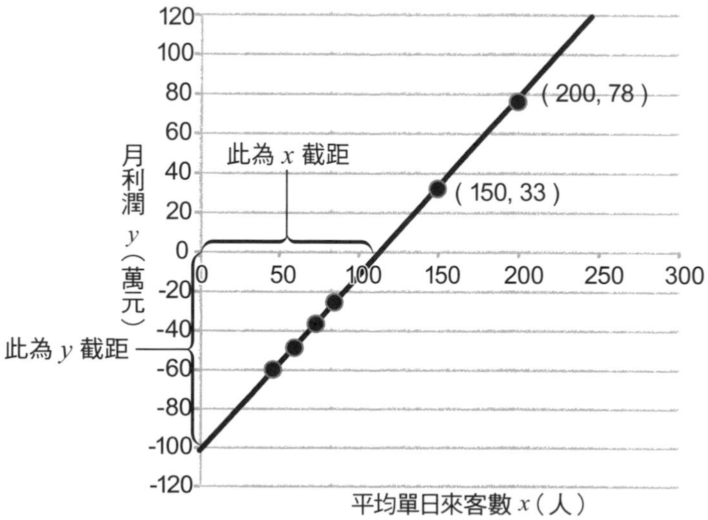

理解線性函數的特性之後，我們從(9.3)式很容易就能看出，只要平均每天來客數(x)每增加 1 人，每月利潤(y)將隨之增加 9 千元，因此如果希望每月利潤增加 9 萬元，就是每天來客數再增加 10 人即可。

機器學習的數學：線性迴歸

以線性函數來說，我們將 x 和 y 這種會因數值不同而變動的數稱為「變數」；將不會隨 x 和 y 變動影響的斜率與截距稱為「常數」。將截距以常數 a 表示、斜率以常數 b 表示，就可以寫成下面這樣：

$$y=a+bx$$

這就是我們在統計學與機器學習中，經常使用的簡單線性迴歸分析的函數，用於找出兩個或多個變數之間的關係。例如想從搜集來的許多數據中找出關聯性，就可以利用簡單線性迴歸的方法，找出距離數據點最近的一條直線函數。

圖表 2-7

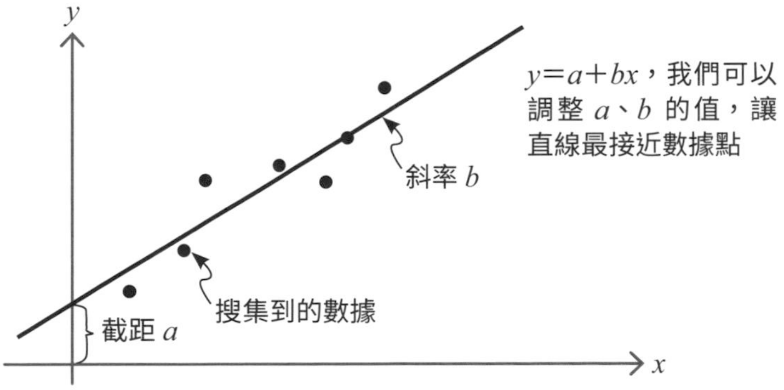

單元 10

利用聯立方程式找出線性函數

我們由前一個單元知道線性函數可寫成 $y=a+bx$，而簡單線性迴歸就是要從給定的條件(例如：業務員拜訪次數、簽約數量等實際發生的資料)中解出 a(截距)、b(斜率)的值，找出最符合條件的線性函數。解題的過程中會用到計算聯立方程式的技巧，因此我們先從聯立方程式開始學習。

用聯立方程式找出 2 條直線的交點

座標圖上兩條斜率不同的直線，會有一個交點(若兩條相異直線的斜率相同，表示互相平行，不會有交點)，要找到這個交點就需要利用聯立方程式。請看以下的範例：

> 公司某件商品庫存還剩下 360 個，要求兩位業務同仁在今年剩下的 100 個工作天內要全數銷售完畢。
>
> 從這兩位同仁過往的銷售狀況來看，資深業務外出促銷平均每天可賣出 5 個；資淺業務平均每天可賣出 3 個。因為他們還必須兼顧行政事務，所以每天只能有 1 人外出，另 1 人需留在公司。如果 2 人同時都留在公司，又會被主管認為在偷懶。而且公司希望資淺者要多出去，才能累積銷售經驗。
>
> 因為今年還有 100 個工作天，為了能剛好處理掉 360 個庫存，兩位業務應該分別外出幾天促銷才能達成目標呢？

由於想知道資深與資淺業務各自參與促銷活動的天數，我們可先假設資深者參加的天數為 x 資淺者為 y。從題目中可知 x 和 y 之間存在 2 種關係，也就是 2 個條件：

條件 1：資深者外出促銷的那 1 天，資淺者就不能外出，反之亦然。可見兩者外出促銷的天數相加剛好等於 100 天，也就是 $x+y=100$。

條件 2：資深者參與促銷 1 天平均可賣出 5 個，而資淺者 1 天平均賣出 3 個，兩者相加正好賣出 360 個，也就是 $5x+3y=360$。

我們將上述的 2 個條件整理出來：

$$x+y=100 \qquad \cdots(10.1)$$
$$5x+3y=360 \qquad \cdots(10.2)$$

因為 x、y 的值**必須同時滿足**這兩個式子，因此稱為**聯立**方程式，接下來就要來解出這兩個式子的 x 與 y 值。

聯立方程式求解的規則

要解出 (10.1) 與 (10.2) 式的聯立方程式，必須先瞭解幾個基本規則：

規則 1 加減法：將一個方程式等號「＝」兩邊的式子，分別與另一個方程式等號兩邊相加（或相減），等號仍然成立。比如說，在 (10.2) 式等號兩邊分別減掉 (10.1) 式等號兩邊，等號仍然成立：

$$5x+3y=360 \qquad x+y=100$$
$$\Leftrightarrow \ (5x+3y)-(x+y)=360-100$$

規則 2 代入法：如果將方程式整理成「變數＝…」的形式，亦可將該變數代入另一個方程式中的同一個變數位置。比如說將 (10.1) 式 $x+y=100$ 改寫成 $y=100-x$ 代入 (10.2)：

$$5x+3y=360 \Leftrightarrow 5x+3(\underline{100-x})=360$$
$$y=100-x$$

簡化數學式

在解聯立方程式時，會利用上面的兩個規則將方程式簡化，得到「$x=\cdots$」或「$y=\cdots$」的形式，才能方便計算出 x、y 的值。例如我們先將 (10.1) 式兩邊同乘以 3 後，y 的係數變成 3，便和 (10.2) 式中 y 的係數相同：

$$
\begin{aligned}
& x+y=100 & \cdots(10.1) \\
\Leftrightarrow\quad & 3(x+y)=3\cdot 100 & \longleftarrow \text{兩邊同乘以 3} \\
\Leftrightarrow\quad & 3x+3y=300 & \cdots(10.3)
\end{aligned}
$$

如此將 (10.3) 式利用規則 1 在等號兩邊同時減掉 (10.2) 式的兩邊，則可整理如下：

$$
\begin{aligned}
& 3x-5x+3y-3y=300-360 \\
\Leftrightarrow\quad & -2x=-60 \\
\Leftrightarrow\quad & x=30
\end{aligned}
$$

如此就得出 $x=30$。接著將 $x=30$ 值代入 (10.1) 或 (10.2) 式，即可求出 y。以下是代入 (10.1) 式的解法：

$$
\begin{aligned}
& 30+y=100 \\
\Leftrightarrow\quad & y=70
\end{aligned}
$$

如此我們就算出了符合 2 個條件的 x 和 y 值，也就是說在這 100 天之中，資深者參與 30 天促銷活動、資淺者參與另外 70 天，可以剛好清空庫存。以後即使遇到更多的變數與更多的條件，也能像這樣靈活運用加減法和代入法，逐一將方程式簡化而求出答案。

找出符合條件的直線並推估未來的數據

學會解聯立方程式的方法之後，接下來就要開始運用了，請看這個例子：

> 某公司的一位年輕業務員，第 1 年簽下 10 件合約，第 2 年簽下 40 件合約。主管激勵他：「如果第 3 年能簽下 100 件合約，就能獨當一面了」。
>
> 假設勤跑業務、增加拜訪客戶次數，就能讓合約件數呈直線上升的前提成立，年輕業務回顧過去 2 年拜訪客戶的次數，查出來第 1 年是 100 次、第 2 年是 200 次。請問想要在第 3 年簽下 100 件合約，必須拜訪客戶多少次才能如願以償呢？

業務要從第 1、2 年的達成數據，找出符合該兩年數據的直線。進而將第 3 年簽到 100 件合約的目標來推算拜訪客戶的次數。我們要分成兩個步驟進行：

第一步先找出這條直線的斜率與截距，把直線確定出來。
第二步依據這條直線推算第 3 年的拜訪次數。

找出符合條件的直線

我們先在直角座標上將業務員前 2 年拜訪次數、簽約件數的數據畫出來：

圖表 2-8

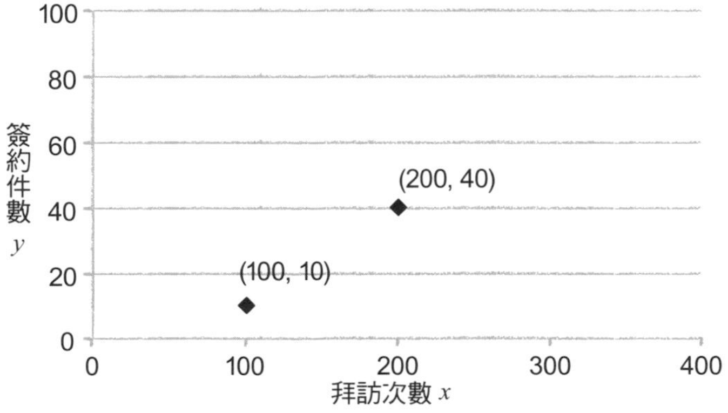

儘管圖表中只有前 2 年的數據，亦即座標上只有 2 個點存在，若將這 2 個點用直線相連，並往右上延伸出去，就可以預估第 3 年、第 4 年… 可能達成的簽約件數。那麼，這條直線要如何得出？

我們之前例子是 x 和 y 未知，所以要找出 x 和 y 的值。但這個例子是已知兩組 (x, y) 數據，而要找出這條直線。由前一單元我們知道，一條直線是由斜率和截距決定的，所以「找出這條直線」的意思，就是算出這條直線的斜率和截距。因此我們要回到簡單線性迴歸函數 $y=a+bx$，也就是要找出此函數中的 2 個常數：a(截距) 與 b(斜率)。

因為已知第 1 年「拜訪次數 x 為 100，簽約件數 y 為 10」、第 2 年「拜訪次數 x 為 200，簽約件數 y 為 40」，因此可將線性函數 $y=a+bx$ 寫成以下聯立方程式：

$$10=a+100b \qquad \cdots(10.4)$$
$$40=a+200b \qquad \cdots(10.5)$$

在這 2 個方程式中，剛好 a 的係數都是 1，我們將 (10.5) 式等號兩邊分別減去 (10.4) 式等號兩邊。如此一來，可順利的求出 b 值 (斜率) 為 0.3：

$$40-10=a-a+200b-100b$$
$$\Leftrightarrow \quad 30=100b$$
$$\Leftrightarrow \quad \frac{1}{100}\cdot 30=\frac{1}{100}\cdot 100b \quad \longleftarrow \text{兩邊同乘以 } \frac{1}{100}$$
$$\Leftrightarrow \quad 0.3=b$$

接著將 b 值代入 (10.4) 式，即可計算出 a 值 (截距) 為 -20：

$$10=a+100\cdot 0.3$$
$$\Leftrightarrow \quad -20=a$$

既然得到 a 與 b 值，則這條符合前 2 年條件的直線就可以寫成下面這樣：

$$y=-20+0.3\cdot x \qquad \cdots(10.6)$$

推估未來的數據

得出 (10.6) 式後，年輕業務就可以用第 3 年簽約件數目標 100(就是 y 值)，代入 (10.6) 式，即可算出需要拜訪客戶的次數(就是 x 值)：

$$100=-20+0.3x$$
$$\Leftrightarrow \quad 400=x$$

由上可知，該年輕業務員要是能在 1 年內拜訪客戶 400 次，就可望簽下 100 件合約。如果這是個有可能達成的目標，就不失為激勵之策。然而，依商品和產業的特性考量，如果評估 1 年拜訪客戶 400 次不可行，那就不能單純靠增加拜訪次數了，而要思考在原本相同的拜訪次數下，如何提高簽約的機會，恐怕才是正確的思維。所以主管如果能事先用線性模型做出預測，就不會做出無理或無激勵效果的業務計劃了。

機器學習的數學：用實際數據建立數學模型

在機器學習裏，由實際數據得到的數學關係，我們稱為「模型」。其概念就像模型飛機並非真正的飛機，而是「精巧模仿出來的物品」，或許形狀相似，但不能實際飛上天空。機器學習的模型也是用現實世界中的實際數據「精巧模仿出來的物品」，其相似程度如何，就有必要經過驗證才行。

然而，並不是說無法做到完全相同就沒有用處，像這個例子，即便只是使用簡單的線性模型，也足以瞭解為了簽下目標合約數，應該付出多少程度的努力。與其毫無計劃地盲目努力，或是時間緊迫、事到臨頭才趕快跑客戶，還不如有所計劃才能順利完成目標。

如上所述，只要能夠善加運用聯立方程式求解，便可以從現有數據中算出線性模型，進而訂定達成目標的計劃。我們在下個單元，會進一步運用此思考方式，學習「線性規劃」的生產管理方法，藉以有效活用資源。

單元 11

用聯立不等式做線性規劃

我們在前一個單元學會利用聯立方程式，算出兩位業務員分配促銷活動的天數，以解決庫存的問題。然而，在公司經營的現實考量上，庫存當然盡早清光最好，並不會設定剛剛好 100 天賣完這種條件，而是會要求在 100 天「以內」達成。因此原本的 (10.1) 式要改寫成下面的不等式才符合要求：

「≤」 符號是小於等於的意思
「≥」 符號是大於等於的意思

$$x+y \leq 100$$

$$5x+3y=360 \quad \longleftarrow \text{(10.2)式}$$

其中原 (10.2) 式不用改變，仍然是兩人要清光 360 個庫存，因此可組成「聯立不等式」。也因為每天資深業務賣出 5 個產品，比資淺業務賣出 3 個要來得多，如此一來可知只要增加資深業務的天數，並減少資淺業務的天數，即可達成在 100 天「以內」達成清光庫存的要求。

例如原本資深業務與資淺業務分別是 30、70 天賣完 360 個庫存，但如果天數分別是 33、65 天，則只需 98 天就可賣完，或者分別是 36、60 天亦只需 96 天賣完，…，表示能在 100 天以內賣完的組合有很多種，而最短賣完天數是 72、0 天的組合。

小編補充： 線性聯立方程式在座標圖上畫出來會是 2 條 (或多條) 直線，通常是用來找出直線與直線的「交點」。而聯立不等式在座標圖上會是 2 條 (或多條) 直線圍出來的「區域」，只要在該區域內的組合都符合條件，因此上例有數種解答很正常。如果選擇最快清完庫存的 72、0 天組合，會花資深業務過多時間，且資淺業務沒有訓練到。事情有利也可能有弊，究竟如何做才最符合效益？就是本單元要探討的線性規劃了。

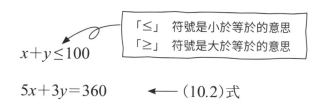

用線性規劃找出限制條件

在生產管理和物流等行業裏，必須有效率地分配有限資源，而聯立不等式就可以應用在這些方面。根據線性聯立不等式給定的條件來求出解答，我們稱之為「線性規劃」。接下來思考下面這個例子：

> *A* 君開了一間小型 *IT* 公司，總共有 3 名員工，包括老闆兼業務的 *A* 君、負責系統與程式設計的工程師，以及擅長製作 *UI* 的設計師。
>
> 公司主要的業務是接受其它公司委託開發商用系統，或是手機 *APP*。依照以往的接案經驗，公司受託開發商用系統，工程師與設計師各需要 5 個月與 2 個月才能完成，交案後可獲利 700 萬元。至於開發手機 *APP*，工程師與設計師各需要 1 個月與 4 個月才能合作完成，交案後可獲利 400 萬元。
>
> 對公司經營而言，若期望往後 1 年將獲利最大化，應該分別接下多少件商用系統與手機 *APP* 的案子？且最大的獲利會是多少呢？

接一個商用系統的獲利是 700 萬，接一個手機 *APP* 的獲利是 400 萬，乍看之下會覺得多接商用系統的案子獲利較高。但如此一來，工程師的工作量就相當吃重，而且耗費的時間比較長，反觀設計師的工作量就會過少。在這些限制條件下，為了讓工程師與設計師的工作量做最好的分配以獲取最大利潤，*A* 君應如何決定接案的工作分配呢？

將限制條件用不等式表達

首先，假設商用系統接單 x 件、手機 *APP* 接單 y 件，接著思考一下工程師和設計師各自的工作量。工程師每 1 件商用系統案子須耗時 5 個月、每 1 件 *APP* 案子須耗時 1 個月，而 1 年只有 12 個月，因此工程師的時間會受到下面條件的限制：

$$\text{工程師：}\quad 5x + y \leq 12 \qquad \cdots(11.1)$$

同樣考慮設計師的情況，每 1 件商用系統案子須耗時 2 個月、每 1 件手機 *APP* 案子須耗時 4 個月，會受到以下條件的限制：

$$\text{設計師：}\quad 2x + 4y \leq 12 \qquad \cdots(11.2)$$

此外，不管接的案子是商用系統或手機 *APP*，工程師與設計師都必須合力完成，而且接案數絕對不可能是負數，因此 x、y 都必須大於或等於 0，這也是 x 和 y 的限制條件：

$$x \geq 0 \qquad \cdots(11.3)$$
$$y \geq 0 \qquad \cdots(11.4)$$

> 等式大於小於符號的方向有其意義，在不等式兩邊可以同時加減相同的數值或算式，相乘或相除相同的正數也可以，不會改變不等式的方向。但若相乘或相除相同的負數，則不等式的符號會顛倒過來。例如：當 $2 \geq 1$ 不等式兩邊同時乘以 -1 時，不等號會反過來變成 $-2 \leq -1$。

首先為了作圖方便，我們將 (11.1) 式改寫成左邊只有 y 的形式：

$$y \leq 12 - 5x \qquad \cdots(11.5)$$

同樣也可將 (11.2) 式改寫成只有 y 的形式：

$$y \leq 3 - 0.5x \qquad \cdots(11.6)$$

在座標圖上畫出不等式區域

我們將前面的限制條件整理出下面這 4 個不等式，代表有 4 條直線，以及這 4 條直線各別圍出的區域：

$$x \geq 0 \qquad \cdots(11.3)$$

$$y \geq 0 \qquad \cdots(11.4)$$

$$y \leq 12-5x \qquad \cdots(11.5)$$

$$y \leq 3-0.5x \qquad \cdots(11.6)$$

我們接下來要在座標圖上看看這 4 個不等式代表什麼意思。首先，當不等式在等號成立時代表一條直線，因此分別將 (11.5)、(11.6) 式在等號成立時的 2 條直線畫在座標上（下圖）。另外，也將 $x \geq 0$、$y \geq 0$ 在座標上畫出來，因此會得到下面的座標圖：

圖表 2-9

將 4 個不等式代表的 4 條直線畫在座標上

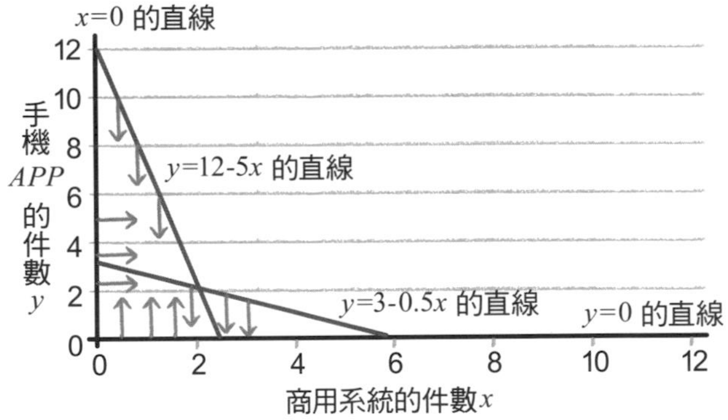

滿足直線方程式等號成立的 (x, y) 點就在那條「直線」上，滿足不等式的 (x, y) 點則不在該直線上，而是在直線的上下或左右「區域」，只要是在這個區域內的 (x, y) 點，都能符合不等式。

例如(11.5)式 $y \leq 12-5x$ 表示「y 在 $y=12-5x$ 這條直線或直線以下區域」;(11.6)式 $y \leq 3-0.5x$ 表示「y 在 $y=3-0.5x$ 這條直線或直線以下區域」;$x \geq 0$ 表示在「$x=0$ 的線上或右邊區域」;$y \geq 0$ 表示在「$y=0$ 這條線上或上方區域」。

同時滿足這 4 個條件(即圖中 4 個重疊的區域)的 x 和 y 組合(可以有很多種組合),就位於左下方那塊灰色不規則四邊形重疊區域的邊線上或裏面:

圖表 2-10

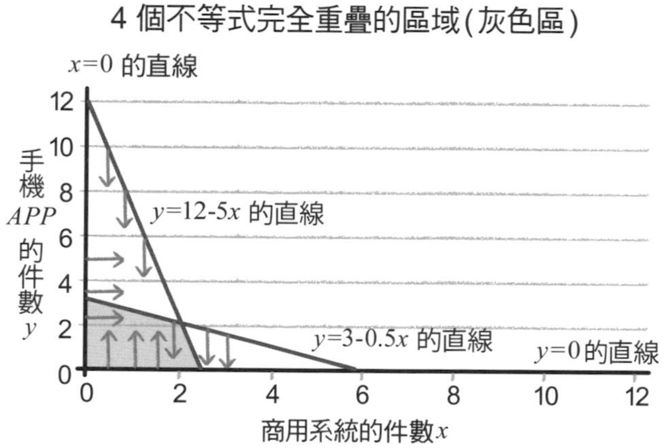

換句話說,任何不在這個重疊區域內的 x 和 y 組合(可看成是 (x, y) 點),都無法同時滿足上面的 4 個限制條件。例如 1 年內的業務量超出工程師和設計師其中一位的負荷極限,或是個別的接單件數為負值之類的情況,都不在這個重疊區域內。

計算最大獲利的目標函數

現在已找出可同時符合 4 個限制條件的區域,接下來要思考在這個區域中哪種組合能得到最大的獲利?線性規劃將這種「欲求出最大值」或「欲求出最小值」的數學式稱為「目標函數」。目標函數是一條通過(或接觸)重疊區域的直線,就此例來說,是要找出最大獲利,因此就要找出目標函數在此重疊區域的最大值。

一旦知道商用系統的接單件數 x 的值，以及手機 APP 接單件數 y 的值，就可確定獲利多少。我們將單位設為百萬，因此獲利假設為 z（百萬），完成一件商用系統為 7（百萬），完成一件手機 APP 為 4（百萬），可以得到以下式子：

$$7x+4y=z \quad \cdots(11.7)$$

這一條式子就是要求出最大獲利的目標函數，也就是說，我們要找出重疊區域內能讓 z 最大的 x、y 值。和剛才一樣用座標圖來思考，並將(11.7)改寫成我們最熟悉的線性函數「$y=a+bx$」的形式：

這個就是目標函數

$$7x+4y=z \quad \cdots(11.7)$$

$$\Leftrightarrow \quad y=\frac{1}{4}z-\frac{7}{4}x \quad \cdots(11.8)$$

我們注意到(11.8)式中的斜率為 $-\frac{7}{4}$，而截距是包括變數 z 的 $\frac{1}{4}z$。因此，我們可考慮這是一條斜率固定為 $-\frac{7}{4}$，但截距會移動的直線，意思是指此直線可在座標上「平行移動」到不同的位置。

既然 z 會變動，我們先假設一年要獲利 2800 萬元(28 百萬)，如此(11.8)式就變成 $y=7-\frac{7}{4}x$。在座標上畫出這條直線：

圖表 2-11

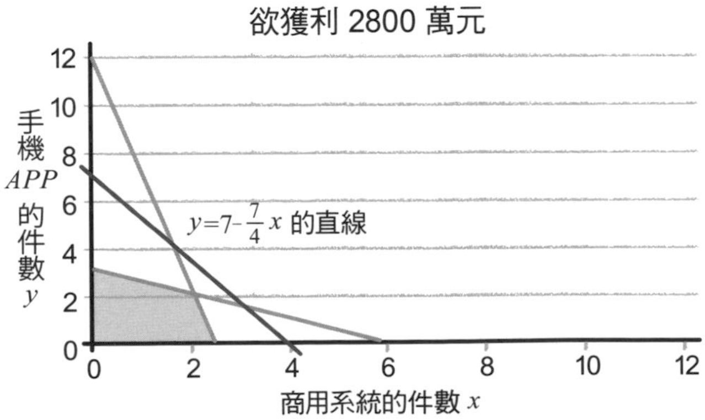

實際畫出這條直線後，我們發現與灰色區域完全沒有重疊到，不能滿足 4 個不等式的限制條件，也就是沒有一組 x、y 可以達到 2800 萬的目標。

平移目標函數找出最大獲利

那麼營業目標要設定多少才能滿足所有的限制條件呢？這很簡單，因為目標函數的斜率已經固定是 $-\frac{7}{4}$，會變動的只有截距 $\frac{1}{4}z$，表示這條目標函數會因為目標值 z 的變動而在座標上平移（**小編補充：** 平移就是平行移動的意思，因為斜率已經固定，所以只能平移）。

由圖上可觀察到，如果目標函數越向右側平移（截距變大），會離重疊區域越遠，表示越不可能達成目標。顯然目標函數要向左側平移（截距變小），才能逐漸接近、最終會碰到灰色重疊區的邊緣。因此讓這條直線以相同斜率朝灰色區域平移，直到剛剛好與之接觸的那個位置，這就是能同時滿足不等式限制條件的最大獲利位置。我們來看看下面的圖表：

圖表 2-12

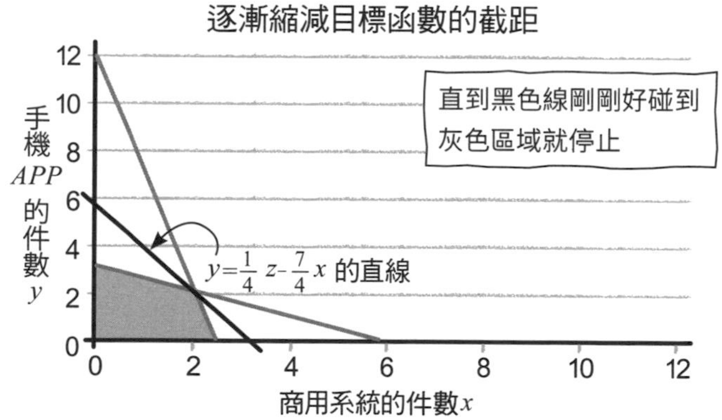

由上圖可發現目標函數與灰色四邊形接觸到的頂點位置（右上角），足以滿足全部 4 個不等式的條件。由於此頂點乃是根據工程師和設計師各自工作量的

限制條件，即(11.5) 和(11.6)式畫出來的兩條直線相交之處，這個交點的座標可利用二者的聯立方程式來求出：

$$y=12-5x \qquad \cdots(11.9)$$
$$y=3-0.5x \qquad \cdots(11.10)$$

利用代入法就能求出 x 值等於 2，y 值等於 2。也就是說，在座標(2, 2)那一點，就是這個目標函數與灰色區域相交之處。也就代表每年做出商用系統 2 件及手機 *APP* 亦為 2 件時可得到最大的獲利。

既然已知 x 和 y 值，代入目標函數(11.7)式，即可算出：

$$z=7\cdot 2+4\cdot 2=22\ (\text{百萬})$$

由此可知，在現有接案能力的限制條件考量下，可得到的最大獲利為 2200 萬元。之前 2800 萬目標完全是達不到！

線性規劃適用於單純的情況

以上是透過線性不等式進行線性規劃的基本方法，藉由這樣的思考方向與簡單運算，就能將有限資源做最適當的分配，評估在現有條件下的最大獲利。

現實世界中的工廠或物流作業在做線性規劃時，必須考慮到許多工程及材料等相當複雜又繁瑣的不等式，並不能像上例那麼簡單在座標上平移直線就能解決問題。而且現實中的條件也不一定都是線性的，很可能會出現非線性的方程式、不等式和目標函數，要找出最佳化的解決方案就比線性規劃來得更加複雜，因此在實務上通常會儘可能拆解出可線性化的部分，讓非線性的影響儘可能降低，才比較容易程式化，找出接近的解決方案。

在機器學習的領域，資訊科學家也是在研究各種演算法，來處理各種線性、非線性的目標函數。

單元 12

從線性函數進入二次函數

前面學過的 x 和 y 都是用 $y=a+bx$ 的線性關係來表現，只要 x 值增減，y 值也會跟著以 x 的 b 倍做增減。然而，現實中並非都是如此單純的關係。例如在單元 10 談到業務拜訪客戶次數與簽約件數的例子中，根據第 1、2 年的數據，在維持線性關係的前提下，希望算出第 3 年拜訪次數與簽約的數量。然而，這個線性關係未必會成立。想想看，業務拜訪客戶也可能會有下面的狀況：

1. 壞的狀況：開發客戶陷入瓶頸，就算再怎麼勤跑客戶也無濟於事。

2. 好的狀況：客戶主動口耳相傳，獲得額外的簽約量。

第 1 種狀況要思考的是改變方法，而不應一昧去衝高拜訪次數。而第 2 種狀況則是好現象，表示與客戶建立正向關係，他們願意主動介紹新客戶，使得平均每拜訪 x 次客戶後，除了增加 bx 件合約之外，還會額外增加 cx^2 的簽約量。

> **小編補充：** 業務拜訪千變萬化，此處為簡化起見，只採最簡單的方式，就是在 $a+bx$ 之後增加一個 cx^2 項。為什麼是增加 x^2 項而不是 x 或 x^3 項呢？因為如果是 x 一次方項就可以併入 bx 項，結果還是線性關係。如果是 x^3 項，則增量太大了，客戶不可能反應這麼好，所以最有可能的是 x^2 項。

$$y=a+bx+cx^2 \qquad \cdots(12.1)$$

像這種包含 x 的 2 次方的方程式就稱為**二次方程式**，函數形式就稱為**二次函數**。依此類推，如果是包含 x 的 3 次方的方程式就稱為三次方程式（三次函數）。一般在數學上用 n 來代表自然數，因此包括 x 的 n 次方的方程式就稱為 n 次方程式（n 次函數）。

二次函數的係數

線性方程式(即一次方程式)的 a、b 係數分別代表截距與斜率，然而二次方程式在座標上的圖形並非一條直線，因此公式(12.1)的 a、b、c 係數就不稱為截距和斜率，而是稱為「項的係數」。

a 是與 x 無關的常數，稱為「常數項」。b 是 x 的 1 次方係數，稱為「1 次項的係數」。c 是 x 的 2 次方係數，稱為「2 次項的係數」。

與原本的線性函數 $y=a+bx$ 相比，顯然這個二次函數多了 cx^2 這一項，可視為客戶對業務的正向回饋，因此除了原本 $a+bx$ 簽約量之外，又額外得到 cx^2 的簽約量，也因此只要 c 大於 0，則 x 越大，cx^2 也會越大。

現在讓我們延伸業務員簽約的問題，繼續思考下面的狀況：

圖表 2-13 是業務員 3 年來的拜訪次數與簽約件數。如果用第 1 年與第 2 年的資料做成線性函數，則如圖表 2-14 的直線所示：

圖表 2-13

	拜訪次數	簽約件數
第 1 年	100	10
第 2 年	200	40
第 3 年	300	82

圖表 2-14

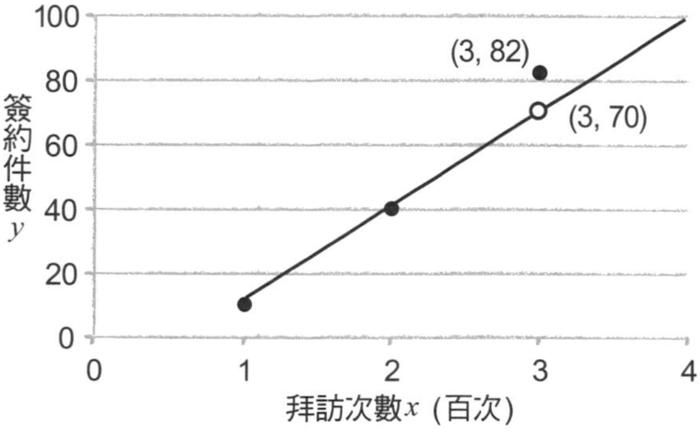

▶接下頁

我們發現，如果依照直線的預測值，則拜訪 300 次的簽約件數是 70 件，但實際件數是 82 件，顯然第 3 年的數據超過線性關係的預測值。

如果我們將這 3 年來的拜訪次數 x 和簽約件數 y 的關係改用二次函數表示。那麼這個二次函數會長什麼樣子？

用 3 個點找出二次函數

我們都知道 2 點可畫出一條直線（一次函數），依此類推，3 點可畫出一個二次函數。因此我們要找出這個二次函數，可將圖表 2-13 的這 3 個點的數據（拜訪次數以 100 為單位）代入（12.1）式的二次函數 $y=a+bx+cx^2$ 中，就可以得到 3 個方程式，然後再利用聯立方程式解出 a、b、c 的值，就可得到這個二次函數。

所以，將第 1 年的數據（$x=1$，$y=10$）、第 2 年的數據（$x=2$，$y=40$）、第 3 年的數據（$x=3$，$y=82$）依序代入（12.1）式中，可分別得到下面 3 個式子：

$$10=a+b+c \qquad \cdots(12.2)$$
$$40=a+2b+4c \qquad \cdots(12.3)$$
$$82=a+3b+9c \qquad \cdots(12.4)$$

其中 a、b、c 係數值都必須同時滿足這 3 個式子，因此我們可以用聯立方程式解出這 3 個係數。由於這 3 個式子的右邊全部都是以 a 係數開頭，我們在（12.3）式和（12.4）式的兩邊分別減去（12.2）式的兩邊之後，就消去了變數 a，如此將原本 3 個變數的聯立方程式，簡化為 2 個變數的聯立方程式：

$$30=b+3c \qquad \cdots(12.5)$$
$$36=b+4c \qquad \cdots(12.6)$$

如此就可輕易解出 $b=12$、$c=6$。再將 b、c 代入(12.2)～(12.4)式中任何一式，即可算出 $a=-8$。

如此，二次函數的 a、b、c 係數都算出來了，即表示拜訪次數(以 100 次為單位)與簽約件數的二次函數關係為：

$$y=-8+12x+6x^2 \qquad \cdots(12.7)$$

畫出二次函數的座標圖

接著，我們利用(12.7)式多畫出幾個點，即可連成一條貫穿 3 年數據的曲線：

圖表 2-15

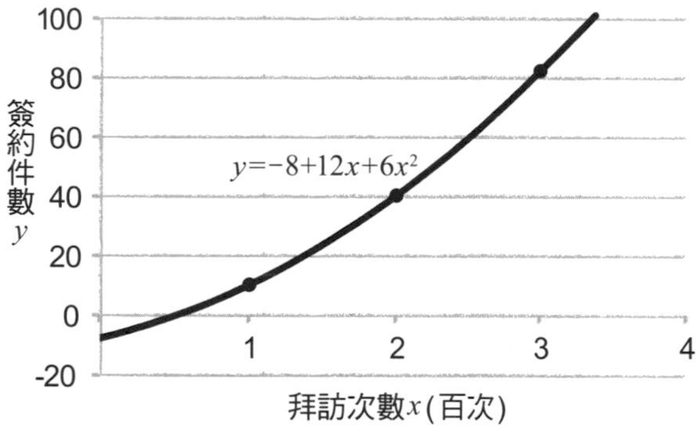

一旦得到這個函數，就能評估當拜訪次數達到 400 次時，將可獲得多少合約。我們將 x 等於 4(百次)的數值代入(12.7)式：

$$\begin{aligned} y&=-8+12\cdot4+6\cdot4^2 \\ &=136 \end{aligned}$$

也就是說，當拜訪次數達到 400 次時，預估可以簽到 136 份合約，這比原本線性函數推估的 100 份合約要高出許多。然而，如果我們反過來問，要簽約 100 份，那麼要拜訪客戶多少次呢？這時我們要反過來計算，當 y 為 100 時，x 會是多少？也就是解出 $100=-8+12x+6x^2$ 的 x 值是多少。如果是線性函數，要從 y 反推 x 值相當簡單，然而在二次函數的計算上稍微複雜一些。因此我們在下個單元介紹配方法並且在單元 14 用配方法來解決這個問題。

單元 13

二次函數與配方法

二次函數在平面座標上是一條拋物線，有最高點或最低點（皆稱為頂點）。利用配方法可將二次函數的一般式（即前一單元看過的 $y=a+bx+cx^2$ 的形式）改寫成標準式（即 $y=c(x-p)^2+q$ 的形式），如此可看出當 $x=p$ 時，y 會有最大值或最小值 q。這對於機器學習用最小平方法求誤差最小值時會用到。

我們從下面兩張圖，快速瞭解二次函數標準式的係數 c 與最大值或最小值的關係。

首先，$y=c(x-p)^2+q$，若 $c<0$，因為 $(x-p)^2 \geq 0$ 所以 $c(x-p)^2 \leq 0$，當 $x=p$ 時，$c(x-p)^2=0$ 是最大值，這時 $y=c(x-p)^2+q=q$ 也成為最大值（如下圖）：

圖表 2-16

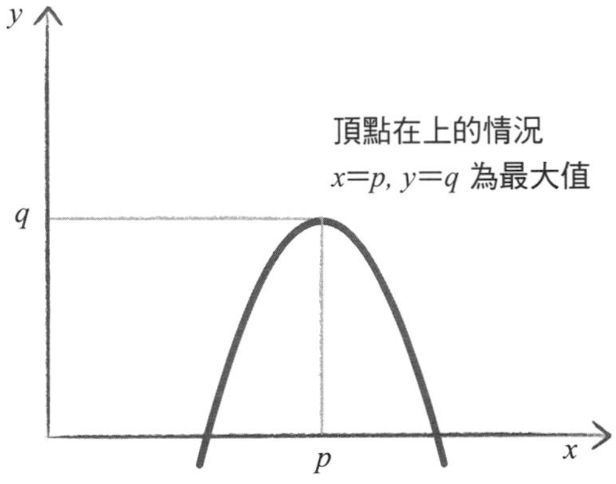

再者，$y=c(x-p)^2+q$，若 $c>0$，則 $c(x-p)^2 \geq 0$，所以 $x=p$ 時，$c(x-p)^2=0$ 是最小值，這時 $y=c(x-p)^2+q=q$ 也成為最小值（如下圖）：

圖表 2-17

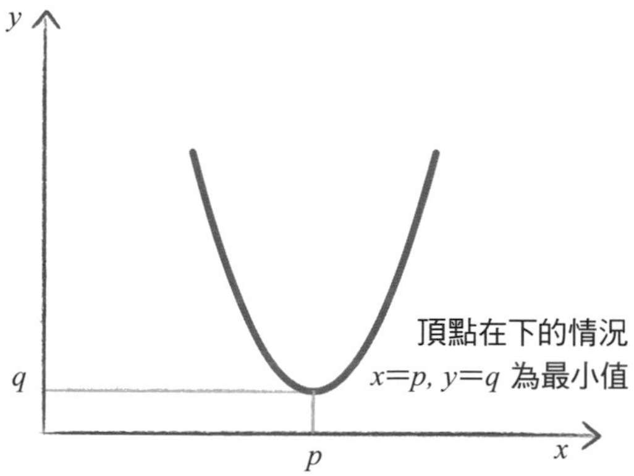

利用配方法將一般式轉換為標準式

既然二次函數的標準式很好用，那麼在看到一般式的時候，我們可以把它轉換為標準式，此處示範利用配方法來做轉換。

這個方法是從一般式直接下手，如下推導：

$$y = a + bx + cx^2$$

$$= c\cdot\left(x^2 + \frac{b}{c}x\right) + a \quad \longleftarrow \text{將 2 次項係數 } c \text{ 提出去} \cdots(13.1)$$

$$= c\cdot\left(x^2 + 2\cdot\frac{b}{2c}x + \left(\frac{b}{2c}\right)^2 - \left(\frac{b}{2c}\right)^2\right) + a$$

先湊出此項

再減去此項

乍看之下頗為複雜，但只要稍微整理，即可簡化為標準式的形式：

$$= c\cdot\left(x^2 + 2\cdot\frac{b}{2c}x + \left(\frac{b}{2c}\right)^2\right) - c\cdot\left(\frac{b}{2c}\right)^2 + a$$

$$= c\cdot\left(x + \frac{b}{2c}\right)^2 - \frac{b^2}{4c} + a$$

接著，我們將上式與標準式 $y=c(x-p)^2+q$ 做比對，即可得到：

$$p=-\frac{b}{2c}，q=-\frac{b^2}{4c}+a \qquad \cdots(13.2)$$

如此一來，當我們看到二次函數 $y=a+bx+cx^2$ 時，即可立即解讀此函數在 x 等於 $-\frac{b}{2c}$ 時，y 具有最大值或最小值（視係數 c 的正負而定），且其值就是 $-\frac{b^2}{4c}+a$。

小編補充： 配方法是簡化二次函數很有用的技巧，在後面例如單元 15、35 的例子也都會用到。

單元 14

找出二次函數的最適解

二次函數的用處不僅僅是找出頂點與最大最小值，還可以用於找出滿足給定條件的最適區間。我們來看看下面這個例子。

由二次函數分析最能刺激消費的 DM 寄送次數

某郵購公司想提升銷售業績，因此都會寄送 DM 給客戶。如果多寄幾次 DM 一定對業績有幫助，但若太過頻繁也可能招致抱怨而得到反效果。到底每月寄送多少次 DM 可以達到設定的業績目標呢？

我們將每月寄 DM 的次數與平均購買金額做個整理，可獲得右方數據：

圖表 2-18

	平均購買金額
每月 1 次	676
每月 2 次	936
每月 3 次	996

圖表 2-19

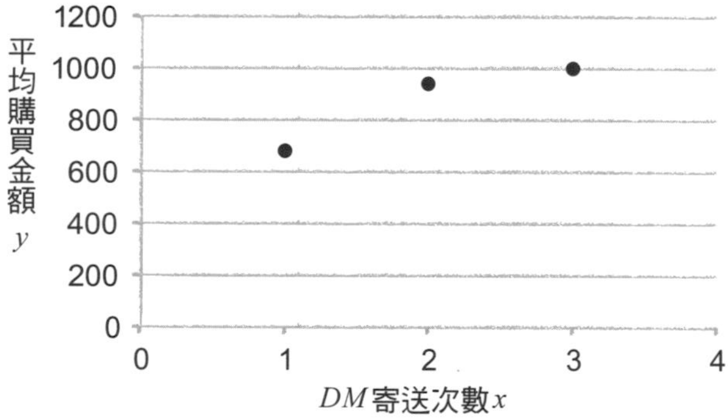

我們是否能利用二次函數來描述寄送次數和客戶平均購買金額的關係，藉此判斷以後每個月應該寄多少次 DM 給客戶，可獲得最好的效果？

我們可以用聯立方程式來解出二次函數的各項係數。假設 *DM* 寄送次數為 x、平均購買金額為 y，將上面 3 組數據代入 $y=a+bx+cx^2$ 的二次函數，可得到下面 3 個聯立方程式：

$$676=a+b+c \qquad \cdots(14.1)$$

$$936=a+2b+4c \qquad \cdots(14.2)$$

$$996=a+3b+9c \qquad \cdots(14.3)$$

比照單元 12 的方法解出聯立方程式的 $a=216$、$b=560$、$c=-100$，因此可以得出寄送次數與客戶消費金額的二次函數：

$$y=216+560x-100x^2 \qquad \cdots(14.4)$$

並套用前一個單元，利用一般式的係數算出標準式的係數：

$$\Leftrightarrow y=-100(x-2.8)^2+1000 \qquad \cdots(14.5)$$

於是，從 (14.5) 標準式可知此二次函數的頂點座標 $(p, q) = (2.8, 1000)$：

圖表 2-20

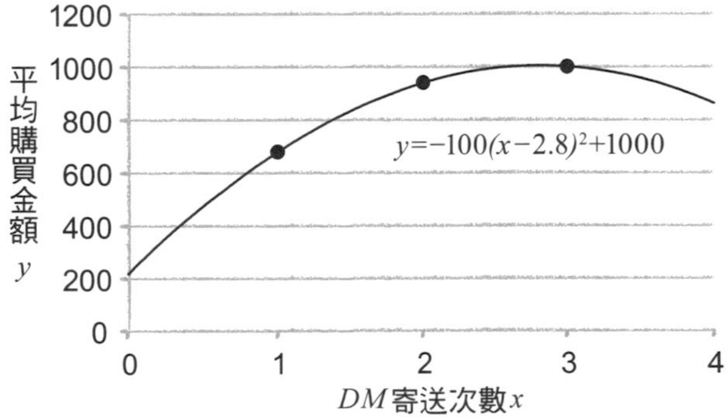

上圖表示每月平均寄 DM 給客戶 2.8 次，預期可達到最高平均購買金額 1000 元。如果超過 2.8 次，則平均購買金額會有下降的趨勢。

我們舉的這個例子只有 3 組數據，是為了示範的目的，若能好好蒐集更多的數據，讓這個二次函數變得更有實用價值，就能找出頂點在上時的「最適數值」，或是反過來頂點在下時的「最壞情況」(請參考圖表 2-16 和圖表 2-17)。

由二次函數不等式找出滿足條件的區間

由前面的例子已知每月平均寄送 DM 2.8 次，可以達到平均最大購買金額 1000 元，但如果我們現在想知道的不是最大值，而是包括最大值的一段區間，因此我們可以將目標改為下面這樣：

> 此郵購公司訂出本期的目標為「希望客戶的平均購買金額達到至少 900 元」。也就是 DM 寄送次數的重點不是平均購買金額最大化，而是要守住至少 900 元的目標時，則在每個月必須寄出 DM 多少次呢？這也就是我們在單元 12 留下的問題：在二次函數中，由 y 反推 x 的值。

我們將「購買金額 y 達到至少 900 元」的條件寫成數學式，那就是 $y \geq 900$ 的不等式，我們先將 $y=900$ 代入 (14.5) 式可得：

$$
\begin{aligned}
& 900 = -100(x-2.8)^2+1000 \\
\Leftrightarrow\quad & -100 = -100(x-2.8)^2 \\
\Leftrightarrow\quad & 1 = (x-2.8)^2 \\
\Leftrightarrow\quad & \pm 1 = x-2.8 \\
\Leftrightarrow\quad & x = 3.8 \text{ 或 } 1.8
\end{aligned}
$$

得知「當 $x=1.8$ 或 $x=3.8$ 時，恰好 $y=900$」。因此若想要讓客戶購買平均 900 元，則寄送 1.8 次或 3.8 次都可以。由於現實中不可能寄出非整數次數的廣告，因此可以取整數為 2 次或 4 次。或者也可以把時間拉長到 10 個月來看，就是寄送 18 次或 38 次。

以上是購買金額剛好達到 900 元的情況，然而我們想知道的是達到至少 900 元需要的寄送次數。從下圖來思考就簡單明瞭了。以此圖形來看，$y=900$ 的水平線與拋物線的交點剛好有 2 個。其中一個是 $x=1.8$ 時，另一個則是 $x=3.8$ 時。

圖表 2-21

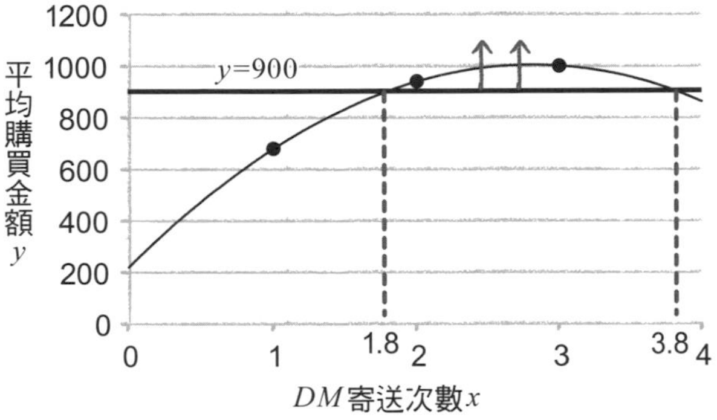

由圖可知，當 x 值介於 1.8～3.8 之間時，y 值會大於等於 900：

$$y \geq 900$$
$$\Leftrightarrow -100(x-2.8)^2+1000 \geq 900$$
$$\Leftrightarrow 1.8 \leq x \leq 3.8$$

於是我們得到問題的解答，知道若 *DM* 寄送次數在 1.8 次以上、3.8 次以下，平均購買金額可達到 900 元以上的目標。藉由以上的說明，應該瞭解二次函數標準式的好用之處了。

最後，我們再來思考一個問題：「如果這家郵購公司想要達到平均購買金額 1100 元，應寄送幾次 *DM* 呢？」從剛才的圖形可知此拋物線的頂點最高也只有 1000 元，可想而知難以達成。我們可以將 y 等於 1100 代入式子中驗算，看看會得到什麼結果：

$$
\begin{aligned}
& 1100 = -100(x-2.8)^2 + 1000 \\
\Leftrightarrow\ & 1100 - 1000 = -100(x-2.8)^2 \\
\Leftrightarrow\ & \frac{100}{(-100)} = (x-2.8)^2 \\
\Leftrightarrow\ & -1 = (x-2.8)^2 \\
\Leftrightarrow\ & \pm\sqrt{-1} = x-2.8
\end{aligned}
$$

結果出現 -1 開根號，得出的結果在數學中稱為「虛數」，不是現實中存在的數字，也顯然不可能寄出這種包括虛數次數的 *DM*。

因此在目前的條件下要達到平均購買 1100 元是不可能的。這也表示以目前的商品組合，以及單靠寄送 *DM* 的銷售方式，最多也只能達到消費 1000 元，如果想要再提高平均銷售金額，就必須思考其它的方案。

單元 15

最小平方法可找出誤差最小的直線

在機器學習的領域裏，「最小平方法(*least square fit*)」是個很重要的解題方法。因為搜集來的許多數據，畫在座標上會以一個一個點呈現，大約能看出來可用一條直線穿過那些點的中間區域，但通常不會每個點都落在直線上，多少都會有些許誤差(點不在線上)。然而，我們可以利用最小平方法，找出一條與各點距離誤差最小的直線，來建立這些數據的數學模型。

讓我們試著思考以下問題：

在業務員拜訪客戶的例子中，假設拜訪次數和簽約件數呈二次函數的關係。現在這位業務員根據計算結果回報長官：「明年要勤跑客戶 336 次，就能簽下 100 件合約」，長官提出以下意見：

「以我個人的經驗判斷，即使勤跑客戶，簽約數量也不會像你說的二次函數那樣越靠右邊就跳得越高，我認為拜訪次數與簽約量之間仍然是線性關係才對。此外，我也不太認同簽約量果真像計算出來的數字那麼準確。因為即使同樣努力，也會因為外在情況而影響業績的好壞。若能把這樣的誤差也考慮在內，再重新訂定目標會比較好。」

圖表 2-22

	拜訪次數(百次)	簽約件數
第1年	1	10
第2年	2	40
第3年	3	82

▶接下頁

圖表 2-23

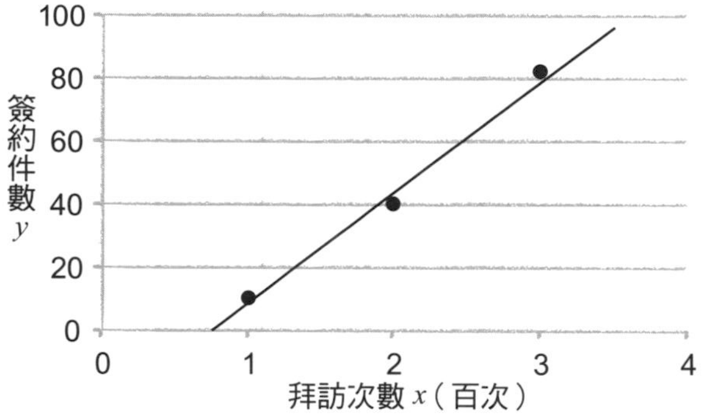

如果依照長官的建議，不採用二次函數，而是回到線性關係再加上現實誤差的考量之後，試推估這位業務員必須拜訪多少次，才能在下一年簽下 100 件合約？

由上所述，長官認為二次函數不合常理，反而應該是像圖表 2-23 一樣，找出一條合理的成長直線，再來訂出目標。

和以往情況不同之處在於這條直線並不會剛好通過所有的點，甚至可能與每個點都有誤差。此誤差或許正如長官說的，是外在因素影響的誤差。換句話說，可能第 1 年和第 3 年落在直線上方是因為狀況比預期好，反觀第 2 年落在直線下方是努力未得到應有回報所致。

將線性函數加入誤差值

機器學習會考慮「如何才能使機器推估的值與實際值之間的誤差最小」。同樣在這個例子裏，業務也希望這條直線與每個點的誤差儘可能小，因此就必須思考這些數據之間的關係。解決這個問題的一種方法，是利用最小平方法來找出這條與各點距離最小的直線。

回到 $y=a+bx$ 的線性方程式，我們希望找出一條直線，這條直線未必剛好通過每個點，我們只要求這條直線和每點之間的誤差要越小越好，在統計學一般會使用希臘字母 ε(*Epsilon*) 來表示誤差值，而且要注意的是，每個點的 ε 可能都不同，假設有 i 個點，則第 i 個點的誤差值就用 ε_i 來表示。

在這個例子裏有 3 個點，因此將其誤差值分別表示為 ε_1、ε_2、ε_3。我們將 3 個點的數據分別代入線性方程式 $y=a+bx$，並補上誤差值，可得到下面 3 個式子：

$$10=a+b\cdot 1+\varepsilon_1 \qquad \cdots(15.1)$$
$$40=a+b\cdot 2+\varepsilon_2 \qquad \cdots(15.2)$$
$$82=a+b\cdot 3+\varepsilon_3 \qquad \cdots(15.3)$$

圖表 2-24

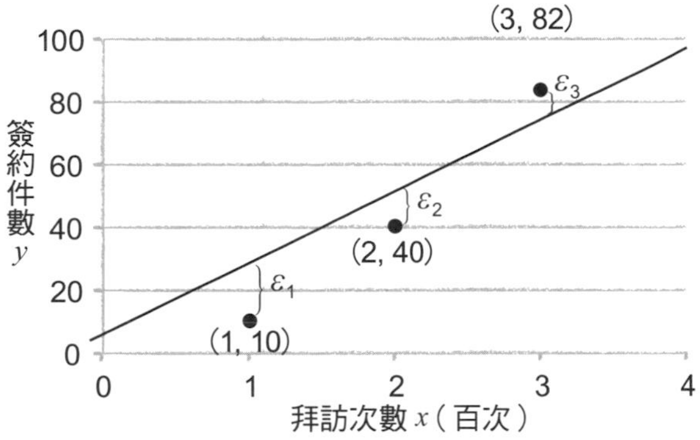

我們要做的事，就是找出能讓各點和直線的距離最接近的一條直線 $y=a+bx$。而這裏各點和直線的距離就是上圖的 ε_1、ε_2、ε_3。

由於每個點可能落在這條直線的上方或下方，因此誤差(即 ε_1、ε_2、ε_3)就有可能是正數或負數，若直接將各誤差值相加，就有可能將正負誤差值相互抵消而失真，例如下頁左圖誤差值相加是 0，右圖誤差值相加也是 0，單從誤差皆為 0 看起來好像兩條直線都一樣準，但其實右邊的直線明顯偏差大很多：

圖表 2-25

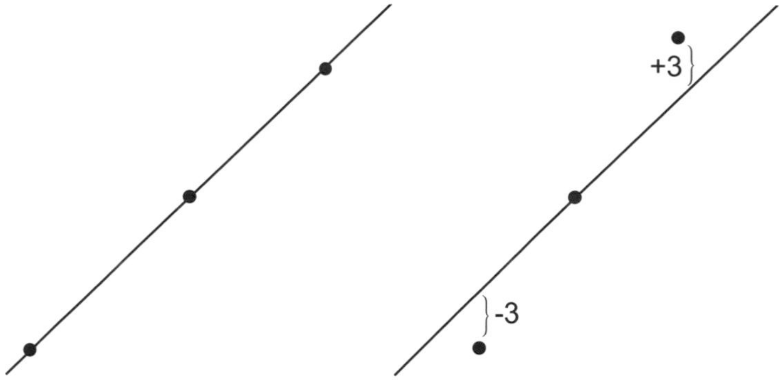

為了避免這樣的情況，可以將誤差取絕對值。不過，取絕對值需判斷負數要乘以 −1 使之成為正數才能加總，如此還需加入判斷正負的條件頗為麻煩。我們有個更簡單的方法，就是不管誤差是正數或負數，全部取平方之後再加總（也就是誤差平方和）。

最小平方法就是「將每一個誤差取平方和，再讓此平方和儘可能小的思考方法」，是由阿德里安．馬里．勒讓德（*Adrien-Marie Legendre*）及卡爾．弗里德里希．高斯（*Carl Friedrich Gauss*）等數學家們想出來的。

那麼，我們就用（15.1）～（15.3）式來思考最小平方法。首先，因為我們想知道的是「誤差平方和」，所以將 3 個式子都寫成「ε＝…」的形式：

$$(15.1) \Leftrightarrow \varepsilon_1 = 10 - a - b$$
$$(15.2) \Leftrightarrow \varepsilon_2 = 40 - a - 2b$$
$$(15.3) \Leftrightarrow \varepsilon_3 = 82 - a - 3b$$

利用以上式子，我們可計算出 3 個誤差的平方和，如下所示：

$$\begin{aligned}&\varepsilon_1^2 + \varepsilon_2^2 + \varepsilon_3^2\\&= (10 - a - b)^2 + (40 - a - 2b)^2 + (82 - a - 3b)^2 \qquad \cdots (15.4)\end{aligned}$$

接下來，只要將 (15.4) 式的平方項分別乘開之後整理即可。先來看第 1 個誤差的平方：

$$
\begin{aligned}
(10-a-b)^2 &= (10-a-b)\cdot(10-a-b) \\
&= 10\cdot(10-a-b)-a\cdot(10-a-b)-b\cdot(10-a-b) \\
&= 100-10a-10b-10a+a^2+ab-10b+ab+b^2
\end{aligned}
$$

3 項和的平方公式

雖然用分配律一項一項相乘可以得到結果，但如果懂得利用「3 項和的平方公式」會簡單很多。此公式如下所示：

$$(x+y+z)^2 = x^2+y^2+z^2+2xy+2yz+2xz$$

例如要計算 $(10-a-b)^2$ 時，我們只要設 x 為 10、y 為 $-a$、z 為 $-b$，如此就能套用公式直接寫出展開的結果了。若將此公式寫成下表，就更一目瞭然：

圖表 2-26

	x	y	z
x	x^2	xy	xz
y	xy	y^2	yz
z	xz	yz	z^2

因此，(15.4) 式右邊各項就很容易拆解成下面這樣：

$$(10-a-b)^2$$
$$=100+a^2+b^2-20a+2ab-20b$$

$$(40-a-2b)^2$$
$$=1600+a^2+4b^2-80a+4ab-160b$$

$$(82-a-3b)^2$$
$$=6724+a^2+9b^2-164a+6ab-492b$$

然後再將這 3 個結果相加，就是「誤差平方和」:

$$\varepsilon_1^2+\varepsilon_2^2+\varepsilon_3^2$$
$$=(100+1600+6724)+(1+1+1)a^2+(1+4+9)b^2$$
$$-(20+80+164)a+(2+4+6)ab-(20+160+492)b$$
$$=8424+3a^2+14b^2-264a+12ab-672b \qquad \cdots(15.5)$$

用配方法找出直線的斜率與截距

接著，將 (15.5) 式改寫成 a 與 b 的配方法，可得到使誤差平方和最小的截距及斜率組合。不管是先從截距或先從斜率開始做配方法 (**小編補充：** 不要忘了，此處 a 是直線的截距，b 是直線的斜率)，最後的結果都會相同。我們先從截距 a 著手，將 (15.5) 式做配方法，整理出 2 次項、1 次項與常數項 (你也可以自己試試看先以斜率 b 做配方法，區別只是哪個先做，結果都一樣)。

以截距 a 寫成配方法，必須將 (15.5) 式中的 a^2 項、a 項及與 a 無關的常數項整理出來：

$$\varepsilon_1^2+\varepsilon_2^2+\varepsilon_3^2$$
$$=3a^2+(12b-264)a+14b^2-672b+8424$$

然後就可以進行配方法。最後即可得到截距 a 的二次函數標準式：

$$=3\left(a^2+\frac{12b-264}{3}a\right)+14b^2-672b+8424$$
$$=3(a^2+2\cdot(2b-44)a)+14b^2-672b+8424$$
$$=3(a+(2b-44))^2-3(2b-44)^2+14b^2-672b+8424$$
$$=3(a+(2b-44))^2+2b^2-144b+2616 \qquad \cdots(15.6)$$

由這個標準式可馬上看出，在頂點時，$(a+(2b-44))^2$ 的值應為 0，也就表示當 $a=-(2b-44)$ 時，2 次項就為 0，後面就只剩下與 a 無關的常數部份，也就是 $2b^2-144b+2616$ 。

此外，$2b^2-144b+2616$ 對斜率 b 來說也是個二次函數，這部份也需要算出最小值，因此也用配方法來計算，可得：

$$2b^2-144b+2616=2(b-36)^2+24$$

因此由 (15.6) 式：

$$\varepsilon_1^2+\varepsilon_2^2+\varepsilon_3^2$$
$$=3(a+(2b-44))^2+\underbrace{2b^2-144b+2616}$$
$$\downarrow$$
$$=3(a+(2b-44))^2+\overbrace{2(b-36)^2+24} \qquad \cdots(15.7)$$

因此要使（15.7）式達到誤差平方和最小化，就要讓（15.7）式中的兩個 2 次項都等於 0，所以必須同時滿足以下 2 個條件：

$$a=-(2b-44) \qquad \cdots(15.8)$$

$$b=36 \qquad \cdots(15.9)$$

可得知 b 為 36（即為斜率），然後將 b 值代入（15.8）式，即可算出 a 值為 −28（即為截距）。

因此，可得出「誤差平方和」最小化的直線方程式：

$$y=-28+36x$$

畫在座標圖上，如下圖表所示：

圖表 2-27

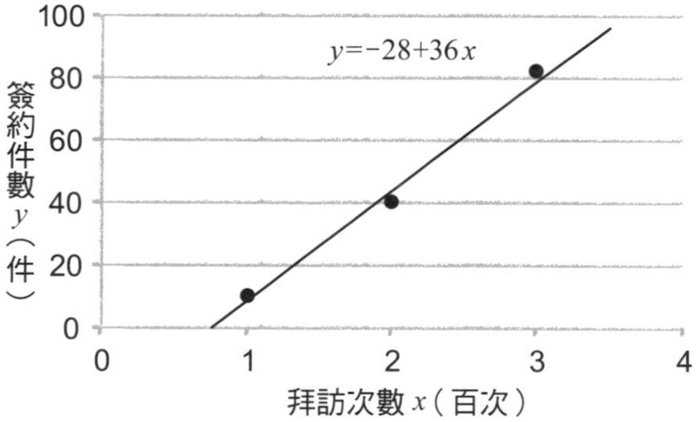

的確如長官所說，在現實中因為外在情況而產生些許誤差，但仍然可以用線性方程式解釋，所以我們就產生一條離所有數據誤差最小的一條新直線。

從新直線的 y 值反求符合的 x 值

現在回到原來的問題，為了簽下 100 件合約(也就是將 y 等於 100 代入新直線)，求出需要拜訪客戶多少次？

$$100 = -28 + 36x$$

$$\Leftrightarrow \quad \frac{128}{36} = x$$

於是當 x 接近 3.56，亦即業務拜訪客戶達到 356 次，就有機會簽下 100 件合約。

簡單線性迴歸 － 自變數、因變數

像這樣由幾組 x、y 的數據，利用最小平方法找出一條誤差最小的直線，稱之為「簡單線性迴歸」，其中 x 稱為「自變數」，y 稱為「因變數(或依變數)」，這樣的線性關係即為「簡單線性迴歸模型」，然後就可由此模型設定自變數 x 的值，進而推測出因變數 y 的值。

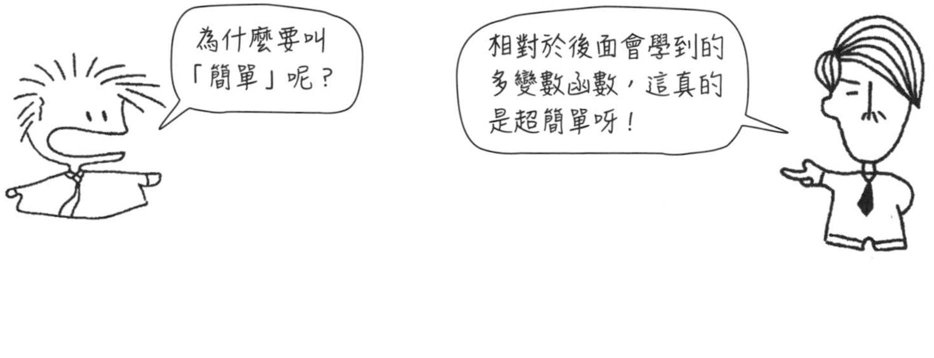
為什麼要叫
「簡單」呢？
相對於後面會學到的
多變數函數，這真的
是超簡單呀！

圖表 2-28

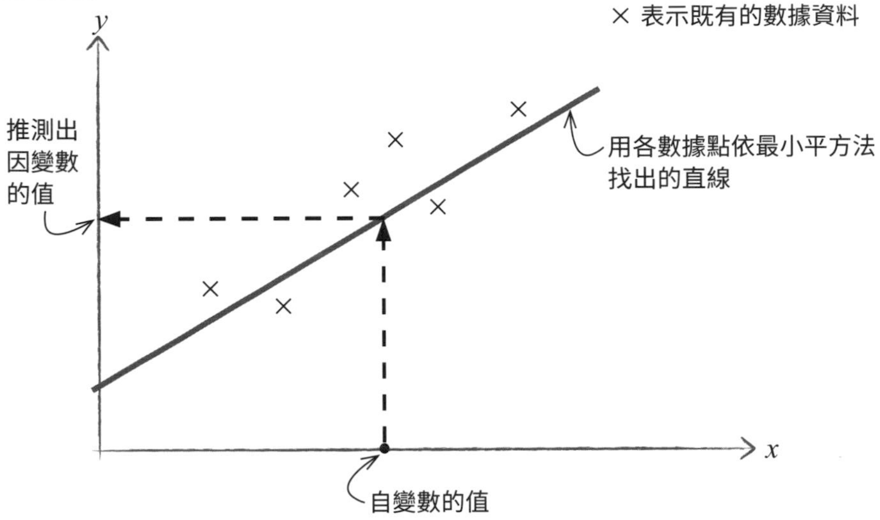

本篇我們學到建立線性函數與二次函數的觀念，這都是很重要的基礎，將來在實務上才懂得善用電腦工具，以得到最符合數據的模型。

第 3 篇

機器學習需要的二項式定理、指數、對數、三角函數

第 3 篇我們會介紹二項式定理與指數、對數及三角函數等數學基礎工具，這些工具將結合第 4 篇的向量、矩陣等線性代數，讓我們能進入第 5 篇的多變數微積分及第 6 篇深度學習的大門。

單元 16

二項式定理與組合符號

兩個變數之和為二項式，例如 $x+y$ 為 x 與 y 的二項式。二項式的整數次方，例如 $(x+y)^n$ ，n 為整數，乘開之後的每一項皆由 $x^{n-k}y^k$ 組成（其中 $k=0, 1, 2,\cdots, n$），而且每一項的係數都有一定的規律，可由公式計算出來，此即為二項式定理。本單元會帶您找出這些係數的規律與公式。

乘開二項式並找出規律

以下分別乘開 $(x+y)^3$、$(x+y)^4$、$(x+y)^5$ ，來觀察各項係數的關係：

$$(x+y)^3=x^3+3x^2y+3xy^2+y^3$$
$$(x+y)^4=x^4+4x^3y+6x^2y^2+4xy^3+y^4$$
$$(x+y)^5=x^5+5x^4y+10x^3y^2+10x^2y^3+5xy^4+y^5$$

我們發現二項式展開後，各項的係數會有以下幾個規律：

規律 1：x 與 y 最高項的係數皆為 1。即 x^n 與 y^n 項係數。

規律 2：x 與 y 次高項的係數皆為 n。即 $x^{n-1}y$ 與 xy^{n-1} 項係數。

規律 3：各項係數會左右對稱，越靠近中間的係數越大。

找出 $(x+y)^n$ 的 $x^{n-k}y^k$ 項係數

現在要找出最高項與次高項以外的各項係數是多少。此處先以 $(x+y)^5$ 為例，找出 x^3y^2 項的係數為何是 10？首先，$(x+y)^5$ 就是 $(x+y)$ 連乘 5 次：

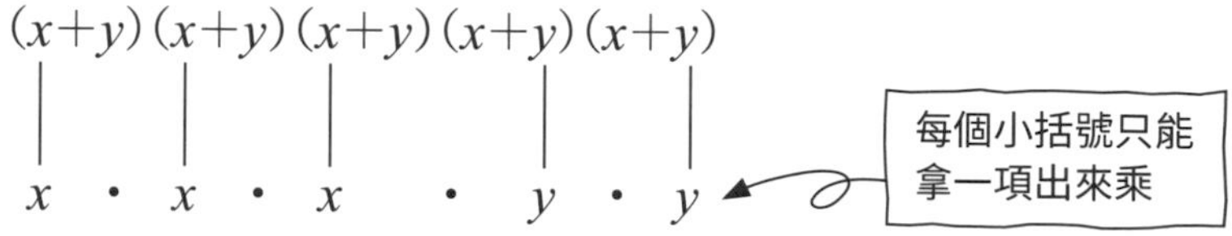

相乘時，每個小括號只能拿出 1 個 x 或 1 個 y 來相乘，所以，x^3y^2 這一項就是由 5 個不同的小括號中選取出 3 個 x 和 2 個 y 來相乘。如果你仔細去算的話，總共有以下 10 種選取方式：

圖表 3-1

	選取方式
x^3y^2	$x \cdot x \cdot x \cdot y \cdot y$
	$x \cdot x \cdot y \cdot x \cdot y$
	$x \cdot x \cdot y \cdot y \cdot x$
	$x \cdot y \cdot x \cdot x \cdot y$
	$x \cdot y \cdot x \cdot y \cdot x$
	$x \cdot y \cdot y \cdot x \cdot x$
	$y \cdot x \cdot x \cdot x \cdot y$
	$y \cdot x \cdot x \cdot y \cdot x$
	$y \cdot x \cdot y \cdot x \cdot x$
	$y \cdot y \cdot x \cdot x \cdot x$

例如：第 1 項的 $x \cdot x \cdot x \cdot y \cdot y$ 就是從第 1、2、3 個小括號取 x，並且從第 4、5 個小括號取 y 來相乘，以下類推，總共有 10 種取法，因此 x^3y^2 項的係數就等於 10。將全部選取方式一一寫出來雖然一目瞭然，但遇到 $(x+y)^n$ 高次方的時候，要全部列出來就太過繁瑣了，因此可改用組合的方法來計算。

小編補充：

排列組合

排列： 把 n 個不同的物品，做不同的排列，有幾種排法？我們可以想成有 n 個空位，把這 n 個不同的物品放到 n 個空位，有幾種排法？首先，第 1 個空位可由 n 個物品選取 1 個，共有 n 種選擇，填完第 1 個空位後，第 2 個空位剩 $n-1$ 個物品可選，第 3 個空位剩 $n-2$ 個物品可選，依此類推。所以共有 $n(n-1)\cdot(n-2)\cdot\cdots\cdot 2\cdot 1 = n!$（$n$ 階乘）。

如果不是全部 n 個不同物品做排列，而是選取 k 個物品排列，當然 $k < n$。則排列方式和上述一樣，但只放到 k 個空位，因此第 1 個空位有 n 個選擇，第 2 個空位有 $n-1$ 個選擇，一直到第 k 個空位，即 $n\cdot(n-1)\cdot(n-2)\cdot\cdots\cdot(n-k+1) = \frac{n!}{(n-k)!}$，當 $k = n$ 時就是前述全部排列的情形，即 $n!$。我們定義 $0! = 1$。

組合： 組合一樣是由 n 個物品選取 k 個放入空位，但 k 個空位只論物品的組合，而不論其排列順序。例如：ABC、ACB、BAC、CAB、BCA、CBA 這 3 個元素的 6 種排列（3!）是看成 1 種組合（即 A、B、C 的組合，不論順序）。因此 n 個物品取 k 個來組合的不同組合數，會比 n 個物品取 k 個來排列的排列數少 $k!$ 倍。因此其組合數為 $\frac{n!}{(n-k)!\,k!}$，我們用 C_k^n 或 $\binom{n}{k}$ 來代表。

排列的概念： 由 n 個不同物品「取」k 個出來「排列」，因此最後的排列順序不同，即視為不同的排列。

組合的概念： 由 n 個不同物品「取」k 個出來，但「不排列」，因此只要組成元素相同，即視為相同的組合，無關排列順序。

用組合觀念來計算

x^3y^2 可以想成：

(1) 從全部 5 個 $(x+y)$ 中挑選 1 個 x，有 5 種選擇
(2) 從剩下 4 個 $(x+y)$ 中挑選 1 個 x，有 4 種選擇　} 3 個 x
(3) 從剩下 3 個 $(x+y)$ 中挑選 1 個 x，有 3 種選擇

(4) 從剩下 2 個 $(x+y)$ 中挑選 1 個 y，有 2 種選擇　} 2 個 y
(5) 從剩下 1 個 $(x+y)$ 中挑選 1 個 y，有 1 種選擇

因此，要選取出 x^3y^2，共有 $5\cdot 4\cdot 3\cdot 2\cdot 1=5!$(5 階乘)$=120$ 種選擇。但 3 個 x 只有 1 種組合 $x\cdot x\cdot x$ 而無法做出 3! 種排列。同樣的 2 個 y 也只有 $y\cdot y$ 這 1 種組合而非 2! 種排列。所以組合數是 $\frac{5!}{3!\,2!}$ 也就是 C_3^5 或 $\binom{5}{3}$。

小編補充： 這裡的訣竅是，「排列」是 n 個「不同」物品的排列。但二項式連乘時，是由 n 個「不同」位置的小括號內取 $n-k$ 個 x，和 k 個 y 出來排列。如果這 $n-k$ 個 x 和 k 個 y 都是不同的物品，那就和一般的排列一樣，就有 $n!$ 個排法。

但 $n-k$ 個 x 中的每個 x 都一樣，所以只有 1 種排法就是 $x\cdot x\cdots\cdot x=x^{n-k}$，而不是 $(n-k)!$ 種排法，所以會比一般的排列數少了 $(n-k)!$ 倍。而 y 也是一樣只有 $y\cdot y\cdots\cdot y=y^k$ 這樣 1 種排法，而不是 $k!$ 種排法。因此總排列數要除以 $(n-k)!$ 和 $k!$，也就是 $\frac{n!}{(n-k)!\,k!}$。

因此

$$x^3y^2 \text{ 項的係數} = \frac{5!}{3!\,2!} = 10$$ ⟵ 與圖表3-1 的選取方式總數符合

推廣到 $x^{n-k}y^k$ 項的係數

我們可以推廣到 $(x+y)^n$ 的 $x^{n-k}y^k$ 項的係數為：

$$x^{n-k}y^k \text{ 項的係數} = \frac{n!}{(n-k)!\,k!} \qquad \cdots(16.1)$$

$$= C_k^n = \binom{n}{k}$$

在此驗證 $(x+y)^5$ 的各項係數，假設 $n=5$，$k=0, 1, 2, 3, 4, 5$ 分別代入上式：

$$k=0 \text{ 時，} x^5y^0 = \frac{5!}{5!\,0!} = 1 \quad \longleftarrow 0! \text{ 定義為 } 1$$

$$k=1 \text{ 時，} x^4y^1 = \frac{5!}{4!\,1!} = 5$$

$$k=2 \text{ 時，} x^3y^2 = \frac{5!}{3!\,2!} = 10$$

$$k=3 \text{ 時，} x^2y^3 = \frac{5!}{2!\,3!} = 10$$

$$k=4 \text{ 時，} x^1y^4 = \frac{5!}{1!\,4!} = 5$$

$$k=5 \text{ 時，} x^0y^5 = \frac{5!}{0!\,5!} = 1$$

亦即：

$$(x+y)^5 = x^5 + 5x^4y + 10x^3y^2 + 10x^2y^3 + 5xy^4 + y^5$$

> 因為由 0 個數排列出來的排列或組合，也算是一種排列或組合，因此將 0! 定義為 1。

將二項式係數用組合符號表示

用階乘的方式表達各項係數還是有點複雜，可以改用組合數學的符號來表示。「組合數學」的英文為 *Combinatorics*，一般用 C_k^n 或 ${}_nC_k$ 或 $\binom{n}{k}$ 來表示從 n 中取 k 個的組合，此即為二項式係數的通式：

$$C_k^n = {}_nC_k = \binom{n}{k} = \frac{n!}{(n-k)!\cdot k!} \qquad \cdots(16.2)$$

當展開二項式 $(x+y)$ 的 n 次方後，各項係數正好對應此組合的數值：

$$\begin{aligned}&(x+y)^n\\&=\binom{n}{0}x^n+\binom{n}{1}x^{n-1}y+\cdots+\binom{n}{k}x^{n-k}y^k+\cdots+\binom{n}{n}y^n \qquad \cdots(16.3)\end{aligned}$$

請注意頭尾 2 項：首項是「從 n 個中選取 0 個組合」，末項是「從 n 個中選取 n 個組合」，我們將兩者代入計算，因為已定義「0! 等於 1」，所以這兩項的計算結果都會等於 1：

$$\binom{n}{0}=\frac{n!}{(n-0)!0!}=\frac{n!}{n!0!}=\frac{1}{0!}=1$$

$$\binom{n}{n}=\frac{n!}{(n-n)!n!}=\frac{n!}{0!n!}=\frac{1}{0!}=1$$

我們也可以發現：

$$\binom{n}{k}=\frac{n!}{(n-k)!k!}$$

$$\binom{n}{n-k}=\frac{n!}{(n-(n-k))!(n-k)!}=\frac{n!}{k!(n-k)!}$$

因此可得：

$$\Rightarrow\binom{n}{k}=\binom{n}{n-k}$$

這就是 $x^{n-k}y^k$ 的係數$\binom{n}{k}$和 x^ky^{n-k} 的係數$\binom{n}{n-k}$相等的原因（亦即前面的規律 3），例如：$(x+y)^5$ 的 x^3y^2 和 x^2y^3 的係數會相等。

小編補充： 二項式定理一般常用到的是 2 次方（和差平方）與 3 次方（和差立方）公式，高次方用到的機會並不多。但在下個單元的二項分佈中，是探討只有兩種結果且互斥的機率分佈，就會用到高次方的二項式係數。

只要按照目前學習的組合數學方法，在處理多項式的次方，例如 $(x+y+z)^n$ 展開之後，也可以整理出第 $x^py^qz^r$ 項的係數為 $\frac{n!}{p!q!r!}$，使二項式定理再一般化為「多項式定理」。有興趣的讀者可自己試試看。

單元 17

用二項分佈計算獨立事件的機率分佈

二項分佈是指某獨立事件只有兩種且互斥的結果，例如：「是或否」、「成功或失敗」的機率分佈。如果將成功的機率定為 p，失敗的機率就是 $1-p$，兩者的機率加總是 $p+(1-p)=1$。將此獨立事件重複試驗 n 次，可以寫成 $(p+(1-p))^n$，所有可能發生的機率加總仍然會是 1。

這個式子可以套用前一個單元的二項式定理，也就是將 $(x+y)^n$ 的 x 換成 p，將 y 換成 $1-p$，就變成 $(p+(1-p))^n$。如此乘開之後的每一項（包含其係數）就代表 p 與 $1-p$ 各出現幾次的機率，這種機率分佈就稱為二項分佈。

我們利用單元 15 業務員拜訪客戶的例子來說明。

> 在單元 15 最後得到簡單線性迴歸的斜率為 36，表示這位業務員「每拜訪客戶 100 次可簽下 36 件合約」，也就是每拜訪 10 次可簽下 3.6（3 或 4）件合約。
>
> 然而事情並非都會如預期般順利，也有可能在 10 次拜訪中只簽下 2 件或更少的情況發生。長官為他打氣：「偶爾也會有業績不佳的時候，不需要太過在意」。
>
> 那麼，長官所謂的偶爾，到底發生的機率有多大呢？

事件的成功機率與獨立性

由上面可知業務員每拜訪 10 次平均可簽下 3.6 件合約，表示每次拜訪的成功機率是 0.36，則失敗機率為 1−0.36＝0.64。試想一下，拜訪 10 次卻只簽到 2 件或更少的機率是多少？

因此，我們會分別算出拜訪 10 次簽下 0 件、1 件、2 件的機率，再全部加起來就是答案了。

在現實中，業務員有可能因為某次拜訪客戶被拒絕，受到負面情緒影響而造成後面的表現不好。不過此處為了讓狀況單純一點，假設每一次拜訪客戶都是互相獨立的事件，不會受到前一次成功與否而影響下次的成功率。也就是說，不管第幾次拜訪客戶，每次的成功機率都是 0.36，失敗機率都是 1−0.36。

計算拜訪 10 次簽下 0 件的機率

假設簽下合約的件數為 x(x 是一個隨機變數，指事件發生的件數，例如，簽約成功的件數)，我們會用 $P(x=1)$ 表示只簽下 1 件的機率、$P(x=0)$ 表示簽下 0 件的機率。因此當拜訪 10 次都未簽下任何合約，即表示失敗機率連續乘 10 次，也就是 $(1-0.36)^{10}$，即可算出拜訪 10 次 $P(x=0)$ 的機率大約是 1.15%：

$$P(x=0)=(1-0.36)^{10}=0.64^{10}\fallingdotseq 0.0115$$

計算拜訪 10 次簽下 1 件的機率

接下來，要計算 10 次拜訪中只簽下 1 件的機率。因為簽下的這 1 件可以是 10 次拜訪中的任何 1 次，也就是 10 個中選 1 個的組合，這讓我們回想到前一個單元的二項式係數。

二項式係數中最高項 x^n 和 y^n 的係數必定為 1，表示 10 次都未簽下合約的組合只有 1 種。但 10 次中有 1 次的情況有 10 種組合，也就是 $\binom{10}{1}$：

我們可得知：

- 10 次中選 1 次的組合是 $\binom{10}{1}$。
- 成功簽約的機率是 0.36，且只發生 1 次。
- 未簽下的機率是 1−0.36，且發生 9 次，所以 1−0.36 要乘以 9 次。

將以上條件寫成數學式，可知 10 次只簽到 1 次發生的機率大約是 6.49%：

$$P(x=1)=\binom{10}{1}\cdot 0.36^1\cdot(1-0.36)^9=10\cdot 0.36\cdot 0.64^9\fallingdotseq 0.0649$$

列出拜訪 10 次簽下 k 件的機率一般式

我們接著要將拜訪 10 次簽到 k 次的機率寫成一般式，可依同樣的思考方式進行：

- 考慮 10 次中簽下 k 次合約的組合數（即二項式定理 $x^k y^{10-k}$ 項的係數 $\binom{10}{k}$）
- 將簽下合約的機率取 k 次方
- 將未能簽下合約的機率取 $10-k$ 次方

寫成數學式可表示為：

$$P(x=k)=\binom{10}{k}\cdot 0.36^k\cdot(1-0.36)^{10-k} \qquad \cdots(17.1)$$

計算拜訪 10 次簽下 2 件的機率

接著，我們將 $k=2$ 代入（17.1）式，即可算出 10 次中簽下 2 次合約的機率，大約是 16.42%：

$$P(x=2)=\binom{10}{2}\cdot 0.36^2\cdot(1-0.36)^{10-2}$$

$$=\frac{10!}{(10-2)!2!}\cdot 0.36^2\cdot 0.64^8$$

$$=\frac{10\cdot 9}{2\cdot 1}\cdot 0.36^2\cdot 0.64^8$$

$$=45\cdot 0.36^2\cdot 0.64^8$$

$$\fallingdotseq 0.1642$$

加總簽下 0 件、1 件、2 件的機率

於是，回到前面的問題：拜訪 10 次只簽到 2 件或更少的機率是多少？答案就是將 $P(x=0)$、$P(x=1)$、$P(x=2)$ 相加：

$$P(x=0)+P(x=1)+P(x=2)$$
$$\fallingdotseq 0.0115+0.0649+0.1642$$
$$=0.2406$$

亦即在 10 次中只能簽下 2 件或更少合約的情況，機率大約是 24%。如此想想，畢竟有 76% 的機率可在 10 次中簽到至少 3 件合約。因此長官說不需要太過在意，也確實是經驗之談。

各位可以想想，如果改為計算拜訪 1000 次只簽到 200 件或以下合約時該如何計算呢？相信這個問題一點也不難，只要把數學式寫正確，交給電腦計算就好了。**小編補充：**我們之前是用拜訪 10 次平均簽約 3.6 件來算出每次拜訪成功率為 0.36，但拜訪 1000 次就不能延用 0.36 了，而是要用拜訪 1000 次的平均成功率才會準確。一般重複次數越多，其平均成功率也越準確。

二項分佈的機率分佈函數

我們進一步將(17.1)式中的 10 次改寫為 n 次，並將 0.36 機率改用小寫的 p 表示，如此一來，就可寫出在 n 次中發生 k 次的機率：

$$P(x=k)=\binom{n}{k}\cdot p^k\cdot(1-p)^{n-k} \qquad \cdots(17.2)$$

此即為二項分佈的機率分佈函數，藉由改變隨機變數 x，可得到發生 x 時的機率。我們令 n 等於 10，令 p 等於 0.36，將 $x=1$、$x=2$、…、$x=10$ 的機率分佈用柱狀圖來表現：

圖表 3-4

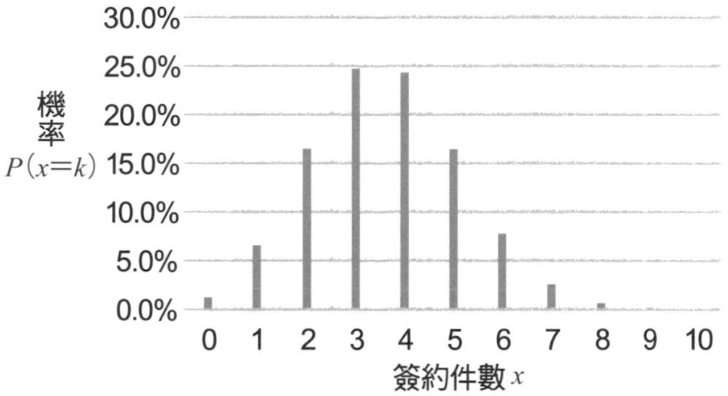

只要改變 n 值與機率 p 的值(例如：$n=10$、$p=0.36$ 或 $n=1000$、$p=0.37$)，就可得到不同的二項分佈，進而計算出在 n 次中發生 k 次的機率。

二項分佈也可以應用在商業上，比如評估客戶「是否再度光顧」、「是否投訴」這一類只有兩種結果且互斥的情況，都可以藉由收集過往的數據而得到 n 和 p 的值，推估「k 從幾次到幾次」或「k 低於幾次或超過幾次」等狀況，進而訂出因應策略。

單元 18

指數運算規則與指數函數圖形

前面學過的函數是 x^0、x^1、x^2、…、x^n 這種形式。然而在數學上還有一種函數，變數 x 是放在次方的位置，這種函數稱為指數函數，例如：

$$y=f(x)=3^x$$

此時，當 x 為 1 時，y 為 3；當 x 為 2 時，y 為 9。式子中的 3 稱為「底數」，x 稱為「指數」。底數不一定是一個數字，也有像 $y=a^x$ 以抽象化的字母來表示底數的情況：

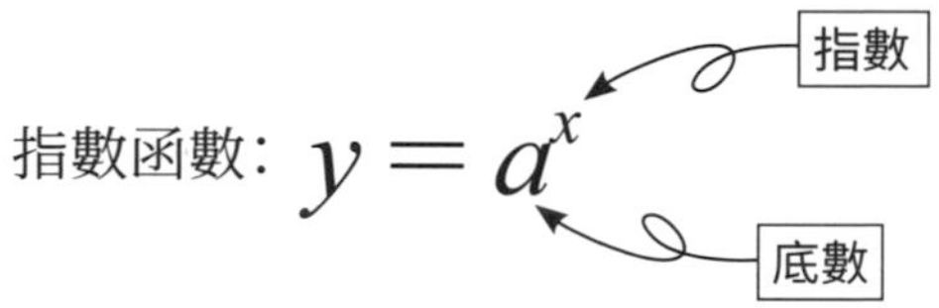

指數函數用在什麼地方？比如說存款計算複利時就會用到指數函數。例如「1 年的利息為 3% 複利」，假設 x 年後的總金額是本金的 y 倍，其算法即為 $y=1.03^x$ 的指數函數。

再舉個例子，像是藥物成份進入體內，每小時的藥效會因為分解而減半（0.5 倍），這也同樣會用到指數函數來計算，藉以評估用藥的頻率與劑量。假設 x 小時後，血液中藥物濃度是一開始的 y 倍，即 $y=0.5^x$ 的指數函數。

為了具體感受指數函數，讓我們思考下面這個問題：

電腦的 1 個 *byte* 可以記錄一個英文字元；1 *KB* 為 1000 *bytes*；1 *MB* 為 1000 *KB*；1 *GB* 為 1000 *MB*。請問 100 *GB* 可記錄多少個英文字元呢？

▌嚴格來說，1 KB 是 1024 bytes，此處簡化為 1000 bytes。

由於我們平常習慣使用 10 進位法，所以很容易就能算出 10 個多少次方的值。既然知道 1 個英文字元是 1 *byte*，那只要算出 100*GB* 是多少 *bytes*，即可得出能記錄的英文字元數：

$$\begin{aligned}100\ GB &= 100 \times 1{,}000\ MB\ (1GB = 1000MB)\\ &= 100{,}000 \times 1{,}000\ KB\ (1MB = 1000KB)\\ &= 100{,}000{,}000 \times 1{,}000\ bytes\ (1KB = 1000\ bytes)\\ &= 100{,}000{,}000{,}000\ bytes\ (\text{總共 11 個 0})\end{aligned}$$

可知 100*GB* 能記錄 1000 億個英文字元。但這樣寫起來太過冗長，改用指數表達會簡單很多，也就能將算式簡化成以 10 為底數的指數：

$$\begin{aligned}100GB &= 100\times1000MB\\ &= 100\times1000\times1000KB\\ &= 100\times1000\times1000\times1000\ bytes\\ &= 10^2\times10^3\times10^3\times10^3\\ &= 10^{2+3+3+3}\\ &= 10^{11}\end{aligned}$$

由上式可看到，以指數形式表示時，相同底數的數字相乘，只要將各指數相加就好。

指數的 6 個運算規則

指數函數不限於以 10 為底數，下面以通用形式寫出指數函數的 6 個運算規則(a、b 皆為正數，m、n 可為正負實數)。

規則 1：底數相同的兩個指數函數相乘時，可將兩者的指數相加：

$$a^m \cdot a^n = a^{m+n}$$

規則 2：底數相同的指數函數相除時，可將分子的指數減掉分母的指數(如果 m 小於 n，則 $m-n$ 是負數次方，會是規則 3 的形式)：

$$\frac{a^m}{a^n} = a^{m-n}$$

規則 3：某數的 0 次方為 1，則其負數次方的指數函數可寫為正數次方的倒數：

$$a^0 = 1，a^{-n} = \frac{1}{a^n}$$

規則 4：指數的指數，可將兩個指數相乘：

$$(a^m)^n = a^{m \cdot n}$$

規則 5：兩數相乘之後的指數，等於兩數個別取指數後相乘：

$$(a \cdot b)^n = a^n \cdot b^n$$

規則 6：兩數相除之後的指數，等於兩數個別取指數後相除：

$$\left(\frac{a}{b}\right)^n=\frac{a^n}{b^n}$$

指數函數的底數為何定義為正數？

因為如果遇到負數的分數次方時，例如「−1 的 2 分之 1 次方（$\sqrt{-1}$）」，就會出現虛數 i，而虛數目前尚未被用到機器學習當中，在此不討論。而且如果底數為 0，也會出現「0 的 0 次方是多少」這個無法定義的狀況，因此本書限定底數為正數。

根號的指數形式

在計算「根號（或稱平方根）時，即使不使用根號符號 $\sqrt{2}$，亦可藉由指數來表示。舉例來說，$\sqrt{2}$ 可用底為 2、指數為 x 表示：

$$\sqrt{2}=2^x \qquad \cdots(18.1)$$

$$\Leftrightarrow (\sqrt{2})^2=(2^x)^2 \quad \longleftarrow \text{等號兩邊同時取 2 次方}$$

$$\Leftrightarrow \quad 2^1=2^{2x} \qquad \cdots(18.2) \longleftarrow \text{指數要相等}$$

$$\Leftrightarrow \quad \frac{1}{2}=x$$

將此結果代回（18.1）式中，可得到以下結果：

$$\sqrt{2}=2^{\frac{1}{2}}$$

上面的演算是以 2 個平方根為例，實際上亦適用於計算 a 的 n 次方根，可表示為 a 的 n 分之 1 次方：

$$\sqrt[n]{a}=a^{\frac{1}{n}}$$

指數函數的圖形

在最後，我們以 $y=a^x$ 的指數函數為例，來表現指數為「0 次方」、「負數次方」和「分數次方」時的圖形。我們先看以 $a=2$ 這種大於 1 的底數為例，如下圖所示：

圖表 3-5

底數為 2 的指數函數圖形

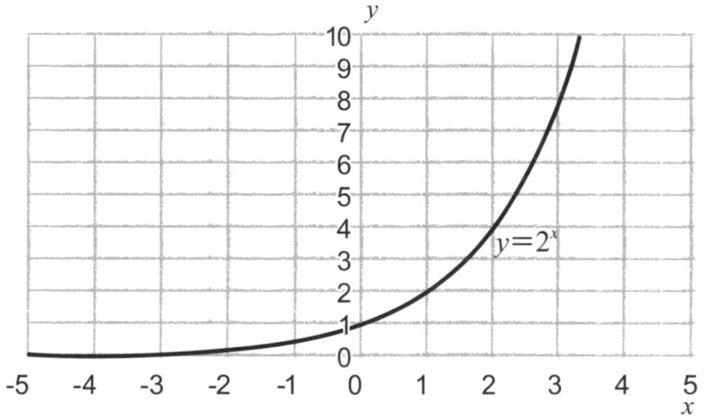

根據前述的規則 3，當 x 為 0 時，y 等於 1。要是 x 位於負值的區域內，x 負得越大，則 y 就越趨近於 0，但不會等於 0，也不會變成負值。

而當 x 位於正值的區域內，x 值越大則 y 也越大，甚至會急速向上，這種呈現爆發性急增的現象就是指數函數的特性（**小編補充：** 我們常聽到「某某產業呈指數性的成長」，就代表該產業爆發性急增的意思）。比如說將厚度為 0.1 *mm* 的紙對折 26 次，也就是 2 的 26 次方，厚度會相當於堆疊了約 6700 萬層的紙，以每一層 0.1mm 換算下來就等於 6700m 高，這就是指數函數驚人之處（**小編補充：** 如果某個股票指數每年呈 2 倍的增長，那 26 年後你將有約 6700 萬倍的獲利）。

然而，指數函數並非一定都會呈現向右上方快速增大的現象。如果底數為 1，不管多少次方都依然只會是 $y=1$ 的水平直線。若底數是比 1 小的正數時，將呈現下降的圖形：

圖表 3-6

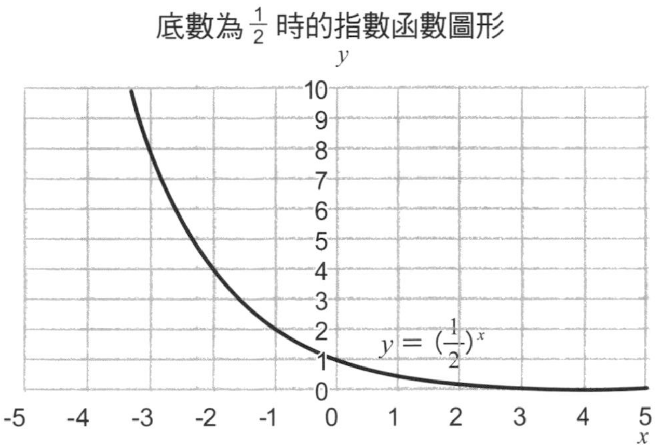

上圖是底數為 $\frac{1}{2}$ 時的圖形，和剛才底數為 2 的情況相反，當 x 位於正值的區域內，y 隨著 x 增大而愈來愈趨近於 0。若 x 位於負值的區域內，y 隨著 x 的負值變大，而出現爆發性變大的現象。

另外，指數函數還有一個重要的特性，就是當底數是非 1 的正數時，從前面兩個圖表可以看出，若 y 增加便會持續增加，稱為「單調遞增」，相反地若 y 減少就會一直減少，稱為「單調遞減」。

也因為指數函數具有單調遞增或遞減的特性，即可知兩個指數函數相等時，若底數也相等，則表示兩者的指數也相等，我們在（18.2）式即使用了此特性。

單元 19

用對數的觀念處理大數字

在前一個單元 $y=2^x$ 例子中，我們可以將 x 值代入後求得對應的 y 值，並畫成圖表 3-6。但如果我們反過來看，已知 y 值，要如何計算出對應的 x 值呢？為了解決這種問題，就必須導入對數函數（*logarithm*）的觀念。對數函數是指數函數的反函數。

指數函數與對數函數是機器學習中常出現的函數，例如在後面要學的邏輯斯函數（單元 21）、最大概似估計法（單元 38）、機率密度函數（單元 39）等等，以及許多數學式的推導都會用到。

對數函數的形式為：

$$\text{對數函數:}\ y=\log_a x$$

（x：真數；a：底數）

你可以將上式與單元 18 的指數函數做一比較（參考 3-14 頁）。我們來看下面的指數函數，其中 a 是大於 1 的底數：

$$x=a^y$$

如果我們想將上式轉換為「$y=\cdots$」的形式該怎麼做？此時就可以利用對數來處理。上式在等號兩邊同時取對數仍然相等，可得：

（等號兩邊同時對數）

$$x=a^y \Leftrightarrow \log_a x=\log_a a^y=y \qquad \cdots(19.1)$$

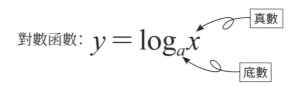

(19.1) 式是將 $x=a^y$ 等號兩邊同時取以 a 為底的對數運算，可以得到 $y=\log_a x$ 的對數型態。如果我們將 $y=\log_a x$ 等號兩邊同時取以 a 為底的指數運算，就又可以回到 $x=a^y$ 的指數型態。可知指數函數與對數函數互為反函數。

底下我們以實際的數字來理解對數的意義。例如，1000 是 10 的 3 次方，如果取以 10 為底的對數則為 3：

$$10^3=1000 \Leftrightarrow \log_{10}1000=3$$

由這個例子可以看出來，1000 取對數後會變成簡單的 3。如果是一千萬取對數會變成 6。也就是說，對數可以將原本很大的數字（數字越大，電腦處理起來就越耗時）轉換成容易處理的數字，也因此數學家拉普拉斯（*Laplace*）認為對數的發明，大幅節省了處理「天文數字」的計算時間。

對數有助於解決指數難解的問題

為了表現對數在處理龐大數字運算時的優勢，我們用相同的例子與指數函數的作法相比較。請不要使用計算機，算出下面問題的答案：

90 天的秒數可以表示為 10 的多少次方？

首先我們將 90 天換算成秒數，並且想辦法用 10 的次方來表示：

$$\begin{aligned}90\text{天的秒數} &= 90\text{天}\times24\text{小時}\times60\text{分}\times60\text{秒} &\cdots(19.2)\\ &=9\times10\times6\times4\times10\times6\times10\times6\\ &=36\times6^3\times10^3\\ &=6^5\times10^3 &\cdots(19.3)\end{aligned}$$

(19.3) 式是兩個指數相乘，一個底數為 6，另一個底數是 10，如果想要全部用 10 的次方表示，就要想辦法將 6^5 改寫為 10 的某次方。因為 6 比 10 小，所以 6 應該是 10 的某個分數次方 (此分數小於 1)，可寫成下面的式子：

$$6 = 10^{\frac{n}{m}} \quad (19.4) \longleftarrow \text{其中 } n \text{ 小於 } m$$

指數運算會遇到次方數越高，越難以計算的問題

我們可以在 (19.4) 式等號兩邊同時取 m 次方，讓等號兩邊的指數都變成整數：

$$\Leftrightarrow 6^m = (10^{\frac{n}{m}})^m \quad \longleftarrow \text{等號兩邊同時取 } m \text{ 次方}$$

$$= 10^{\frac{n}{m}\cdot m}$$

$$= 10^n$$

也就是說，只要找出能讓「6 的 m 次方」和「10 的 n 次方」相等的 m 與 n 整數，就可算出 (19.4) 式中 $\dfrac{n}{m}$ 的值。

接著如下圖表，依序計算 6 的多個次方值，試試看要算到多少次方時，其值才會接近 10 的某個次方 (這種解法像在做苦功)：

圖表 3-7

6^1	6
6^2	36
6^3	216
6^4	1,296
6^5	7,776
6^6	46,656
6^7	279,936
6^8	1,679,616
6^9	10,077,696

我們發現在算到 6 的 9 次方時接近 1000 萬，也就是 10 的 7 次方，因此將 $m=9$、$n=7$ 代入 (19.4) 式，即可計算出下式：

$$6 \fallingdotseq 10^{\frac{7}{9}} \fallingdotseq 10^{0.778} \qquad \cdots(19.5)$$

再將 (19.5) 式代入 (19.3) 式，即可簡化成僅以 10 為底的指數來表示。亦即：

$$\begin{aligned} 90\text{天的秒數} &= 6^5 \cdot 10^3 \\ &\fallingdotseq (10^{0.778})^5 \cdot 10^3 \\ &\fallingdotseq 10^{0.778 \cdot 5+3} \\ &= 10^{6.89} \qquad \cdots(19.6) \end{aligned}$$

我們可以從 (19.6) 式估算出 90 天的秒數差不多接近 10^7 秒（1000 萬秒）。

改用對數，可簡化運算

從上面的計算方法可以看出，當次方數越高時，算出來的數字就會暴增得越大（才算到 7 次方就跳到近 1000 萬了），相當不利於計算。其實我們不需要將指數乘開，只要改用對數，會簡單許多。

我們回到 (19.1) 與 (19.4) 式：

$$x = a^y \Leftrightarrow y = \log_a x \qquad \cdots(19.1)$$

$$6 = 10^{\frac{n}{m}} \qquad \cdots(19.4)$$

參考 (19.1) 式，將 (19.4) 式等號兩邊取對數，可得到：

$$\begin{aligned}\frac{n}{m} &= \log_{10}6 \\ &= \log_{10}2+\log_{10}3 \quad \longleftarrow \text{查對數表(圖表3-8)} \\ &= 0.301+0.477 \\ &= 0.778\end{aligned}$$

如此很快就可算出 $6=10^{0.778}$。然後代入 (19.3) 式即可得到 (19.6) 式的結果：

$$\begin{aligned}\text{90 天的秒數} &\fallingdotseq (10^{0.778})^5 \cdot 10^3 \\ &= 10^{6.89} \\ &= 10^{0.89+6} \\ &= 10^{0.89} \cdot 10^6 \\ &\fallingdotseq 7.8 \cdot 10^6 \ (\text{780萬秒})\end{aligned}$$

上面 $10^{0.89}$ 等於 7.8，是因為從對數表中查到 $\log_{10}7.8=0.892$，是最接近 0.89 的數字，而且指數與對數互為反函數，因此 $\log_{10}7.8=0.892$ 在等號兩邊取以 10 為底的指數，即可得到 $7.8=10^{0.892}$。

在沒有計算機的情況下，靠對數表就能快速估算出 90 天相當於 780 萬秒，已經相當接近正確的 777.6 萬秒。

善用對數表，可快速推算近似值

如果數字不用相當精確，只需要前 2 位數符合即可，那麼利用圖表 3-8 的對數表，就足以進行乘法、除法及方根的計算。此對數表是以 10 為底，以 0.1 為間距，整理出數字 1.1～10.0 取對數的結果。

圖表 3-8

x	$\log_{10}x$	x	$\log_{10}x$	x	$\log_{10}x$
1.1	0.041	4.1	0.613	7.1	0.851
1.2	0.079	4.2	0.623	7.2	0.857
1.3	0.114	4.3	0.634	7.3	0.863
1.4	0.146	4.4	0.644	7.4	0.869
1.5	0.176	4.5	0.653	7.5	0.875
1.6	0.204	4.6	0.663	7.6	0.881
1.7	0.230	4.7	0.672	7.7	0.887
1.8	0.255	4.8	0.681	7.8	0.892
1.9	0.279	4.9	0.690	7.9	0.898
2.0	0.301	5.0	0.699	8.0	0.903
2.1	0.322	5.1	0.708	8.1	0.909
2.2	0.342	5.2	0.716	8.2	0.914
2.3	0.362	5.3	0.724	8.3	0.919
2.4	0.380	5.4	0.732	8.4	0.924
2.5	0.398	5.5	0.740	8.5	0.929
2.6	0.415	5.6	0.748	8.6	0.935
2.7	0.431	5.7	0.756	8.7	0.940
2.8	0.447	5.8	0.763	8.8	0.945
2.9	0.462	5.9	0.771	8.9	0.949
3.0	0.477	6.0	0.778	9.0	0.954
3.1	0.491	6.1	0.785	9.1	0.959
3.2	0.505	6.2	0.792	9.2	0.964
3.3	0.519	6.3	0.799	9.3	0.968
3.4	0.532	6.4	0.806	9.4	0.973
3.5	0.544	6.5	0.813	9.5	0.979
3.6	0.556	6.6	0.820	9.6	0.982
3.7	0.568	6.7	0.826	9.7	0.987
3.8	0.580	6.8	0.833	9.8	0.991
3.9	0.591	6.9	0.839	9.9	0.996
4.0	0.602	7.0	0.845	10.0	1.000

以對數表計算開根號的值

舉個用對數表計算開根號的例子，假設想要圍出 2 平方公尺的正方形區域，則邊長是多少公尺？這個問題需要計算平方根：

$$x^2 = 2\ (\text{此處}\ x>0) \Leftrightarrow x = \sqrt{2} = 2^{\frac{1}{2}}$$

從對數表可知底數 2 大約為 10 的 0.301 次方。如此即可將 2 轉換成以 10 為底的次方，如下計算：

$$x = 2^{\frac{1}{2}} \fallingdotseq (10^{0.301})^{\frac{1}{2}} = 10^{0.301\times\frac{1}{2}} = 10^{0.1505}$$

接著，我們再從圖表 3-8 的對數表中找「最接近 10 的 0.1505 次方的數值」為 10 的 0.146 次方，可得知 $x \fallingdotseq 1.4$。因此，$\sqrt{2}$ 大約等於 1.4，可知邊長約為 1.4 公尺。顯然不用計算機也能單純靠對數表算出近似的解答。

圖表 3-8 中的 x 從 1 到 10 間隔為 0.1，可得出 90 個對數值，每個對數值可精確到小數第 3 位。如果將 x 間隔縮小為 0.01，則可算出 900 個對數值，並精確到小數第 4 位。將 x 間隔縮得越小，就可以做出越精確的對數值。當然，這是相當費工夫的事，但只要某個人做出來一次，就足供全人類使用（**編註：** 十七世紀時即已完成精確到小數十四位數的常用對數表）。因此，查對數表，無論是天文數字的乘除，次方根計算，都可達到某種程度上的精確度。

隨著電腦運算能力越來越強大，計算天文數字也不再需要使用對數表了，不過對數在其它方面仍有很大的用處，尤其是在機器學習領域。下一個單元要繼續說明對數函數的特性。

單元20

對數的特性與運算規則

對數在處理龐大數字時，可將複雜耗時的乘法運算轉變成相對簡單的加法運算，可以大幅節省運算時間，在機器學習中具有舉足輕重的地位。本單元要繼續瞭解對數的性質與運算規則。

首先，我們要比較指數函數與對數函數兩者的特性。從底數為 2 與 $\frac{1}{2}$ 的指數函數圖形（分別為圖表 3-5 與 3-6）來看，前者是單調遞增函數，後者是單調遞減函數。而同樣底數為 2 與 $\frac{1}{2}$ 的對數函數圖形如下圖：

圖表 3-9

底數 2 的對數函數圖形

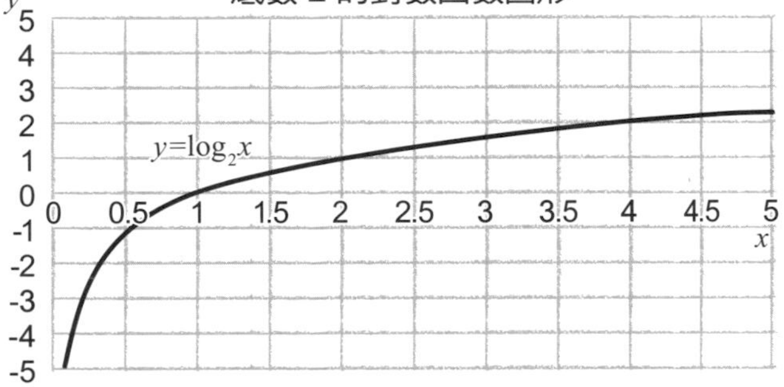

底數 $\frac{1}{2}$ 的對數函數圖形

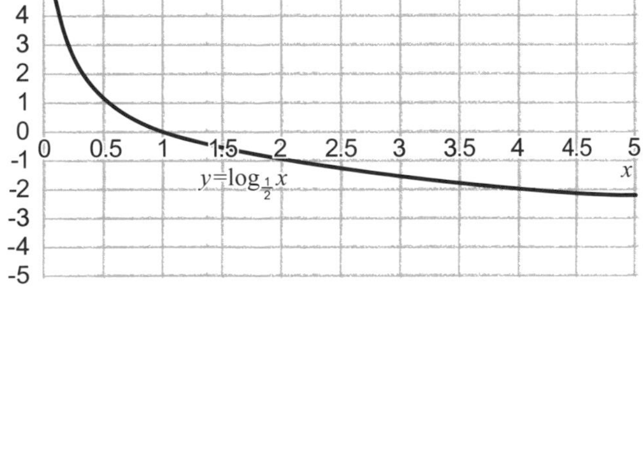

對數函數的底數大於 1 會呈單調遞增，且當 x 趨近 0 時，y 會趨近負無限大。底數小於 1 的對數函數會呈單調遞減，且當 x 趨近 0 時，y 會趨近正無限大。此外，無論底數是多少，在 x 等於 1 時，y 會等於 0，也就是會通過 $(1, 0)$ 這一點。

對數的運算規則

對數有以下 6 個常用的運算規則（以下式子中對數的底數 a、b 皆為大於且不等於 1 的實數，x、y 為任何實數）：

規則 1：等式兩邊取相同底數的對數，則等式仍然成立：

$$x = y \Leftrightarrow \log_a x = \log_a y$$

規則 2：對 1 取對數為 0，對 a 取同底對數為 1：

$$\log_a 1 = 0，\log_a a = 1$$

規則 3：對數內的兩數相乘，等於個別取對數相加：

$$\log_a xy = \log_a x + \log_a y$$

規則 4：對數內的兩數相除，等於分子的對數減分母的對數：

$$\log_a \frac{x}{y} = \log_a x - \log_a y$$

規則 5：對數內的指數，可移到對數外面做為乘數：

$$\log_a x^n = n \cdot \log_a x \quad \longleftarrow \text{將指數 } n \text{ 移到對數外面}$$

$$\log_a \sqrt{x} = \log_a x^{\frac{1}{2}} = \frac{1}{2}\log_a x \quad \longleftarrow \text{次方為分數，也一樣移到對數外面}$$

規則 6：「換底公式」，將原本以 a 為底的對數，換成以 b 為底的對數：

$$\log_a x = \frac{\log_b x}{\log_b a} \quad \longleftarrow \text{從原本底數 } a \text{ 換成 } b$$

或

$$\log_a x = \log_b x \cdot \log_a b$$

對數規則推導

對數規則 1 證明

根據函數的定義，如果 $x=y$，且 $f(x)$ 與 $f(y)$ 皆存在且唯一，則 $f(x)=f(y)$，此處只是將 $f(x)$ 換成對數函數，故 $\log_a x=\log_a y$。

對數規則 2 證明

因為指數與對數為反函數，當 a 不為 0，則 a^x 在 $x=0$，得 $a^0=1$，兩邊取 a 為底的對數，等號左邊變成 $\log_a a^0=0$，等號右邊是 $\log_a 1$，所以 $\log_a 1=0$。同理，當 $x=1$，得 $a^1=a$，函數取 a 為底的對數，等號左邊為 1，等號右邊為 $\log_a a$，所以 $\log_a a=1$。

對數規則 3 證明

假設 $x=a^y$，等式兩邊取 a 為底的對數可得 $y=\log_a x$，然後將 y 代入 $x=a^y$ 中，會得到：

$$x=a^{\log_a x} \longleftarrow x \text{ 等於 } a \text{ 的 } \log_a x \text{ 次方}$$

同理可得

$$y=a^{\log_a y} \longleftarrow y \text{ 會等於 } a \text{ 的 } \log_a y \text{ 次方}$$

因此

$$xy=a^{\log_a x}\cdot a^{\log_a y}=a^{\log_a x+\log_a y} \longleftarrow \text{兩個指數函數相乘，等於指數相加}$$

$$\Leftrightarrow \log_a xy=\log_a x+\log_a y \longleftarrow \text{根據規則1，等式兩邊取對數，得證}$$

對數規則 4 證明

因為 $x=a^{\log_a x}$，$y=a^{\log_a y}$，則

$$\frac{x}{y}=\frac{a^{\log_a x}}{a^{\log_a y}}=a^{\log_a x-\log_a y} \longleftarrow \text{兩個指數函數相除，等於指數相減}$$

$$\Leftrightarrow \log_a \frac{x}{y}=\log_a x-\log_a y \longleftarrow \text{根據規則1，等式兩邊取對數，得證}$$

對數規則 5 證明

假設 $x=a^{\log_a x}$，設 n 為實數，在等式兩邊取 n 次方：

$$x^n=(a^{\log_a x})^n=a^{n\cdot\log_a x} \longleftarrow \text{指數的指數，等於指數相乘}$$

$$\Leftrightarrow \log_a x^n=\log_a (a^{n\cdot\log_a x})=n\cdot\log_a x \longleftarrow \text{根據規則1，等式兩邊取對數，得證}$$

對數規則 6 證明

假設 $z=\log_a x$，等式兩邊同取底數為 a 的指數：

$$z=\log_a x \qquad \cdots(20.1)$$

$$\Leftrightarrow a^z=a^{\log_a x}=x \qquad \cdots(20.2) \longleftarrow \text{從(20.1)式取以 } a \text{ 為底的指數}$$

根據規則 1，在等號兩邊同時取以 b 為底（b 不可以是 1，因為如果是 1 就不需要運算了）的對數時也會相等。如此一來：

$$\Leftrightarrow \log_b a^z=\log_b x \qquad \cdots(20.3)$$

而根據規則 5，對數內的次方可提到對數外面做為乘數，因此：

$$\Leftrightarrow z\cdot\log_b a=\log_b x$$

$$\Leftrightarrow \quad z=\frac{\log_b x}{\log_b a} \qquad \cdots(20.4)$$

$$\Leftrightarrow \quad \log_a x=\frac{\log_b x}{\log_b a} \longleftarrow \text{將(20.1)式的 } z \text{ 代入，得證}$$

規則 1～5 在機器學習裏會常常使用到，務必要記起來，可讓繁瑣的運算變得相對簡單。相對而言，規則 6 的換底公式在機器學習中並不常用到，是因為機器學習大多固定用 e（尤拉數）做為底數，很少需要換底。之所以會用 e，是因為在做指數函數或對數函數的微分與積分上最為方便，我們後面會再對 e 的特性詳細介紹。

單元 21

尤拉數 e 與邏輯斯函數

前一個單元學到的對數都是底數為 10 或 2，而在機器學習領域較常用到的是以尤拉數 e（*Eulers number*，或稱為歐拉數，其值為 2.718……）為底數。e 也可以做為指數函數的底數，例如 e 的 x 次方的指數函數可用 e^x 表示，也可寫成 $\exp(x)$。

對數函數與指數函數會採用 e 為底數，主要的原因是在推導數學式做微分、積分運算時，有其易用性，這些在第 5 篇各單元就會常用到。

一般用 log 表達對數時，都是假設以 10 為底數（稱為常用對數），通常省略底數 10 不寫，例如 log2 或 log3。在機器學習領域的對數皆以 e 為底數，一般會寫成 $\log_e$（將 e 放在 log 的下標）或 ln（此為自然對數，*natural logarithm* 的簡寫）來表示，例如 $\log_e 2$ 或 ln2 皆可。

> **小編補充：** 許多機器學習書籍在用到自然對數時會只用 log 而省略底數的 e，有時候會造成理解上的困擾，因此本書在用到自然對數時，主要會以 ln 來表示。

e 的值是怎麼算出來的？

e 是數學上重要的常數，其值為無理數 2.718……，這個值是怎麼來的？我們可藉由下面的例子來瞭解。

> 某甲向某乙借錢，並提出「借 100 萬元 ，1 年後加倍奉還」的條件，亦即年利率 100%。

▶接下頁

某乙問「改為每半年 50% 複利可以嗎？」某甲表示可接受。某乙覺得既然某甲這麼爽快就同意，就試探性再問「那麼，改為每季 25% 複利可以嗎？」，某甲也同意了，並表示無論 1 年被分成幾期，只要複利趴數符合分期的比例降低就可以。既然如此，於是某乙乾脆提出以每 1 分鐘為複利計算週期的想法。

請問某甲 1 年後連本帶利總共要付出多少錢？

複利計算牽涉到指數計算，首先考慮某乙提出每半年 50% 複利的條件。在複利計算的情況下，因為半年後是 $1+0.5=1.5$ 倍，接下來的半年變成 1.5 倍的 1.5 倍，所以 1 年後需要支付借款金額的 2.25 倍：

$$\left(1+\frac{1}{2}\right)^2=1.5^2=2.25$$

原本年利率 100% 的情況下，1 年要付出的只有 2 倍，但縮短為每半年複利計算下，變成必須支付 2.25 倍。要是進一步將 1 年分成 4 期（即 $\frac{1}{4}$ 年），且複利利率同比例降為 $\frac{100\%}{4}=25\%$ 時，則 1 年後需要支付的金額是借款的 2.44 倍：

$$\left(1+\frac{1}{4}\right)^4=1.25^4\fallingdotseq 2.44$$

由以上兩式可以看出計算的規律，接著我們將計算式一般化。假設「將計算期間縮短為 1 年的 n 分之 1，且利息也降為 100% 的 n 分之 1」。如此一來可如下表示：

$$1\text{ 年後支付的金額}=100\text{ 萬元}\times\left(1+\frac{1}{n}\right)^n \qquad \cdots(21.1)$$

現在我們用 1 分鐘為週期來算算看 1 年後總共要付多少錢。由於 1 年等於 525600 分鐘，因此將 n 等於 525600 代入上式，借用電腦實際計算出的結果為：

$$100\text{ 萬元}\times\left(1+\frac{1}{525600}\right)^{525600}\fallingdotseq 2,718,279\text{ 元}$$

1 年後要還的總額約為 2718279 元。若再將分期切成每 1 秒為單位，則 n 會變成 31536000，代入 (21.1) 式：

$$100\text{ 萬元}\times\left(1+\frac{1}{31536000}\right)^{31536000}\fallingdotseq 2,718,282\text{ 元}$$

得知 1 年後要還的總金額約為 2718282 元。從上面算出的兩個數字，我們發現即使分期從 1 分鐘縮短到 1 秒鐘，總共要還的錢也只增加 3 元，而如果再繼續縮短成毫秒、奈秒，差異也只會越來越小。於是我們發現到，無論 n 的數字再怎麼增大，(21.1) 式算出來的數字都只會是 100 萬的 2.7182818……倍，這個數就定義為尤拉數 e 的值。

簡言之，當 n 趨近於無限大時，$\left(1+\frac{1}{n}\right)^n$ 式子的計算結果就是 e。用數學式來表達如下：

$$e=\lim_{n\to\infty}\left(1+\frac{1}{n}\right)^n \qquad \cdots(21.2)$$

式子中的「lim」表示極限（*limit*）的意思，「∞」表示正無限大

接下來介紹的邏輯斯函數，就會用到以 e 為底的指數函數。

邏輯斯函數的特性

邏輯斯函數（*logistic function*）或稱為 *S* 函數（*Sigmoid function*），在機器學習中是用於分類的函數，講到分類就跟機率離不開關係，邏輯斯函數的特性就是將「因變數」（也就是一般函數中的 y）值轉換成 0～1 之間的值，也就是符合機率必須介於 0%～100% 之間的基本要求。接下來，讓我們試著思考以下情況：

> 某間餐廳採預約制，查閱以往客人的預約紀錄並分析之後發現，只要整個流程未發生出包狀況，第一次上門的客人中有 25% 會在 1 年之內再度光臨。然而，要是發生重複訂位、上錯餐或客人之間起衝突等各種可能的出包狀況，則 1 年內的回客率會下降到 10%。
>
> 到目前為止，對所有客人曾經出包的案例中，最多都只會出現 1 種出包狀況，然而今天卻對來店的某位客人出包 2 次，試問此客人 1 年內的回客率會是多少？

假設以線性迴歸的思考方式，完全不出包的回客率是 25%，出包 1 次的回客率會降到 10%，也就是下滑 15%。依線性判斷，若對一位客人出包 2 次，應會從 10% 再下滑 15% 變成 −5%。這顯然不符合現實情況，因為回客率的範圍只能是 0% 到 100% 之間的數值（也就是 0 到 1），不可能出現負值。

為了解決這種問題，可利用邏輯斯函數將整個數值區間（包括負無限大與正無限大之間的數值），轉換成「最小值為 0、最大值為 1」的範圍，即可限制所有的可能性都發生在 0～1 之間。以下即為邏輯斯函數的一般式寫法：

$$f(x)=\frac{1}{1+e^{-(a+bx)}}=\frac{1}{1+\exp(-(a+bx))} \qquad \cdots(21.3)$$

在邏輯斯函數中用到了以 e 為底的指數函數，我們在下面會看看當指數中的 $a+bx$ 是正無限大、負無限大以及等於 0 的時候，邏輯斯函數的值會怎樣變化，藉以驗證邏輯斯函數確實可讓所有可能的 $f(x)$ 值，都落在 0～1 之間。

當 $a+bx$ 是正無限大，$f(x)$ 會轉換為 1

現在考慮 $a+bx$ 為正無限大時，$e^{-(a+bx)}$ 改寫為下式更容易看出其值：

$$e^{-(a+bx)}=\frac{1}{e^{a+bx}}$$

上式如同以 1 除以一個正無限大，即趨近於 0。因此 (21.3) 式即如下計算，表示當 $a+bx$ 為正無限大時，$f(x)$ 即趨近於 1：

$$f(x)=\frac{1}{1+e^{-(a+bx)}}\fallingdotseq\frac{1}{1+0}=1$$

當 $a+bx$ 是負無限大，$f(x)$ 會轉換為 0

首先假設 $a+bx$ 的值是負無限大時，乘上負號之後，$-(a+bx)$ 會變成正無限大。(21.3) 式的分母是 e 的正無限大次方再加 1，可知分母是正無限大，則 1 除以正無限大，$f(x)$ 就會趨近於 0。

當 $a+bx$ 為 0 時，$f(x)$ 會轉換為 0.5

再考慮 $a+bx$ 恰好為 0 時，因為 $e^0=1$，(21.3) 式可算出 $f(x)=0.5$，亦即 0 與 1 的中間值：

$$f(x)=\frac{1}{1+e^{-(a+bx)}}=\frac{1}{1+e^0}=\frac{1}{1+1}=0.5$$

如此一來，我們可將負無限大到正無限大，全都經由邏輯斯函數轉換為 0～1 之間的數值。這種轉換有利於表現百分比的形式，即代表 0%～100% 的機率。

最簡單形式的邏輯斯函數圖形

我們用 (21.3) 式設定 $a=0$、$b=1$，將邏輯斯函數簡化為最簡單的形式並畫出圖形，即可看出 $f(x)$ 的值是介於 0～1 之間的 S 形曲線：

圖表 3-10

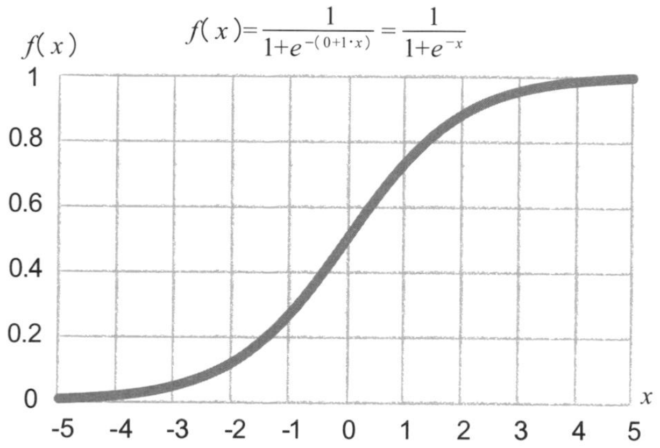

由回客率找出邏輯斯函數的係數

我們由餐廳已知的幾個條件，代入邏輯斯函數求出 a、b 係數值，即可得到適用於推測這家餐廳回客率的邏輯斯函數，以後如果想要知道出包 3 次、4 次、… 的情況，就只要將自變數 (x，即出包次數) 代入函數中，就可用 $f(x)$ 算出客人的回客率了。

我們先假設回客率為 p、出包的次數為 x，套入 (21.3) 式的邏輯斯函數，可得到下面的關係：

$$p=\frac{1}{1+e^{-(a+bx)}}=\frac{1}{1+\frac{1}{e^{a+bx}}} \qquad \cdots(21.4)$$

首先，因為式子看起來有點複雜，於是令 $e^{a+bx}=X$ 即可將(21.4)式簡化為：

$$p=\frac{1}{1+\frac{1}{X}}$$

再將分子和分母同乘以 X 倍之後，即如下式：

$$p=\frac{1}{1+\frac{1}{X}}=\frac{X}{X+X\cdot\frac{1}{X}}=\frac{X}{X+1}$$

然後依照代數的規則整理如下：

$$\begin{aligned}
&\Leftrightarrow\ p(X+1)=X\\
&\Leftrightarrow\ pX+p=X\\
&\Leftrightarrow\ p=X-pX\\
&\Leftrightarrow\ p=(1-p)X\\
&\Leftrightarrow\ \frac{p}{1-p}=X\\
&\Leftrightarrow\ \frac{p}{1-p}=e^{a+bx}
\end{aligned}$$

我們在此處運用對數的運算規則，將等號兩邊取自然對數。如此一來，等號右邊就會是 $a+bx$，而等號左邊取自然對數會變成 *logit* 函數(此函數通常用於神經網路最後一層的分類工作)：

$$\Leftrightarrow \ln\frac{p}{1-p} = a+bx \qquad \cdots(21.5)$$ ← 此為 *logit* 函數

小編補充： 為什麼我們要將邏輯斯函數轉換為 *logit* 函數？因為邏輯斯函數中的 $a + bx$ 是在 e 的指數位置，想直接求得 a、b 係數值有其困難之處，但經過取對數值轉換成 logit 函數之後，很明顯可讓 $a + bx$ 變成一次方程式，如此要用聯立方程式求解就簡單多了。

logit 函數與邏輯斯函數互為反函數

如果將 $a = 0$、$b = 1$ 代入（21.5）式，可得到下式：

$$x=\ln\frac{y}{1-y}$$

事實上這個式子也可以從圖表 3-10 最簡單形式的邏輯斯函數推導過來：

$$y=\frac{1}{1+e^{-x}}$$ ← *logistic* 函數

$$\Leftrightarrow \quad y+ye^{-x} = 1$$

$$\Leftrightarrow \quad ye^{-x} = 1-y$$

$$\Leftrightarrow \quad e^{-x} = \frac{1-y}{y}$$

$$\Leftrightarrow \quad -x = \ln\frac{1-y}{y}$$ ← 兩邊取自然對數之後

$$\Leftrightarrow \quad x = -\ln\frac{1-y}{y}$$

$$\Leftrightarrow \quad x = \ln\left(\frac{1-y}{y}\right)^{-1}$$

$$\Leftrightarrow \quad x = \ln\frac{y}{1-y}$$ ← *logit* 函數

此為最簡單形式的推導過程，同理也可將（21.5）式利用指數函數倒推回（21.3）式，可知 *logit* 函數與邏輯斯函數是互為反函數的關係。

從 *logit* 函數找出 *a*、*b* 係數值

我們根據 (21.5) 式，再來思考剛才的回客率問題。當出包的次數 x 為 0 時，回客率 p 為 25%；而當 x 為 1 時，p 為 10%。我們將這兩組數據分別代入 (21.5) 式可得：

$$a+b\cdot 0=\ln\frac{0.25}{1-0.25}\fallingdotseq -1.1 \quad \cdots(21.6)$$

$$a+b\cdot 1=\ln\frac{0.10}{1-0.10}\fallingdotseq -2.2 \quad \cdots(21.7)$$

用 *logit* 函數只要解聯立方程式就可以求出 *a*、*b* 的值

解出上面的聯立方程式，可得 $a=-1.1$，$b=-1.1$。

> 計算 (21.6) 式的自然對數值，可在 *Excel* 儲存格中輸入「= ln (0.25 / 0.75)」，同理可算出 (21.7) 式的自然對數值。

由出包次數推估回客率

接下來，為了推估出包 2 次的回客率，只要將 $a(-1.1)$、$b(-1.1)$ 係數值及 x 為 2 的條件代入 (21.4) 式，即可算出出包 2 次的回客率約為 3.6%：

$$p=\frac{1}{1+\frac{1}{e^{a+bx}}}=\frac{1}{1+\frac{1}{e^{-1.1-1.1\cdot 2}}}=\frac{1}{1+\frac{1}{e^{-3.3}}}\fallingdotseq\frac{1}{1+27.1}\fallingdotseq 3.6\%$$

> 上式需要計算 e 的 -3.3 次方，可在 *Excel* 儲存格中輸入「= exp(−3.3)」即可算出。

> **小編補充：** 同理只要將 x 的值改為 3，與 a、b 值代入 (21.4)，就可以推估出包 3 次的回客率為 1.21%。至於出包 4 次就留給讀者試試。

單元 22

畢氏定理：計算兩點距離

畢氏定理是指直角三角形的兩個短邊平方相加，會等於斜邊的平方，用於計算二、三維空間中兩個點的距離。本單元會證明二維空間的畢氏定理，進而推導到三維空間。而在機器學習中，經常需要計算超過三維的兩點距離，一樣可以應用畢氏定理。

二維空間的畢氏定理

假設一個直角三角形的兩個邊長分別是 a、b，斜邊的邊長為 c，即下圖淺灰色三角形。接著用 4 個這樣的直角三角形，頭尾相連排成一圈，即可排成此圖形：

圖表 3-11

證明畢氏定理的圖形

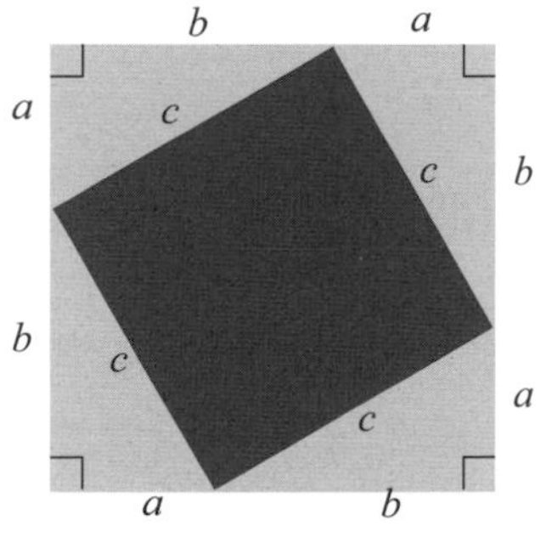

在淺灰色直角三角形中，直角的兩個邊長的平方相加，會等於斜邊的平方，此即為畢氏定理：

$$a^2+b^2=c^2 \qquad \cdots(22.1)$$

要如何由上圖證明此定理呢？

首先，注意 (22.1) 式等號右邊的 c^2 即為邊長為 c 的正方形面積，也就是上圖圍在中間的黑色正方形面積。

此黑色面積也等於以 $a+b$ 為邊長的大正方形面積，減去 4 個直角三角形的面積。我們整理一下：

內側的黑色正方形面積
＝外側的大正方形面積 － 4 個直角三角形的面積

寫成數學式再整理之後就證明出畢氏定理：

$$\begin{aligned} c^2 &= (a+b)^2 - 4 \cdot \frac{a \cdot b}{2} \\ &= a^2 + 2ab + b^2 - 2ab \\ &= a^2 + b^2 \end{aligned}$$

畢氏定理在機器學習裏常用到之處是取平方根的「距離」:

$$c = \sqrt{a^2 + b^2} \qquad \cdots (22.2)$$

接下來，我們試著思考以下的情況。

> 某公司人資部門剛錄取一位尚未分配工作的新進員工，此時業務部和資訊部都提出人力需求，因此考慮將該新員工分配到其中一個部門。
>
> 公司在錄取員工時，除了面試之外，也會做國語與數學能力等職業適性測驗。這名新員工的國語得分是 70 分、數學得分是 80 分。
>
> 另外，參考以往的錄取履歷發現，業務部員工的國語平均分數是 80 分、數學是 50 分；資訊部員工的國語平均分數是 60 分、數學是 70 分。由此結果考量，請問這位新員工比較適合分配到哪個部門工作？

因為有國語與數學這兩個影響分配的因素，可以考慮利用座標來理解。我們以國語能力為橫軸、數學能力為縱軸，並將新進員工的分數、業務部及資訊部平均分數標示在座標上，即如下圖：

圖表 3-12

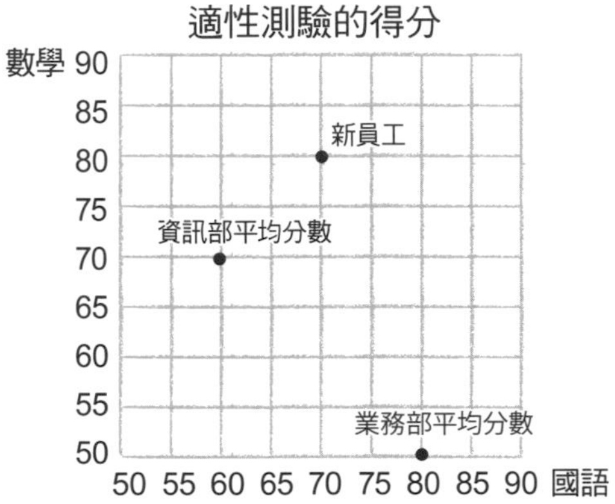

然後，我們可以利用畢氏定理，將兩點的距離用數學式算出來。也就是說，要計算新員工和資訊部之間的距離時，只要考慮下圖的三角形即可：

圖表 3-13

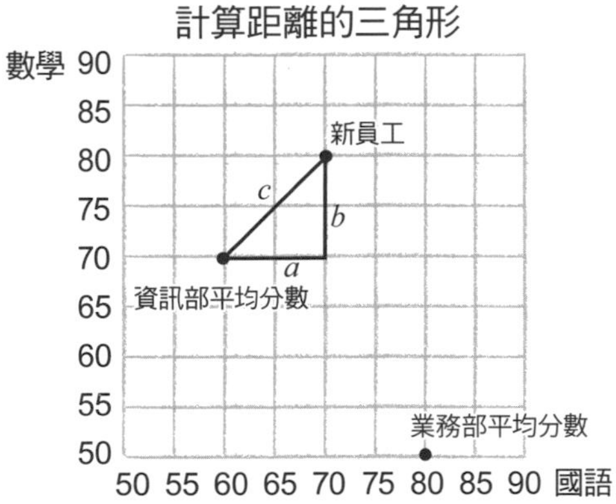

接下來，我們想知道此三角形斜邊 c 的長度，亦即新員工分數與資訊部平均分數之間的距離。我們將 a(即 $70-60=10$)、b(即 $80-70=10$)的長度代入(22.2)式，即可得到 c 的長度為 $\sqrt{200}$。

以同樣的方式思考，我們可算出新員工與業務部平均分數之間的距離。將 a(即 $70-80=-10$)、b(即 $80-50=30$)的長度代入(22.2)式，即可得到 c 的長度為 $\sqrt{1000}$。顯然大於與資訊部的距離 $\sqrt{200}$，因此可決定新員工更適合分配到資訊部。

三維空間的畢氏定理

前一個例子考慮的影響因素只有 2 個，如果影響因素有 3 個時，該如何處理呢？

假設增加英語能力的影響因素，而該位新員工即使國語與數學得分都不錯，但英語卻不行。另有一位資深員工，儘管國語與數學沒那麼好，但英語卻很拿手。單純就這兩人來比較，彼此之間的距離要如何計算？

我們同樣可依下列方式計算求出兩人之間的距離：

$$\text{綜合距離} = \sqrt{(\text{國語得分的差距})^2+(\text{數學得分的差距})^2+(\text{英語得分的差距})^2}$$

因為是 3 個影響因素，我們就標示在三維空間的座標位置：

圖表 3-14

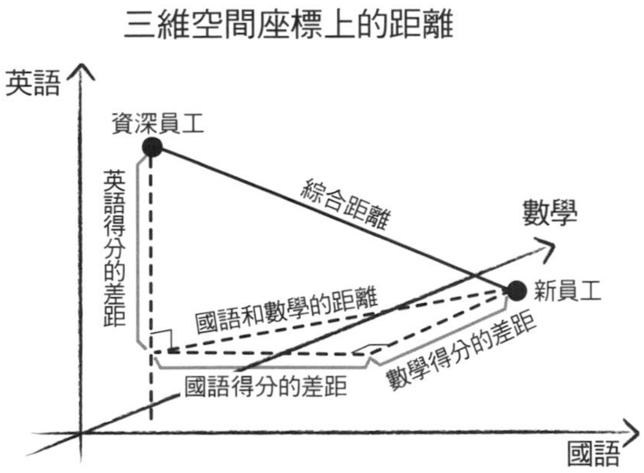

我們首先考慮資深員工與新員工之間「國語和數學的距離」。這部份可以參考上圖虛線畫成的「國語得分的差距」、「數學得分的差距」三角形，用畢氏定理得到「國語和數學的距離」：

$$\text{國語和數學的距離}=\sqrt{(\text{國語得分的差距})^2+(\text{數學得分的差距})^2}$$

進而再用「國語和數學的距離」、「英語得分的差距」三角形，計算出 3 個影響因素的「綜合距離」：

$$\begin{aligned}\text{綜合距離}&=\sqrt{(\text{國語和數學的距離})^2+(\text{英語得分的差距})^2}\\&=\sqrt{\left(\sqrt{\text{國語得分的差距}^2+\text{數學得分的差距}^2}\right)^2+(\text{英語得分的差距})^2}\\&=\sqrt{(\text{國語得分的差距})^2+(\text{數學得分的差距})^2+(\text{英語得分的差距})^2}\end{aligned}$$

也就是說，如果要算出三維座標中的 2 點間距離，只要將 3 個座標軸各自的差距經平方之後相加，最後再開根號即可。

超過三維時，也用畢氏定理算距離

依此類推，可知當影響因素超過 3 個時，即使是現實世界無法想象的 4、5、… 維空間的座標，也一樣可以利用畢氏定理將各個影響因素之間的差距先取平方之後相加，然後再開根號便可算出距離。這樣的定義可運用在機器學習中的群集分析（*Cluster Analysis*）和支援向量機（*Support Vector Machine*）。

在機器學習領域還有許多距離的定義，不過只要具備畢氏定理計算兩點距離的觀念，將來即使遇到超過三維的情況，也都是一樣的計算方式。

單元 23

三角函數的基本觀念

三角函數是很有用的工具，可用於機器學習領域計算向量內積（單元 27）與向量相關性（單元 28）等。本單元帶你快速複習一下三角函數。

在計算三角形的面積時，如果是直角三角形，我們可以用「底 × 高 ÷2」的公式算出面積。但如果像下圖沒有一個角是直角，只知道兩個邊的邊長與其夾角時，該如何算出此三角形的面積？

圖表 3-15

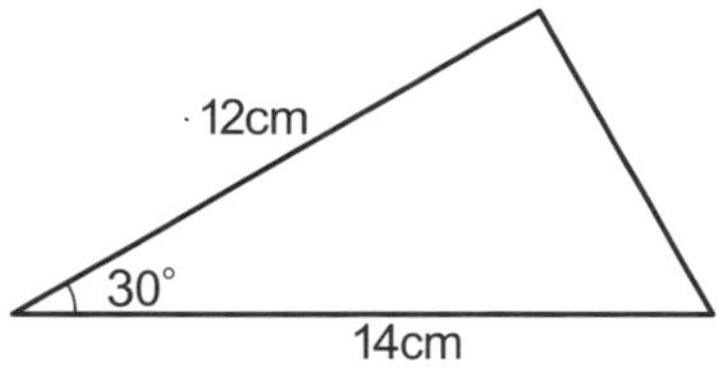

三角函數的邊長與夾角關係

三角函數是很基本的幾何觀念，直角三角形任兩個邊的比例，都可以用夾角的三角函數來表示。在下圖中，假設直角三角形的 3 個邊長分別為 a（高，θ 角的對邊）、b（底，鄰邊）、c（斜邊），而 b 與 c 的夾角為 θ（*theta*）：

圖表 3-16

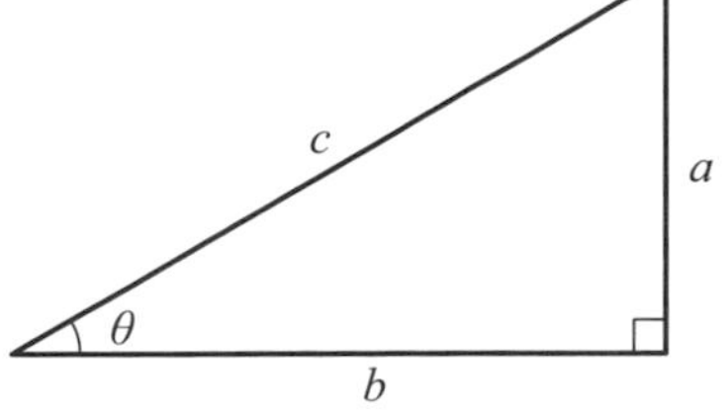

因為平面座標上的三角形 3 個內角相加為 180°，可知 a 與 c 的夾角是 $90° - \theta$。

只要 θ 的角度不變，a、b、c 兩兩之間的長度比例也會固定不變，也就是當 b 的長度增減時，只要 θ 角度不變，a 與 c 的長度也會同比例增減。因此在三角函數定義出下面 3 個兩兩邊長與夾角的關係式：

$$\sin\theta = \frac{a}{c} \longleftarrow \text{對邊} \div \text{斜邊}$$

$$\cos\theta = \frac{b}{c} \longleftarrow \text{鄰邊} \div \text{斜邊}$$

$$\tan\theta = \frac{a}{b} \longleftarrow \text{對邊} \div \text{鄰邊}$$

如果擔心弄混，可以順著下圖的箭頭順序，開始箭頭的那一個邊①是分母，結尾箭頭的那一個邊②是分子，就比較容易記住這個三角函數公式了。

圖表 3-17

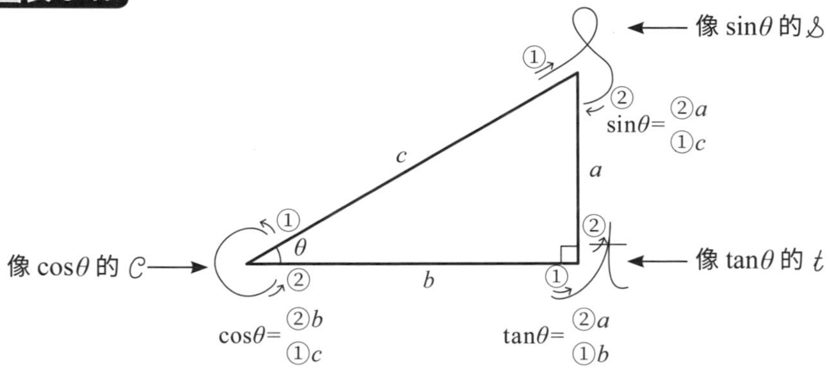

算出非直角三角形的高與面積

回到圖表 3-15，雖然這個三角形不是直角三角形，但我們可從頂點畫一條垂直於底邊的虛線（下圖），這條虛線就是此三角形的高：

圖表 3-18

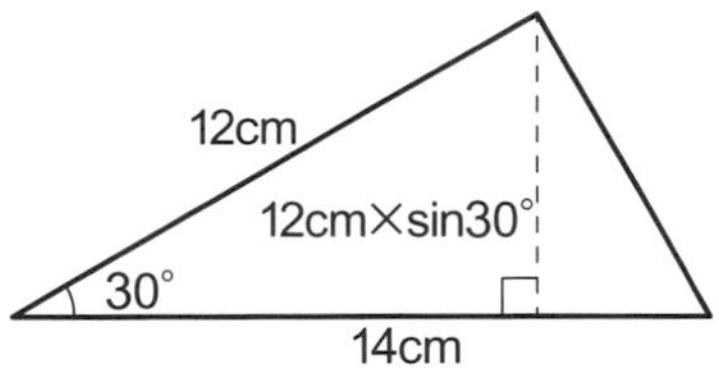

然後利用三角函數即可算出高為 $12cm \cdot \sin30^\circ$，因為 $\sin30^\circ$ 等於 $\frac{1}{2}$，即可知高為 $6cm$。即可用「底 × 高 ÷2」算出面積為 $42cm^2$：

$$\text{面積} = 14cm \times (12cm \times \sin30^\circ) \div 2 \qquad \cdots(23.1)$$

我們將上式一般化，假設一個三角形的 2 個邊長為 a、b，其夾角為 θ 時，則三角形的面積公式即為：

$$\text{面積} = \frac{1}{2} \cdot ab \cdot \sin\theta \qquad \cdots(23.2)$$

sinθ、cosθ 函數常用角度的值

$\sin\theta$、$\cos\theta$ 常用的角度是 30°、45°、60°、90° 等，主要是因為好記好學習，我們整理成下表供查閱，實際應用時並不限於這幾個角度。

圖表 3-19

θ	$\sin\theta$	$\cos\theta$
30°	$\frac{1}{2}$	$\frac{\sqrt{3}}{2}$
45°	$\frac{\sqrt{2}}{2}$	$\frac{\sqrt{2}}{2}$
60°	$\frac{\sqrt{3}}{2}$	$\frac{1}{2}$
90°	1	0

在計算各角度的三角函數值時，要注意「角度」與「弧度」的轉換。角度的一圈為 360°，弧度的一圈是 2π。因為電腦軟體（例如 *Excel*）以及程式語言函式庫，在算三角函數的輸入值是用弧度為單位，因此需要將角度轉換為弧度才行。例如在 *Excel* 儲存格中要計算 $\sin 30^{\circ}$ 時，我們要輸入「=sin（*radians*（30））」，先用 *radians* 函數將角度轉換為弧度之後，才能算出三角函數 *sin* 的值。下個單元再詳細說明角度與弧度的關係。

單元 24

三角函數的弧度制與單位圓

我們一般說的角度單位有兩種，其一是將圓繞一圈訂為 360°，若分成 360 等分，則每等分為 1°(度)，若將 1° 再分成 60 等分，則每等分為 $1'$(分)，將 1 分再分成 60 等分則為 $1''$(秒)。我們在文具店裏買到的角度量尺，最常見的就是以度數來量測夾角，稱為「角度制」或「度分秒制」。

在科學領域常用圓周的「弧長與半徑的比例」來表示角度，稱為「弧度制」或「徑度制」。假設半徑為 r 的圓，其圓周長為 $2\cdot\pi\cdot r$，此即為一個圓的弧長(即圓周長)，然後取圓周長與半徑的比例：$\dfrac{2\cdot\pi\cdot r}{r}=2\pi$，因此圓一圈的弧度就是 2π(對應於角度制的 360°)。

角度制與弧度制的換算

弧長是圓周上的一段曲線，也可看成是扇形的圓弧部份。下圖粗線的弧長可用夾角與半徑計算出來：

圖表 3-20

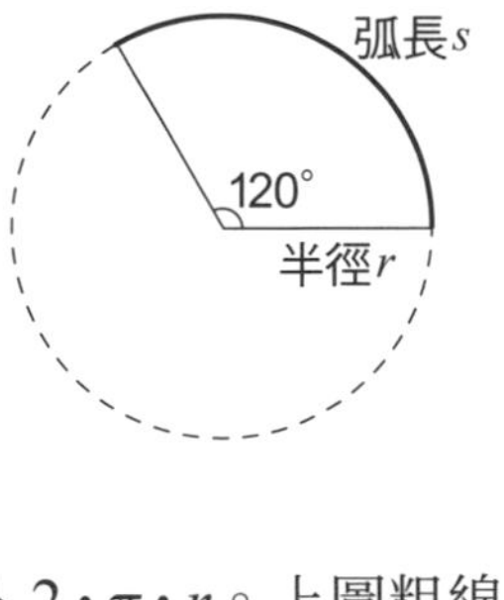

半徑為 r 的圓，其圓周長是 $2\cdot\pi\cdot r$。上圖粗線圓弧對應的角度是 120°，為 360° 的 $\dfrac{1}{3}$，弧長可如下計算出結果：

$$弧長\ s=2\cdot\pi\cdot r\cdot\frac{120}{360}=r\cdot\frac{2\pi}{3} \qquad \cdots(24.1)$$

也就是說，弧長 s 是半徑 r 的 $\frac{2\pi}{3}$ 倍，因此角度制的 120°，在弧度制即為 $\frac{s}{r}=\frac{2\pi}{3}$。我們進而將上式一般化，假設角度制的值是 α(*alpha*) 度，上式可改寫為：

$$\text{弧長 } s=2\cdot\pi\cdot r\cdot\frac{\alpha}{360}=r\cdot\frac{2\pi\alpha}{360}=r\cdot\frac{\pi\alpha}{180} \qquad \cdots(24.2)$$

$$\Leftrightarrow \frac{s}{r}=\frac{\pi\alpha}{180} \qquad \cdots(24.3)$$

在上式等號左邊即為弧度制定義的「弧長與半徑的比例」，而角度制的 α 乘以 π 再除以 180 即可算出弧度。弧度沒有單位(因為長度除以長度，單位會消去)，一般會直接用「*radian*」或「*rad*」稱之。以下整理出幾組角度制和弧度制對應的數值供參考：

圖表 3-21

角度制	弧度制	角度制	弧度制
30°	$\frac{1}{6}\pi$	120°	$\frac{2}{3}\pi$
45°	$\frac{1}{4}\pi$	135°	$\frac{3}{4}\pi$
60°	$\frac{1}{3}\pi$	150°	$\frac{5}{6}\pi$
90°	$\frac{1}{2}\pi$	180°	π

例如半徑為 1 的圓稱為單位圓，其圓周的弧長為 $2\pi\cdot 1=2\pi$，角度制的 90° 直角為圓周的 4 分之 1，也等於弧度制 2π 的 4 分之 1，即為 $\frac{1}{2}\pi$。

弧度制有利於數學計算

用弧度制的主要好處是便於計算。比如說我們要計算圓周上的一段弧長，只要知道弧長 s 與半徑 r 的比例 $\theta(radian)$，再乘以半徑即可算出來：

$$\frac{s}{r}=\theta \Leftrightarrow s=r\theta \qquad \cdots(24.4)$$

此處我們以 θ 代表弧度，以 α 代表角度

例如計算半徑 30cm、角度 120°（相當於弧度 $\frac{2\pi}{3}$）的弧長為多少時，直接將半徑與弧度兩者相乘即可：

$$30\cdot\frac{2}{3}\pi=20\pi\fallingdotseq 20\cdot 3.14=62.8(\text{cm})$$

計算扇形面積也沒問題，因為圓形面積公式是「半徑 × 半徑 × 圓周率」，若半徑為 r，扇形的角度是 α 度，則此扇形面積為圓面積乘以 $\frac{\alpha}{360}$：

$$扇形面積=\pi r^2\cdot\frac{\alpha}{360} \qquad \cdots(24.5)$$

因為 (24.3) 式等號左邊就是弧度制的 θ，因此可從 (24.3) 式得出 α：

$$\frac{\pi\alpha}{180}=\theta \quad \Leftrightarrow \quad \alpha=\frac{180\theta}{\pi}$$

再將 α 代入 (24.5) 式可得到下式：

$$扇形面積=\pi r^2\cdot\frac{180\theta}{360\pi}=\frac{r^2\theta}{2} \qquad \cdots(24.6)$$

比較扇形面積用角度制計算的（24.5）式與用弧度制計算的（24.6）式，即可明顯看出來用弧度制的公式要來得簡單。直接套入半徑 $r=30\text{cm}$、弧度 $\theta=\frac{2\pi}{3}$ ，即可算求出扇形面積：

$$30 \cdot 30 \cdot \frac{2}{3}\pi \cdot \frac{1}{2} = 300\pi \fallingdotseq 942(\text{cm}^2)$$

因為從（24.4）式可知 $s = r\theta$，因此（24.6）式也可改寫成下式，亦即扇形面積用「弧長 × 半徑 ÷ 2」亦可算出：

$$\text{扇形面積} = \frac{r^2\theta}{2} = \frac{r \cdot r\theta}{2} = \frac{rs}{2}$$

在科學領域使用到三角函數，基本上都會以弧度來表示夾角，如此可讓式子變得簡潔。我們學習三角函數時已經習慣 $\sin 30^\circ$ 的寫法，但實際在程式運算上，比較常用 $\sin\frac{\pi}{6}$ 的寫法。

用單位圓定義三角函數

為了讓三角函數的數學式更容易處理，我們可以將（0, 0）為原點、半徑為 1 的圓形定義為單位圓。利用這個單位圓，我們在單元 23 定義的三角函數就會變得比較簡單：

圖表 3-22

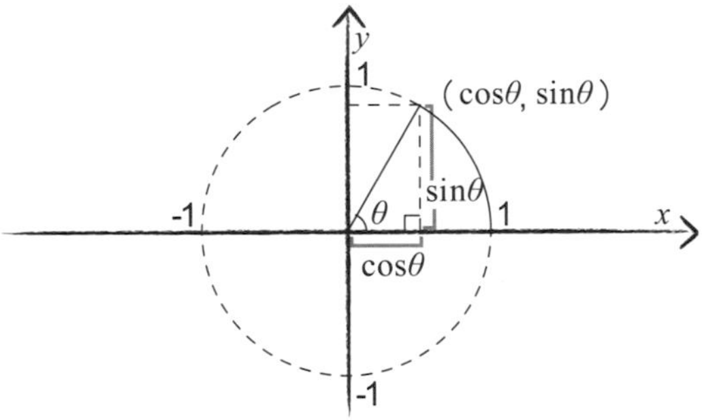

首先，我們考慮在單位圓內，將 x 軸逆時針旋轉 θ，會與單位圓有一個交點，此交點與原點的距離就是單位圓的半徑。將此點的 x 座標定義為 $\cos\theta$、以及 y 座標定義為 $\sin\theta$。由此交點向下畫一條與 x 軸垂直虛線，即形成一個直角三角形。

此直角三角形的斜邊即為單位圓的半徑，長度為 1。則底的長度為 $\cos\theta$，高的長度為 $\sin\theta$。此處的 θ 並不限於 $\frac{\pi}{2}$ 而是任何弧度或角度都適用。

如此一來，三角函數就可以利用單位圓和座標加以定義。此時，sin 和 cos 的值也會隨著 θ 的不同而有正有負。例如在下圖中，當 θ 為 $\frac{\pi}{4}$（亦即 45°）時，$\sin\theta$ 和 $\cos\theta$ 都會是 $\frac{\sqrt{2}}{2}$（請參考下圖）。要是繼續逆時針旋轉 π，亦即再轉 180° 到左下角的交點（此時 θ 為 $\frac{\pi}{4}+\pi$，等於 $\frac{5\pi}{4}$），則 $\sin\theta$ 和 $\cos\theta$ 都會變成 $-\frac{\sqrt{2}}{2}$（請參考下圖）。

圖表 3-23

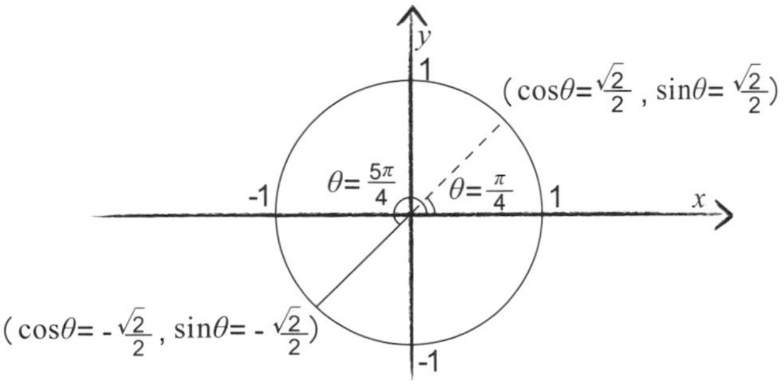

角度的 $\sin\theta$、$\cos\theta$ 值快速查表

我們將一些常用的角度列於下表，供有需要時快速查閱。

此表只列出 $0 \sim 2\pi$($0^\circ \sim 360^\circ$) 等的 $\sin\theta$、$\cos\theta$ 值，如果遇到像是 3π(即轉了 360° 再加 180° 等於 540°)、$-\pi$(即反向轉 180°) 等等，不管怎麼變化，只要記得單位圓的 x 座標值為 $\cos\theta$，y 座標值為 $\sin\theta$，從單位圓交點在座標中的位置，就能很容易看出變化，其實也就只是在單位圓上逆時針、順時針旋轉而已。下一篇講到向量時，就需要用到三角函數的觀念。

圖表 3-24

角度制	弧度制	$\sin\theta$	$\cos\theta$
0°	0	0	1
30°	$\frac{1}{6}\pi$	$\frac{1}{2}$	$\frac{\sqrt{3}}{2}$
45°	$\frac{1}{4}\pi$	$\frac{\sqrt{2}}{2}$	$\frac{\sqrt{2}}{2}$
60°	$\frac{1}{3}\pi$	$\frac{\sqrt{3}}{2}$	$\frac{1}{2}$
90°	$\frac{1}{2}\pi$	1	0
120°	$\frac{2}{3}\pi$	$\frac{\sqrt{3}}{2}$	$-\frac{1}{2}$
135°	$\frac{3}{4}\pi$	$\frac{\sqrt{2}}{2}$	$-\frac{\sqrt{2}}{2}$
150°	$\frac{5}{6}\pi$	$\frac{1}{2}$	$-\frac{\sqrt{3}}{2}$
180°	π	0	-1
210°	$\frac{7}{6}\pi$	$-\frac{1}{2}$	$-\frac{\sqrt{3}}{2}$

角度制	弧度制	$\sin\theta$	$\cos\theta$
225°	$\frac{5}{4}\pi$	$-\frac{\sqrt{2}}{2}$	$-\frac{\sqrt{2}}{2}$
240°	$\frac{4}{3}\pi$	$-\frac{\sqrt{3}}{2}$	$-\frac{1}{2}$
270°	$\frac{3}{2}\pi$	-1	0
300°	$\frac{5}{3}\pi$	$-\frac{\sqrt{3}}{2}$	$\frac{1}{2}$
315°	$\frac{7}{4}\pi$	$-\frac{\sqrt{2}}{2}$	$\frac{\sqrt{2}}{2}$
330°	$\frac{11}{6}\pi$	$-\frac{1}{2}$	$\frac{\sqrt{3}}{2}$
360°	2π	0	1

MEMO

第 4 篇

機器學習需要的 Σ、向量、矩陣

單元 25

整合大量數據的 Σ 運算規則

在公務單位或大型企業中需要處理的數據資料量通常相當大，例如對 1000 個人做 100 個項目的調查、分析 100 萬個客人的購買記錄，或比對 10 萬張高解析度的相片等等。假設某企業統計一年來全部會員的總消費次數，第一位會員來店消費次數為 x_1，第二位會員來店消費次數為 x_2，第三位會員來店消費次數為 x_3 … 第 n 位會員來店消費次數為 x_n，總消費次數就是每位會員的消費次數依序加總：

$$\text{總消費次數} = x_1 + x_2 + x_3 + \cdots\cdots + x_n$$

用 Σ 表示加總

上式的寫法會使得式子變得相當冗長，尤其是當 n 很大的時候。為了便於表示這樣的式子，我們可以用 Σ(讀作 *sigma*) 符號來代表加總、總和 (*summation*)。因此上式就可以改用 Σ 將每一位會員消費次數以簡潔的式子加總起來 (其中 x_i 表示第 i 位會員的消費次數，i 的數值介於 1～n 之間)：

$$\text{總消費次數} = x_1 + x_2 + x_3 + \cdots\cdots + x_n = \sum_{i=1}^{n} x_i$$

要計算全部 n 位會員的「平均」消費次數時，可以將冗長的式子用 Σ 如下簡化 (統計學上的慣例，在變數 x 上方加一條橫線 $\bar{x}$ 代表變數的平均值，唸做「x bar」)：

$$\text{平均值 } \bar{x} = \frac{x_1 + x_2 + x_3 + \cdots + x_n}{n} = \frac{1}{n}\sum_{i=1}^{n} x_i \qquad \cdots(25.1)$$

變異數與標準差

得到一群數據的平均值之後，通常都會繼續計算「變異數 *(variance)*」和「標準差 *(standard deviation)*」，這兩個數是瞭解 x_1、x_2、⋯、x_n 這群數據資料偏差程度的指標。

「變異數」是指所有數據和平均值之間的偏差距離。但因為數據很多，不方便一一列出偏差值，所以會取所有偏差值的平均來表示一組數據的變異數。但是直接取平均值又會有一個問題，例如以下兩組數據 (3, 3, 3) 和 (0, 3, 6) 平均值都是 3，數據和平均值的偏差分別是 (0, 0, 0) 和 (−3, 0, 3)，如果直接把偏差值做平均，兩者的結果都是 0，也就是變異數都是 0。

但顯然 (0, 3, 6) 這組數據的變異程度要比 (3, 3, 3) 這組來得大，而 (0, 3, 6) 變異數會是 0 的原因是在算平均值時，偏差值正負相抵消了！為了解決正負相抵的問題，我們將各數據與平均值之間的偏差距離先取平方，都變成正數之後再相加，最後再計算平均值，這個平均值就叫做變異數。

x 的變異數就是 n 個數據各別與平均數 $\bar{x}$ 的距離取平方，再全部相加後取平均數：

$$x\text{ 的}\textbf{變異數} = \frac{(x_1-\bar{x})^2+(x_2-\bar{x})^2+\cdots+(x_n-\bar{x})^2}{n}$$

$$= \frac{1}{n}\sum_{i=1}^{n}(x_i-\bar{x})^2 \qquad \cdots(25.2)$$

← x 數據群的變異數

因為變異數是將距離平方後計算出來的，因此必須將變異數取平方根才能得到平均距離，這個平均距離稱為「標準差」：

$$x\text{ 的}\textbf{標準差} = \sqrt{\frac{1}{n}\sum_{i=1}^{n}(x_i-\bar{x})^2}$$

← x 數據群的標準差

變異數和標準差用 Σ 符號來表示，式子就變得很簡潔，不會一長串了。

Σ 的 3 個運算規則

我們可將 Σ 的運算整理出以下 3 個規則。

規則 1：如果 $\sum_{i=1}^{n}$ 中只有常數 c 時，即表示有 n 個 c 相加，即為 $n \cdot c$：

$$\sum_{i=1}^{n} c = nc$$

← 總共有 n 個常數 c 相加，等同於 nc

規則 2：如果 $\sum_{i=1}^{n}$ 中乘上與 i 無關的常數 c 時，可將此常數提到 $\sum_{i=1}^{n}$ 的外面。同理，外面的常數也可以放進裏面：

$$\sum_{i=1}^{n} ca_i = c\sum_{i=1}^{n} a_i$$

← 常數 c 在 Σ 的內側或外側皆相等

規則 3：兩個數列相同位置的元素 a_i 與 b_i 相加減，再用 $\sum_{i=1}^{n}$ 加總起來，會等於兩個數列各別加總後再相加減：

$$\sum_{i=1}^{n}(a_i \pm b_i) = \sum_{i=1}^{n} a_i \pm \sum_{i=1}^{n} b_i$$

← 個別元素相加（減），等於個別加總再相加（減）

Σ 運算規則的練習

以下我們以計算平均值為例，來熟悉 Σ 的運算規則。

> 某食品廠商為了進行新產品試吃，邀請了 10 位受試者在會客室舉辦試吃活動，並要求受試者以滿分 100 分作為滿意度的評分依據。因為所有的受試者都給了 90 分以上的高評價，負責人員都鬆了一口氣，沒想到主管突然詢問「平均多少分？」

▶接下頁

> 由於當天的新產品試吃，只將評分記錄在紙上，有什麼方法可以立刻算出平均分數呢？

假設 10 位受試者回答的滿意度分別如圖表 4-1：

圖表 4-1

受試者	滿意度
第 1 個人	98
第 2 個人	99
第 3 個人	96
第 4 個人	91
第 5 個人	99
第 6 個人	91
第 7 個人	94
第 8 個人	93
第 9 個人	99
第 10 個人	90

在這樣的情況下，直接將 10 個分數全部加起來（98＋99＋96＋91＋99＋91＋94＋93＋99＋90）再除以 10，即可得到平均值。

然而這並不會是心算最快的方法，我們改一種算法，先決定一個分數做為基準分，再將各分數減去該基準分之後取平均值，最後再加回基準分即可：

圖表 4-2

滿意度	基準分	與基準分的差異數
98	90	8
99	90	9
96	90	6
91	90	1
99	90	9
91	90	1
94	90	4
93	90	3
99	90	9
90	90	0

如果以數學式來表示這種計算方法，可假設基準分數為常數 c，則以下式子會成立（推導過程寫在後面）：

$$\text{平均值} = \frac{1}{n}\sum_{i=1}^{n} x_i = c + \frac{1}{n}\sum_{i=1}^{n}(x_i - c) \qquad \cdots(25.3)$$

我們假設以 90 為基準分數 c，並分別將各分數 x_i 減去 90 代入（25.3）式等號右邊，依照這種方式，10 位受試者回答的滿意度平均值，可如下簡單求出：

$$\begin{aligned}\text{平均值} &= 90 + \frac{1}{10}(8+9+6+1+9+1+4+3+9+0)\\ &= 90 + \frac{50}{10}\\ &= 95 \qquad \longleftarrow \text{得到平均值 } 95\end{aligned}$$

因為所有的數據都是 90～99 分之間，所以只要取個位數計算便可馬上算出結果，顯然比把原本數字相加再平均的算法便利。

用基準分計算平均值的式子推導

現在要證明 (25.3) 式的等號成立。我們從等號右邊開始推導（要從等號左邊開始也可以，您可自行試試）：

$$c+\frac{1}{n}\sum_{i=1}^{n}(x_i-c)=c+\frac{1}{n}\left(\sum_{i=1}^{n}x_i-\sum_{i=1}^{n}c\right) \longleftarrow \text{等號右邊用規則 3 分開成兩個 } \Sigma$$

$$=c+\frac{1}{n}\sum_{i=1}^{n}x_i-\frac{1}{n}\sum_{i=1}^{n}c$$

$$=c+\frac{1}{n}\sum_{i=1}^{n}x_i-\frac{1}{n}\cdot nc \longleftarrow \text{用規則 1 將第 3 項解開}$$

$$=c+\frac{1}{n}\sum_{i=1}^{n}x_i-c \longleftarrow \text{消去 } c$$

$$=\frac{1}{n}\sum_{i=1}^{n}x_i$$

本單元我們學到了平均值、變異數、標準差這些統計上的東西，並且也學習 Σ 這個可將大量數據（n 筆數據）整合成簡潔數學式的符號，也了解其基本的運算規則。對於爾後學習 n 維向量運算，或甚至深度學習需要用到的多變數偏微分等都會有幫助。

單元 26

向量基本運算規則

在機器學習領域經常會用到向量（*vector*），我們在高中學到的向量，都是在二維、三維空間中表示「施力大小與行進方向」，是可以具體在座標上畫出來且容易想像的事物。

向量包含的元素個數以平面來說有 2 個元素（即橫座標與縱座標），三維座標的向量則包含 3 個元素。實際上向量可以擴展到 n 維座標，包含的元素個數有 n 個。我們通常會用一組小括號，將該向量的所有元素統整在一起，例如 $(3, -1, 0, 4, 6)$ 或是不加逗號而是用空格來分隔元素，例如 $(3 \quad -1 \quad 0 \quad 4 \quad 6)$ 這樣。

相對於向量，單純的數字稱為「純量（*scalar*）」，純量只有數值、沒有方向。

向量的加法

某人到紐約曼哈頓出差，預定早上先去當地分公司報到，接著再和客戶見面會談。曼哈頓街道規劃如同棋盤，分公司位於「住宿飯店往東 5 街區 (*block*)、往北 2 街區」的位置，而客戶的辦公室則在「分公司往東 1 街區、往北 4 街區」之處。

由於當天起床太晚，慌張之餘不慎將地圖忘在房間裏，急急忙忙出門後卻找不到分公司，這才發現搞錯了位置，來到「住宿飯店往東 1 街區、往北 4 街區」之處。

如此一來，若要從該處走到分公司應該怎麼走呢？或是跳過分公司，直接到客戶辦公室又應該如何前往呢？

我們以飯店所在地為座標原點，以東西向為 x 軸（往東為正向，往西為負向），南北向為 y 軸（往北為正向，往南為負向），並在座標上標示出分公司與客戶辦公室位置：

圖表 4-3

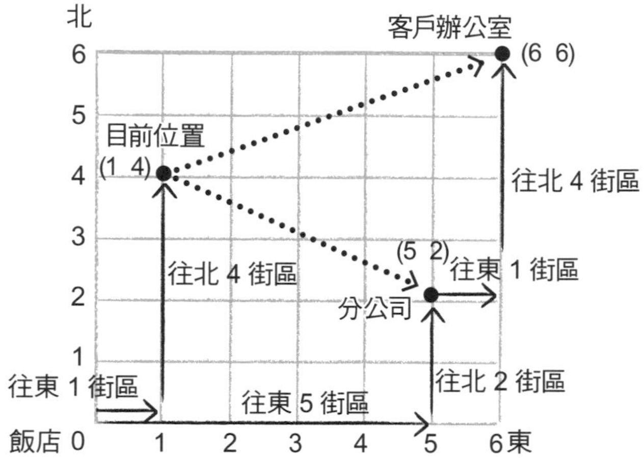

目前位置是從飯店（原點）往東 1 個街區、往北 4 個街區，可用向量表示為 (1 4)。要從目前位置走到客戶辦公室，可以有很多種走法，此處講兩種走法來示範向量相加：

第一種走法是從目前位置直接走到客戶辦公室，只要往東 5 個街區、往北 2 個街區，移動的向量為 (5 2)。因此就是目前位置的向量，加上由目前位置到客戶辦公室的向量：

$$(1\ 4)+(5\ 2)=(6\ 6)$$

客戶辦公室

從目前位置到客戶辦公室

目前位置

第二種走法是從目前位置先到分公司（往東 4 個街區、往南 2 個街區），再到客戶辦公室（往東 1 街區、往北 4 街區）。就等於是 3 個向量相加：

$$(1\ \ 4)+(4\ \ -2)+(1\ \ 4)=(6\ \ 6)$$

不論是用第一種或第二種走法，得到的結果都是（6 6），表示向量相加就像接龍一樣（向量的接龍法則），只要開始與結束位置不變，中間不管怎麼走，都會相同。

我們從下圖可看出，i、j、k 三個向量接龍等於 l 向量：

圖表 4-4

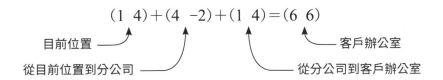

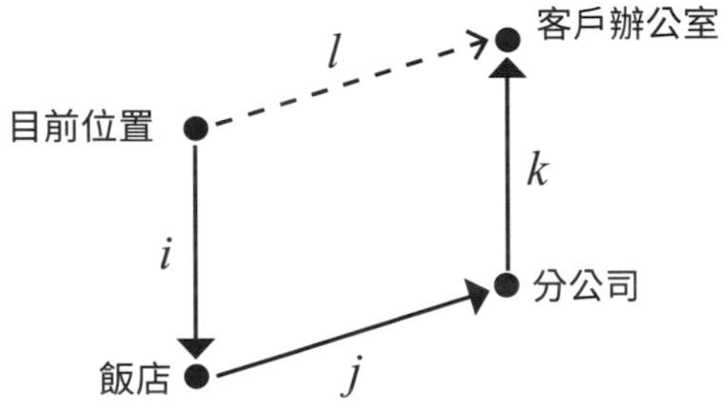

向量加法與純量相乘的運算規則

我們思考以下 3 個 n 維向量 $\boldsymbol{a}$、$\boldsymbol{b}$、$\boldsymbol{c}$：

$$\boldsymbol{a}=(a_1\ a_2\ \cdots\ a_n)$$
$$\boldsymbol{b}=(b_1\ b_2\ \cdots\ b_n)$$
$$\boldsymbol{c}=(c_1\ c_2\ \cdots\ c_n)$$

在數學中有時候會在向量上方加上箭頭，例如 $\overrightarrow{x}$，來代表向量，在機器學習中則大多是用粗體小寫字母來表示這是一個向量，本書也採用粗體字的寫法。

以下就用這 3 個 n 維向量來說明向量的 7 種運算規則：

規則 1：相同維度的向量作加法時，是將「同位置的元素相加」而成為新向量。但是不同維度的向量，或是向量與純量，皆無法做加法運算。

$$\boldsymbol{a}+\boldsymbol{b}=(a_1+b_1 \quad a_2+b_2 \quad \cdots \quad a_n+b_n)$$

規則 2：同維度向量的加法，交換律和結合律成立。

$$\boldsymbol{a}+\boldsymbol{b}=\boldsymbol{b}+\boldsymbol{a}$$
$$(\boldsymbol{a}+\boldsymbol{b})+\boldsymbol{c}=\boldsymbol{a}+(\boldsymbol{b}+\boldsymbol{c})$$

規則 3：一個向量中的每個元素皆為 0，稱為「零向量」。任何向量與零向量相加，皆不會有任何改變。零向量會用粗體的 **0** 來表示。

$$\mathbf{0}=(0 \;\; 0 \;\; \cdots \;\; 0)$$
$$\boldsymbol{a}+\mathbf{0}=\boldsymbol{a}$$

規則 4：如果和某向量相加之後會變成「零向量」，該向量便稱為「反向量」，會用負號表示。減法可當成是「反向量的加法」。

$$\boldsymbol{a}+(-\boldsymbol{a})=\mathbf{0}$$

規則 5：向量可乘以純量，這時每個元素都同時乘上該純量。除以純量，可當成是乘以純量倒數（p 為純量）。

$$p\boldsymbol{a}=(p\cdot a_1 \;\; p\cdot a_2 \;\; \cdots \;\; p\cdot a_n)$$

規則 6：向量相加再乘以純量的分配律成立。此外，當乘法中有多個純量時，其純量部份的結合律也成立（p、q 皆為純量）。

$$(p+q)\boldsymbol{a}=p\boldsymbol{a}+q\boldsymbol{a}$$
$$p(\boldsymbol{a}+\boldsymbol{b})=p\boldsymbol{a}+p\boldsymbol{b}$$
$$(pq)\boldsymbol{a}=p(q\boldsymbol{a})$$

規則 7：向量乘以純量 1 結果為原本的向量，而向量乘以純量 −1 則為該向量的反向量，向量乘以純量 0 變成零向量。

$$1\boldsymbol{a}=\boldsymbol{a}$$
$$(-1)\boldsymbol{a}=-\boldsymbol{a}$$
$$0\boldsymbol{a}=\boldsymbol{0}$$

上述的 7 項運算規則適用於向量之間的加法（減法視同加上反向量），以及向量與純量的乘法（除以純量視同乘以純量的倒數）。然而向量與向量之間還可以相乘，稱為「內積」或稱為「點積」，常用於機器學習中。下個單元就會開始學習向量的內積運算。

單元 27

向量的內積

向量內積（亦稱為點積）在代數上的意義，是指相同維度的兩個向量（元素個數相同）將相對應的元素兩兩相乘後加總而得出一個純量。在機器學習中，是將訓練資料的特徵值（特徵值向量）輸入，用特徵值向量與各特徵值的權重（權重向量）做內積，即可用線性迴歸調整出最符合結果的權重。（**編註：** 此處講的特徵值（*feature value*）與特徵向量（*feature vector*），與線性代數中講的特徵值（*Eigenvalue*）與特徵向量（*Eigenvector*）是完全不同的東西，只是中文都用了相同的詞，請勿弄混。）

向量的長度與內積公式

我們先從最基本的幾何學來了解向量內積的意義。接續前一個單元紐約曼哈頓街區圖的例子，已知「從飯店到分公司」的向量是（5　2），以及「從分公司到客戶辦公室」的向量是（1　4）：

圖表 4-5

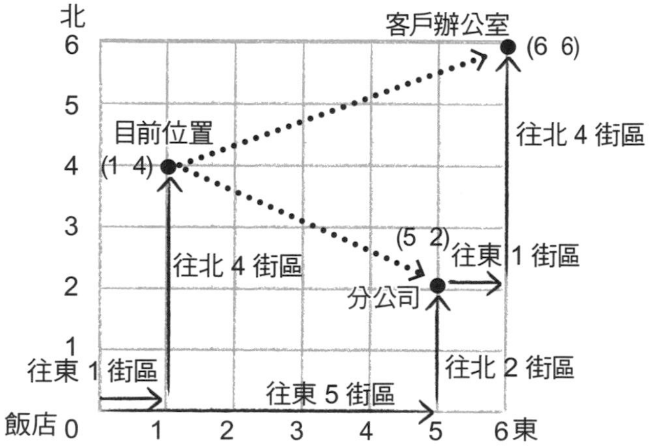

在此假設所有的街道轉角都是直角，用畢氏定理可算出這兩個向量的長度(即向量的大小)：

從飯店到分公司的距離＝$(5\ \ 2)$的長度$=\sqrt{5^2+2^2}=\sqrt{29}$

從分公司到客戶辦公室的距離＝$(1\ \ 4)$的長度$=\sqrt{1^2+4^2}=\sqrt{17}$

向量長度的計算方式也一樣適用於三維到 n 維，因此上個單元的 n 維向量 $\boldsymbol{a}=(a_1\ \ a_2 \cdots a_n)$ 的長度也可以表示為：

$$\text{向量 } \boldsymbol{a} \text{ 的長度} = \|\boldsymbol{a}\| = \sqrt{a_1^2+a_2^2+\cdots+a_n^2}$$

$\|\boldsymbol{a}\|$ 符號表示向量 $\boldsymbol{a}$ 的長度，也可以用單直線表示為 $|\boldsymbol{a}|$

藉由「向量的長度」及「兩向量形成的夾角 θ」，我們可以定義出向量的內積公式如下：

$$\boldsymbol{a} \cdot \boldsymbol{b} = \|\boldsymbol{a}\|\ \|\boldsymbol{b}\| \cos\theta \qquad \cdots(27.1)$$

當兩向量做內積時，必須在兩者間加上「•」，不可以省略，這也是內積稱為「點積」的原因。

小編補充： 用向量內積公式算出來的向量長度，就是向量起點到終點的「直線距離」，或稱做幾何距離。而在曼哈頓沿著街道真正行走的距離叫做「曼哈頓距離」。例如：上例飯店到分公司的幾何距離為 $\sqrt{29}$，其曼哈頓距離為 $5+2=7$。在機器學習中，有時候你會聽到這個詞。

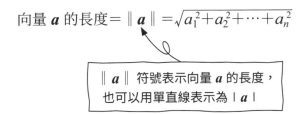

向量內積在幾何學上的意義

為何向量內積會出現三角函數呢？我們用下圖思考（27.1）式右邊的 $\|\boldsymbol{b}\|\cos\theta$ 在幾何上代表什麼意義：

圖表 4-6

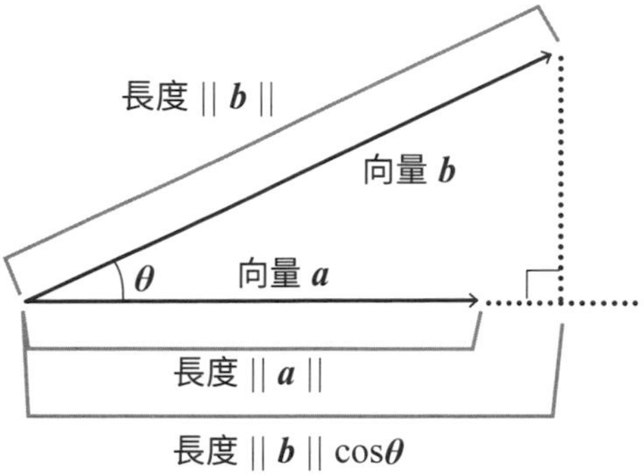

由上圖可看成是以向量 $\boldsymbol{b}$ 為斜邊、向量 $\boldsymbol{a}$ 為底邊延伸構成的直角三角形，依 $\cos\theta$ 的定義，向量 $\boldsymbol{b}$ 投影在底邊 $\boldsymbol{a}$ 的長度為 $\|\boldsymbol{b}\|\cos\theta$。因此 $\boldsymbol{a}$ 和 $\boldsymbol{b}$ 的內積可理解為 $\boldsymbol{b}$ 在 $\boldsymbol{a}$ 方向的投影長度 $\|\boldsymbol{b}\|\cos\theta$ 乘以向量 $\boldsymbol{a}$ 的長度，即 $\boldsymbol{a}\cdot\boldsymbol{b}=\|\boldsymbol{a}\|\|\boldsymbol{b}\|\cos\theta$。

向量內積的交換律

接續上圖，如果反過來，以「向量 $\boldsymbol{a}$ 為斜邊、向量 $\boldsymbol{b}$ 為底邊延伸構成的直角三角形」的結果也會一樣。因為將底邊的 $\boldsymbol{a}$ 投影到 $\boldsymbol{b}$ 的長度是 $\|\boldsymbol{a}\|\cos\theta$，然後再乘以 $\|\boldsymbol{b}\|$，結果一樣是（27.1）式。這表示向量的內積符合交換律：

$$\boldsymbol{a}\cdot\boldsymbol{b}=\boldsymbol{b}\cdot\boldsymbol{a} \qquad \cdots(27.2)$$

除此之外，也可得知若向量乘以純量，其內積的計算順序同樣可以前後交換。假設向量 $\boldsymbol{a}$ 的長度變成 p 倍即 $p\boldsymbol{a}$，其與 $\boldsymbol{b}$ 的內積將為 $(p\boldsymbol{a})\cdot\boldsymbol{b}=p\,||\,\boldsymbol{a}\,||\,||\,\boldsymbol{b}\,||\cos\theta$。這表示就算 $\boldsymbol{a}\cdot\boldsymbol{b}$ 內積乘以 p 倍變成 $p(\boldsymbol{a}\cdot\boldsymbol{b})$，或是 $\boldsymbol{b}$ 變成 p 倍之後再和 $\boldsymbol{a}$ 做內積 $\boldsymbol{a}\cdot(p\boldsymbol{b})$，都是相同的結果。亦即：

$$(p\boldsymbol{a})\cdot\boldsymbol{b}=p(\boldsymbol{a}\cdot\boldsymbol{b})=\boldsymbol{a}\cdot(p\boldsymbol{b}) \qquad \cdots(27.3)$$

向量內積的分配律

向量內積不僅交換律成立，分配律也同樣成立。我們用下圖來說明：

圖表 4-7

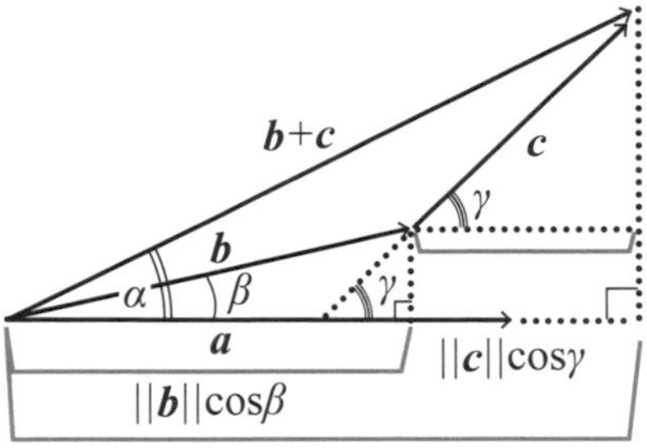

此處考慮向量 $\boldsymbol{b}$ 與向量 $\boldsymbol{c}$ 相加而成的向量 $\boldsymbol{b}+\boldsymbol{c}$，並計算 $\boldsymbol{b}+\boldsymbol{c}$ 與向量 $\boldsymbol{a}$ 的內積。假設向量 $\boldsymbol{a}$ 和向量 $\boldsymbol{b}+\boldsymbol{c}$ 形成的夾角為 α(*alpha*)、向量 $\boldsymbol{a}$ 和向量 $\boldsymbol{b}$ 形成的夾角為 β(*beta*)，且向量 $\boldsymbol{a}$ 和向量 $\boldsymbol{c}$ 形成的夾角為 γ(*gamma*)。

> α、β、γ 是希臘字母，如同英文字母的 a、b、c，通常會用來表示夾角，以與向量 $\boldsymbol{a}$、$\boldsymbol{b}$、$\boldsymbol{c}$ 區隔。

和剛才的情況一樣，若以向量 $\boldsymbol{b}$ 為斜邊，投影到向量 $\boldsymbol{a}$ 的長度為 $||\,\boldsymbol{b}\,||\cos\beta$。以向量 $\boldsymbol{c}$ 為斜邊，投影到向量 $\boldsymbol{a}$ 的長度為 $||\,\boldsymbol{c}\,||\cos\gamma$。兩個長度相加，會等於以向量 $\boldsymbol{b}+\boldsymbol{c}$ 為斜邊，投影到向量 $\boldsymbol{a}$ 的長度為 $||\,\boldsymbol{b}+\boldsymbol{c}\,||\cos\alpha$。

因此可知，不論是向量 $\boldsymbol{a}\cdot\boldsymbol{b}$、$\boldsymbol{a}\cdot\boldsymbol{c}$ 先作內積後相加，或是向量 $\boldsymbol{b}$、$\boldsymbol{c}$ 先相加後再與向量 $\boldsymbol{a}$ 作內積，其結果都相等。表示向量的分配律成立：

$$\boldsymbol{a}\cdot(\boldsymbol{b}+\boldsymbol{c})=\boldsymbol{a}\cdot\boldsymbol{b}+\boldsymbol{a}\cdot\boldsymbol{c} \qquad \cdots(27.4)$$

向量內積的結合律不成立

雖然向量內積的交換律與分配律皆成立，但結合律並不成立：

$$\boldsymbol{a}\cdot(\boldsymbol{b}\cdot\boldsymbol{c})\neq(\boldsymbol{a}\cdot\boldsymbol{b})\cdot\boldsymbol{c} \qquad \cdots(27.5)$$

此理由相當明顯，由於 $(\boldsymbol{b}\cdot\boldsymbol{c})$ 與 $(\boldsymbol{a}\cdot\boldsymbol{b})$ 內積的結果都會是純量，而純量乘以向量並不會改變方向，只會改變長度，所以 (27.5) 式的左邊是向量 $\boldsymbol{a}$ 乘上純量，右邊是向量 $\boldsymbol{c}$ 乘上純量，**兩者的方向不一樣**，所以兩邊不會相等，亦即結合律不成立。

向量內積等同於對應元素相乘再相加

在以上向量內積的 3 個性質中，分配律對於機器學習特別有用。因為此性質得以讓兩個向量中相對應的元素相乘之後再相加，其結果會與前面用幾何學角度計算出來的內積相等。換句話說，如果我們考慮 2 個 n 維向量 $\boldsymbol{a}=(a_1\ a_2\cdots a_n)$、$\boldsymbol{b}=(b_1\ b_2\cdots b_n)$ 時，以下的關係成立：

$$\boldsymbol{a}\cdot\boldsymbol{b}=\|\boldsymbol{a}\|\ \|\boldsymbol{b}\|\cos\theta=\sum_{i=1}^{n}a_i b_i \qquad \cdots(27.6)$$

為了確認 (27.6) 式成立，我們可以利用簡單的例子來測試。假設向量 $\boldsymbol{a}$、$\boldsymbol{b}$ 都在直角座標系，我們考慮以下兩個互相垂直且長度為 1 的單位向量：

$$\boldsymbol{x}=(1\ \ 0),\ \boldsymbol{y}=(0\ \ 1)$$

單位向量的長度為 1：

$$\| \boldsymbol{x} \| = \sqrt{1^2+0^2} = 1,\ \| \boldsymbol{y} \| = \sqrt{0^2+1^2} = 1$$

因為 $\boldsymbol{x}$ 與 $\boldsymbol{x}$ 的夾角為 0，所以：

$$\boldsymbol{x} \cdot \boldsymbol{x} = || \boldsymbol{x} ||\, || \boldsymbol{x} || \cos 0 = 1 \cdot 1 \cdot 1 = 1 \qquad (\text{同理 } \boldsymbol{y} \cdot \boldsymbol{y} = 1)$$

而 $\boldsymbol{x}$ 與 $\boldsymbol{y}$ 的夾角為 $\frac{\pi}{2}$(90°)，所以：

$$\boldsymbol{x} \cdot \boldsymbol{y} = || \boldsymbol{x} ||\, || \boldsymbol{y} || \cos \frac{\pi}{2} = 1 \cdot 1 \cdot 0 = 0 \quad (\text{同理 } \boldsymbol{y} \cdot \boldsymbol{x} = 0)$$

接著我們可將向量 $\boldsymbol{a}$、$\boldsymbol{b}$ 表示成：

$$\boldsymbol{a} = (a_1\ a_2) = a_1\boldsymbol{x} + a_2\boldsymbol{y} \qquad \cdots(27.7)$$

$$\boldsymbol{b} = (b_1\ b_2) = b_1\boldsymbol{x} + b_2\boldsymbol{y} \qquad \cdots(27.8)$$

接著做 $\boldsymbol{a} \cdot \boldsymbol{b}$ 向量內積，並根據分配律如下計算：

$$\begin{aligned}
\boldsymbol{a} \cdot \boldsymbol{b} &= (a_1\boldsymbol{x} + a_2\boldsymbol{y}) \cdot (b_1\boldsymbol{x} + b_2\boldsymbol{y}) \\
&= a_1b_1\boldsymbol{x} \cdot \boldsymbol{x} + a_1b_2\boldsymbol{x} \cdot \boldsymbol{y} + a_2b_1\boldsymbol{y} \cdot \boldsymbol{x} + a_2b_2\boldsymbol{y} \cdot \boldsymbol{y} \\
&= a_1b_1 \| \boldsymbol{x} \|^2 + a_1b_10 + a_1b_20 + a_2b_2 \| \boldsymbol{y} \|^2 \\
&= a_1b_1(1)^2 + 0 + 0 + a_2b_2(1)^2 \\
&= a_1b_1 + a_2b_2
\end{aligned}$$

表示 (27.6) 式在二維向量內積計算上成立。同理，n 維向量也可以用相同的方法證明 (27.6) 式成立：

假設兩個 n 維向量 $\boldsymbol{a}=(a_1 \quad a_2 \cdots a_n)$、$\boldsymbol{b}=(b_1 \quad b_2 \cdots b_n)$，以及 n 個 n 維的單位向量且兩兩垂直：$\boldsymbol{x}_1=(1 \quad 0 \quad 0 \cdots 0)$、$\boldsymbol{x}_2=(0 \quad 1 \quad 0 \cdots 0)$、⋯、$\boldsymbol{x}_n=(0 \quad 0 \quad 0 \cdots 1)$。因此 a、b 可寫成：

$$\boldsymbol{a}=a_1\boldsymbol{x}_1+a_2\boldsymbol{x}_2+\cdots+a_n\boldsymbol{x}_n$$
$$\boldsymbol{b}=b_1\boldsymbol{x}_1+b_2\boldsymbol{x}_2+\cdots+b_n\boldsymbol{x}_n$$

接著計算：

$$\boldsymbol{a}\cdot\boldsymbol{b}=(a_1\boldsymbol{x}_1+a_2\boldsymbol{x}_2+\cdots+a_n\boldsymbol{x}_n)(b_1\boldsymbol{x}_1+b_2\boldsymbol{x}_2+\cdots+b_n\boldsymbol{x}_n)$$

一一乘開後，所有 $\boldsymbol{x}_i\cdot\boldsymbol{x}_j(i\neq j)$ 都會等於 0，而 $\boldsymbol{x}_i\cdot\boldsymbol{x}_i$ 都會等於 1，即可得出：

$$\boldsymbol{a}\cdot\boldsymbol{b}=a_1b_1+a_2b_2+\cdots+a_nb_n$$

向量的外積

向量有內積也有外積（**小編補充：** 此處講的外積是指 *exterior product*)。向量外積不是用「・」符號，而是以「×」來表示，例如 2 個二維向量 $\boldsymbol{a}$ 和 $\boldsymbol{b}$，其外積 $\boldsymbol{a}\times\boldsymbol{b}$ 的面積是 $\|a\|\|b\|\sin\theta$，方向則是與向量 $\boldsymbol{a}$、$\boldsymbol{b}$ 皆垂直的第三維法向量。向量內積與外積最明顯的區別在於，向量內積會得出一個純量，而外積會得出一個向量。

小編補充： 向量外積有兩種，分別是座標幾何中的 *exterior product* 與線性代數中的 *outer product*（亦稱張量積），兩者容易弄混。兩個向量作 *exterior product* 的結果會是垂直於兩向量的法向量。而 *outer product* 是指一個 $m\times 1$ 的行向量與一個 $1\times n$ 的列向量相乘，用符號 ⊗ 表示，結果會是一個 $m\times n$ 的矩陣。

單元 28

向量內積在計算相關係數的應用

「相關係數（*correlation coefficient*）」可用來判斷兩個變量之間的相關性。相關係數的值介於 −1～1 之間，且相關係數：

(1) 越接近 1，表示「正相關」程度越高，亦即當 x 增大時，y 會跟著增大。等於 1 表示「完全正相關」，所有的 (x, y) 都剛好落在正斜率的直線上，沒有任何偏差。

(2) 越接近−1，表示「負相關」程度越高，亦即當 x 增大時，y 會跟著減小。等於−1 表示「完全負相關」，所有的 (x, y) 都剛好落在負斜率的直線上，沒有任何偏差。

(3) 越接近 0，表示越無相關性，亦即不論 x 增大與否，y 都不受影響。等於 0 表示「完全不相關」。

皮爾遜相關係數

一般最常用來計算線性相關係數的是皮爾遜相關係數（*Pearson correlation coefficient*）：

$$\text{相關係數} = \frac{\sum_{i=1}^{n}(x_i-\overline{x})(y_i-\overline{y})}{\sqrt{\sum_{i=1}^{n}(x_i-\overline{x})^2}\sqrt{\sum_{i=1}^{n}(y_i-\overline{y})^2}} \quad \cdots(28.1)$$

為了瞭解相關係數到底是什麼意思，我們從下面的例子來學習：

在單元 25 提過的食品廠商，在結束新產品試吃活動後，其中 1 位員工提出疑問：「雖然這次試吃調查的滿意度很高，然而真的會反映在之後的銷售上嗎？」。

為了驗證試吃活動的結果與後續銷售是否有相關性，於是負責人聯絡了 1 年前曾協助試吃另一項商品的 10 名受測者，瞭解他們在活動之後 1 年內買過幾次該商品，並整理出以下數據。那麼，當初回覆滿意分數越高者，其後購買次數是否也越高呢？

圖表 4-8

受測者(i)	滿意度(x)	購買次數(y)
第 1 個人	85	8
第 2 個人	73	6
第 3 個人	52	2
第 4 個人	88	2
第 5 個人	98	9
第 6 個人	81	7
第 7 個人	92	9
第 8 個人	87	8
第 9 個人	96	5
第 10 個人	88	4

我們以這 10 組數據為依據，利用皮爾遜係數公式計算相關係數，以判斷到底相關性如何。我們先算出滿意度 (x) 和購買次數 (y) 各別平均值分別是 84 和 6。接著，將每一組數據減去平均值，亦即求出 $x_i-\bar{x}$ 和 $y_i-\bar{y}$ 之值，得到下表：

圖表 4-9

受測者	滿意度−平均值 $x_i-\bar{x}$	購買次數−平均值 $y_i-\bar{y}$
第 1 個人	1	2
第 2 個人	-11	0
第 3 個人	-32	-4
第 4 個人	4	-4
第 5 個人	14	3
第 6 個人	-3	1
第 7 個人	8	3
第 8 個人	3	2
第 9 個人	12	-1
第 10 個人	4	-2

接著將數據一一代入 (28.1) 式，並將計算過程列表如下：

圖表 4-10

受測者	$x_i-\bar{x}$	$y_i-\bar{y}$	$(x_i-\bar{x})(y_i-\bar{y})$	$(x_i-\bar{x})^2$	$(y_i-\bar{y})^2$
第 1 個人	1	2	2	1	4
第 2 個人	-11	0	0	121	0
第 3 個人	-32	-4	128	1024	16
第 4 個人	4	-4	-16	16	16
第 5 個人	14	3	42	196	9
第 6 個人	-3	1	-3	9	1
第 7 個人	8	3	24	64	9
第 8 個人	3	2	6	9	4
第 9 個人	12	-1	-12	144	1
第 10 個人	4	-2	-8	16	4
合計			163	1600	64

於是我們可以得出相關係數：

$$\text{相關係數} = \frac{\sum_{i=1}^{n}(x_i-\bar{x})(y_i-\bar{y})}{\sqrt{\sum_{i=1}^{n}(x_i-\bar{x})^2}\sqrt{\sum_{i=1}^{n}(y_i-\bar{y})^2}}$$

$$= \frac{163}{\sqrt{1600}\sqrt{64}} = \frac{163}{40 \cdot 8} = \frac{163}{320} \fallingdotseq 0.51$$

我們得到的相關係數大約是 0.51，位於完全正相關的 1 與完全不相關的 0 中間，因此我們只能說：「上次試吃活動的滿意分數，與往後購買次數之間，雖然具有正相關性，但相關程度並沒有那麼大，只是普通而已。一般而言，相關係數要大於 0.7 才被認為正相關性高)。」

經過上面的例子後，應該能掌握相關係數的概念了，我們可以將 10 組數據標示在座標上(這樣的圖稱為散佈圖)，並畫出 x 和 y 個別平均值的輔助線來觀察：

圖表 4-11

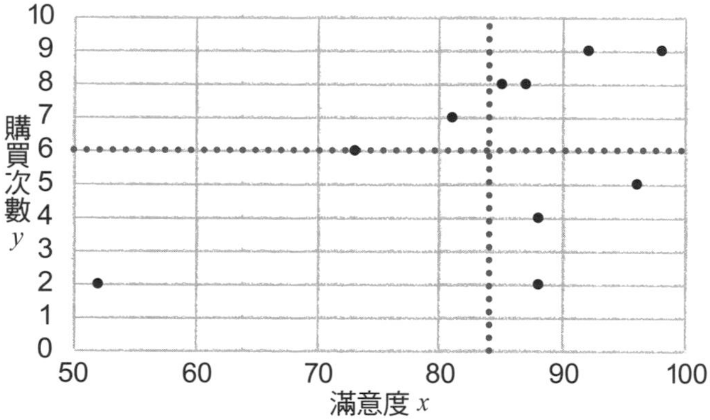

如果是高度正相關，表示「滿意度越高、購買次數也越高」，則數據要集中在兩條虛線右上方的區域；或者「滿意度越低、購買次數也越低」，數據也要集中在兩條虛線左下方區域。由上圖可看出，雖然有 4 人的滿意度高且購買次數也高於平均，但也有 3 人的滿意度高但購買次數低於平均。因此，單憑滿意度高，並不足以論斷購買次數的高低。

小編補充： 我們觀察散佈圖，如果將 10 組數據中右下方離 y 平均值最遠的 (88, 2) 移除，算出的相關係數約為 0.668，就比較具有相關性。由此可知，套用皮爾遜相關係數公式時，在我們蒐集來的數據中若出現少數偏離 x、y 平均值很遠的數據時，對 (28.1) 式分子的影響會很大，因此算出來的相關係數也會有很大的差異。

用向量內積計算相關係數

相關係數除了用皮爾遜係數公式計算，也可以由向量內積求得，也就是將各別 x、y 與平均值的偏差視為向量時，向量夾角的 cos 值就是相關係數的值。等同於這些向量的內積，除以各別向量的大小所得到的數值。

我們用 2 個 n 維向量來表示 x、y 與平均值偏差的向量：

$$\boldsymbol{p}=(x_1-\bar{x}\quad x_2-\bar{x}\quad \cdots\quad x_n-\bar{x})$$
$$\boldsymbol{q}=(y_1-\bar{y}\quad y_2-\bar{y}\quad \cdots\quad y_n-\bar{y})$$

接著，我們假設向量 $\boldsymbol{p}$ 和 $\boldsymbol{q}$ 的夾角為 θ，則相關係數可如下表示：

$$\text{相關係數}=\cos\theta=\frac{\|\boldsymbol{p}\|\ \|\boldsymbol{q}\|\cos\theta}{\|\boldsymbol{p}\|\ \|\boldsymbol{q}\|}=\frac{\boldsymbol{p}\cdot\boldsymbol{q}}{\|\boldsymbol{p}\|\ \|\boldsymbol{q}\|} \quad \cdots(28.2)$$

小編補充： 以向量空間來解釋，當 $\boldsymbol{p}$、$\boldsymbol{q}$ 兩向量的夾角 θ 為 $\frac{\pi}{2}$ 表示兩向量互相垂直，$\cos\frac{\pi}{2}$ 為 0，即相關係數為 0，表示完全不相關。當 θ 為 0 時，表示兩向量為同方向，$\cos(0)$ 為 1，即相關係數為 1，表示完全正相關。若 θ 為 π 表示兩向量為反方向，$\cos(\pi)$ 為 -1，即相關係數為 -1，表示完全負相關。用兩個向量夾角 θ 的餘弦值 $\cos\theta$ 算出相關係數，即可知道兩個向量的相似程度，稱為「餘弦相似性」。這樣應該就很容易瞭解向量夾角與向量相關性的關係了。

從向量內積推導皮爾遜相關係數公式

我們接下來要證明 (28.2) 式的計算結果會與 (28.1) 相同，因此將 (28.2) 式最右邊的式子用向量內積乘開：

$$\begin{aligned}\boldsymbol{p}\cdot\boldsymbol{q} &= (x_1-\bar{x})(y_1-\bar{y})+(x_2-\bar{x})(y_2-\bar{y})+\cdots+(x_n-\bar{x})(y_n-\bar{y})\\ &=\sum_{i=1}^{n}(x_i-\bar{x})(y_i-\bar{y})\end{aligned}$$

然後用 Σ 整理之後，就跟 (28.1) 式的分子一樣。

而 (28.2) 式的分母就是計算 $\boldsymbol{p}$、$\boldsymbol{q}$ 向量的大小，向量的大小是各元素平方後加總，再開根號，因此可得：

$$\begin{aligned}\|\boldsymbol{p}\| &=\sqrt{(x_1-\bar{x})^2+(x_2-\bar{x})^2+\cdots+(x_n-\bar{x})^2}\\ &=\sqrt{\sum_{i=1}^{n}(x_i-\bar{x})^2}\end{aligned}$$

$$\begin{aligned}\|\boldsymbol{q}\| &=\sqrt{(y_1-\bar{y})^2+(y_2-\bar{y})^2+\cdots+(y_n-\bar{y})^2}\\ &=\sqrt{\sum_{i=1}^{n}(y_i-\bar{y})^2}\end{aligned}$$

如此一來，(28.2) 式的最右邊可改寫如下，推導出的結果與皮爾遜相關係數公式完全一致：

$$\frac{\boldsymbol{p}\cdot\boldsymbol{q}}{\|\boldsymbol{p}\|\ \|\boldsymbol{q}\|}=\frac{\sum_{i=1}^{n}(x_i-\bar{x})(y_i-\bar{y})}{\sqrt{\sum_{i=1}^{n}(x_i-\bar{x})^2}\cdot\sqrt{\sum_{i=1}^{n}(y_i-\bar{y})^2}}$$

相關係數多少才算相關性大？

在統計學的慣例上認為相關係數在 0.7 以上就表示相關性大。如果以向量的角度來考量，0.7 大約為 cos45°(弧度制為 $\frac{\pi}{4}$)，故以向量夾角在 45° 以內，可某種程度上判斷為相關性大。

前面介紹的兩種方法都可以計算出相關係數，(28.2) 式顯然要比 (28.1) 式簡潔許多，因此在計算相關係數時，利用向量內積的方法會更為簡單。因此，藉由向量內積的優點，就可將一些複雜的問題予以簡化來處理。

小編補充：

用「詞向量」判斷字詞的相關性

在自然語言處理中，有一種「詞向量 (*Word Vector* 或 *Word Embedding*)」的技術，能將文章中的字詞轉換為向量形式，再計算兩個字詞向量的相關係數，如果相關係數越接近於 1，就表示這兩個字詞的相似程度越高，這就會用到本單元講的相關係數公式。詳細的詞向量介紹與範例，可參考旗標科技公司出版的《*tf.keras* 技術者們必讀！深度學習攻略手冊》。

單元 29

向量、矩陣與多元線性迴歸

我們在單元 15 業務員的例子中，利用 3 年的數據（拜訪次數與簽約件數）且納入誤差值之後，找出使誤差值最小的簡單線性迴歸。那麼假設已經累積了 n 年的數據，要如何找出誤差最小的線性迴歸呢？

本單元將上面的例子改用向量的方式呈現 n 年的數據，並進一步從簡單線性迴歸進入包括多個自變數的多元線性迴歸。最後再利用矩陣將多元線性迴歸的寫法予以簡化。

用向量表示簡單線性迴歸

首先，假設這 n 年的數據中，第 i 年的數據為拜訪次數 x_i，簽約件數 y_i，並用 n 維向量來表示：

$$\boldsymbol{x}=(x_1 \quad x_2 \quad \cdots \quad x_n)$$

x_1 代表第 1 年的拜訪次數，x_2 代表第 2 年的拜訪次數，依此類推

$$\boldsymbol{y}=(y_1 \quad y_2 \quad \cdots \quad y_n)$$

y_1 代表第 1 年的簽約件數，y_2 代表第 2 年的簽約件數，依此類推

每組 x_i 和 y_i 不一定都剛好符合 $y_i=a+bx_i$，其中會有一些誤差，於是將第 i 年的誤差值設為 ε_i，同樣以 n 維向量來表示誤差向量：

$$\boldsymbol{\varepsilon}=(\varepsilon_1 \quad \varepsilon_2 \quad \cdots \quad \varepsilon_i \cdots \quad \varepsilon_n)$$

各年實際簽約件數與預測簽約件數的誤差

將數據向量化之後，我們就可以將簡單線性迴歸 $y=a+bx$ 改寫為：

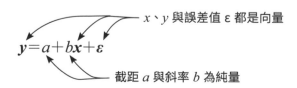

x、y 與誤差值 ε 都是向量

$$\boldsymbol{y}=a+b\boldsymbol{x}+\boldsymbol{\varepsilon}$$

截距 a 與斜率 b 為純量

其中，純量 b(迴歸係數) 乘以 n 維向量 $\boldsymbol{x}$ 之後仍是 n 維向量，誤差值 $\boldsymbol{\varepsilon}$ 亦為 n 維向量，但截距 a 是純量。純量與向量的維度不同，不能直接相加，因此必須將截距 a 改為向量，才能使上式的加法成立：

$$\boldsymbol{a}=(a \quad a \quad \cdots \quad a \quad \cdots \quad a)$$

如此一來，線性迴歸即改寫為向量形式：

$$\boldsymbol{y}=\boldsymbol{a}+b\boldsymbol{x}+\boldsymbol{\varepsilon} \qquad \cdots(29.1)$$

接下來用最小平方法算 ε_i^2 的總和，這個總和就是 ε 向量的內積：

$$\varepsilon_i^2 \text{ 的總和}=\sum_{i=1}^{n}\varepsilon_i^2=\boldsymbol{\varepsilon}\cdot\boldsymbol{\varepsilon}=\|\boldsymbol{\varepsilon}\|^2 \qquad \cdots(29.2)$$

因此「誤差的平方和」最小化，就等同於將誤差向量的內積最小化，將 (29.1) 式改寫一下：

$$\boldsymbol{y}=\boldsymbol{a}+b\boldsymbol{x}+\boldsymbol{\varepsilon}$$
$$\Leftrightarrow \boldsymbol{\varepsilon}=\boldsymbol{y}-\boldsymbol{a}-b\boldsymbol{x}$$

將上式等號兩邊的向量作內積運算，即如下式：

$$\boldsymbol{\varepsilon}\cdot\boldsymbol{\varepsilon}=(\boldsymbol{y}-\boldsymbol{a}-b\boldsymbol{x})\cdot(\boldsymbol{y}-\boldsymbol{a}-b\boldsymbol{x}) \qquad \cdots(29.3)$$

原本要找出線性迴歸方程式的係數，需要寫出複雜的聯立方程式，然而利用向量寫法，方程式會變得簡單很多。要讓誤差平方和最小化，就是找出能讓 (29.3) 式等號右邊之值最小的 $\boldsymbol{a}$ 和 b 即可。解決此問題比較簡單的作法是利用微分技巧，我們留待第 6 篇單元 41 再繼續求解，此處只要學會如何將線性迴歸轉換成用向量表示即可。

用向量表示多元線性迴歸

在本單元之前談到的線性迴歸都是只有 1 個自變數 x 的情況，但現實中考慮的自變數不見得只有 1 個，可能會有 2 個或好幾個自變數。從下面的例子，即可看出可能的自變數會有好幾個：

> 在第 2 篇中拜訪客戶的業務員，打算運用自己以往的數據，加上公司全部業務員的數據，來作拜訪次數和簽約件數關係的分析。幸好公司從幾年前就已導入業務管理系統，裏面記錄了所有的業務活動，包括誰在何時何地拜訪客戶、由誰簽下合約等等數據。
>
> 當他準備進行分析時，好幾位資深業務員也提供了他們的意見，例如「經驗累積多了，即使拜訪次數相同，簽下合約的機會也比以前高」、「若所屬單位是在人口密集的大都市裏，雖然客戶密集容易拜訪，但相對競爭也多，要是不勤跑就會被別家搶走」、「女性業務員的績效普遍比男性好，在相同拜訪次數下，女性成功簽到約的機會比較大」… 等意見。
>
> 從這樣看起來，影響簽約件數的因素還真的不只拜訪次數而已，還要考慮好多種因素。所幸業務管理系統裏亦保存了相關數據，因此這位業務員打算將這些因素也納入參考。如此一來，這位業務員要如何進行呢？

當自變數增加的時候，線性迴歸就會變得複雜，不能單靠簡單線性迴歸來做，因此這就需要用到多元線性迴歸（*multiple linear regression*），簡稱多元迴歸。我們假設共需要考慮 k 個因素（即有 k 個自變數），比如說 1 個因素是年資，1 個因素是性別，1 個因素是拜訪次數 …… 等，因此將這 k 個自變數分別用 x_1、x_2、…、x_k 表示。

而每個自變數裏面又包含了 n 位業務的資料，因此每個自變數都是 n 維向量。假設 x_1 代表年資的自變數，其中第 1 位業務的年資 6 年、第 2 位 3 年、…、第 i 位 4 年、…、第 n 位 5 年，所以：

$$x_1 = \underbrace{(6\ \ 3 \cdots 4 \cdots 5)}_{n\text{ 個業務的年資}}$$ ← 我們假設的第 1 個自變數中包括的 n 個資料

如此一來，我們可以將 x_1 自變數中的第 1 位業務用 x_{11} 表示，第 2 位用 x_{21}，第 i 位用 x_{i1} 表示，第 n 位則是 x_{n1}。因此將 x_1 表示如下：

$$\boldsymbol{x}_1 = (x_{11}\ x_{21} \cdots x_{i1} \cdots x_{n1})$$

然後，我們可以將 $\boldsymbol{x}_1 \sim \boldsymbol{x}_k$ 個自變數向量，表示成：

$$\boldsymbol{x_1} = (x_{11}\quad x_{21} \cdots\ x_{i1} \cdots\ x_{n1})$$ ← 自變數 x_1 中 $1 \sim n$ 位業務的數據

$$\boldsymbol{x_2} = (x_{12}\quad x_{22} \cdots\ x_{i2} \cdots\ x_{n2})$$ ← 自變數 x_2 中 $1 \sim n$ 位業務的數據

$$\vdots$$

$$\boldsymbol{x_j} = (x_{1j}\quad x_{2j} \cdots\ x_{ij} \cdots\ x_{nj})$$ ← 自變數 x_j 中 $1 \sim n$ 位業務的數據

$$\vdots$$

$$\boldsymbol{x_k} = (x_{1k}\quad x_{2k} \cdots\ x_{ik} \cdots\ x_{nk})$$ ← 自變數 x_k 中 $1 \sim n$ 位業務的數據

也就是說，每一位業務的 k 個因素可以直向來看：

第 1 位業務的 k 個因素是 $\begin{pmatrix} x_{11} \\ x_{12} \\ \vdots \\ x_{1j} \\ \vdots \\ x_{1k} \end{pmatrix}$ … 第 i 位業務的 k 個因素是 $\begin{pmatrix} x_{i1} \\ x_{i2} \\ \vdots \\ x_{ij} \\ \vdots \\ x_{ik} \end{pmatrix}$ … 第 n 位業務的 k 個因素是 $\begin{pmatrix} x_{n1} \\ x_{n2} \\ \vdots \\ x_{nj} \\ \vdots \\ x_{nk} \end{pmatrix}$

在簡單線性迴歸分析裏，我們使用字母 a 代表截距、b 代表斜率（迴歸係數），但當有多個自變數的多元迴歸，習慣上會將多個迴歸係數改用 β_1、β_2… 或 b_1、b_2… 來表示（本書採用前者），而截距 a 也可視為第 0 個迴歸係數，改用 β_0 或 b_0 來表示。如此一來，多元迴歸就可以用向量表示成：

$$\boldsymbol{y}=\boldsymbol{\beta_0}+\beta_1\boldsymbol{x_1}+\beta_2\boldsymbol{x_2}+\cdots+\beta_k\boldsymbol{x_k}+\boldsymbol{\varepsilon} \qquad \cdots(29.4)$$

上式中，因為 y 是 n 維向量，所以 $\boldsymbol{\beta_0}$ 與 $\boldsymbol{\varepsilon}$ 也必須改寫成 n 維向量才行，但 x_1、x_2、…、x_k 都是 n 維向量，所以 β_1、β_2、…、β_k 維持原本純量的樣子就可以了，不用改。

用矩陣表示多元線性迴歸

(29.4) 式還可以再簡化。以下我們試著將 (29.4) 當中的 k 個 n 維向量 $\boldsymbol{x}_1$、$\boldsymbol{x}_2$、…、$\boldsymbol{x}_k$，統整為 1 個 $\boldsymbol{X}$ 矩陣，寫成：

請注意！向量通常用粗體的小寫字母表示，矩陣通常用粗體的大寫字母表示，如此才容易區分向量與矩陣。

$$\boldsymbol{X}=(\boldsymbol{x_1}\ \ \boldsymbol{x_2}\cdots\boldsymbol{x_k})$$

其中 $\boldsymbol{x}_1$、$\boldsymbol{x}_2$、…、$\boldsymbol{x}_k$ 每個都是 n 維向量，如下：

$$\boldsymbol{x_1}=\begin{pmatrix}x_{11}\\x_{21}\\\vdots\\x_{n1}\end{pmatrix}、\boldsymbol{x_2}=\begin{pmatrix}x_{12}\\x_{22}\\\vdots\\x_{n2}\end{pmatrix}、\cdots\boldsymbol{x_k}=\begin{pmatrix}x_{1k}\\x_{2k}\\\vdots\\x_{nk}\end{pmatrix}$$

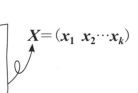

這裏的 $\boldsymbol{x}_1$、$\boldsymbol{x}_2$、…、$\boldsymbol{x}_k$ 和之前的 $\boldsymbol{x}_1$、$\boldsymbol{x}_2$、…、$\boldsymbol{x}_k$ 是一樣的，只不過我們把它們從橫的列向量，轉成直的行向量。如此一來，我們可將 $\boldsymbol{X}$ 寫成 $n\times k$ 的矩陣形式，稱為 $n\times k$ 階矩陣：

$$\boldsymbol{X}=(\boldsymbol{x}_1 \quad \boldsymbol{x}_2 \cdots \quad \boldsymbol{x}_k) = \begin{pmatrix} x_{11} & x_{12} & & x_{1k} \\ x_{21} & x_{22} & \cdots & x_{2k} \\ \vdots & \vdots & & \vdots \\ x_{n1} & x_{n2} & & x_{nk} \end{pmatrix} \qquad \cdots(29.5)$$

行向量與列向量

線性代數將向量區分成橫向排列的「列向量」(即 $1\times m$ 階矩陣)，以及縱向排列的「行向量」(即 $m\times 1$ 階矩陣)。接下來，我們也將因變數 $\boldsymbol{y}$、迴歸係數 $\boldsymbol{\beta}$，以及誤差 $\boldsymbol{\varepsilon}$，皆改用行向量表示：

$$\boldsymbol{y}=\begin{pmatrix} y_1 \\ y_2 \\ \vdots \\ y_n \end{pmatrix}、\boldsymbol{\beta}=\begin{pmatrix} \beta_0 \\ \beta_1 \\ \vdots \\ \beta_k \end{pmatrix}、\boldsymbol{\varepsilon}=\begin{pmatrix} \varepsilon_1 \\ \varepsilon_2 \\ \vdots \\ \varepsilon_n \end{pmatrix} \qquad \cdots(29.6)$$

如此即可將多元迴歸寫成下面的形式：

$$\boldsymbol{y}=\boldsymbol{X\beta}+\boldsymbol{\varepsilon} \qquad \cdots(29.7)$$

如此一來，我們就將看起來比較複雜的(29.4)式，用矩陣與行向量改寫為更簡潔的式子。

矩陣與向量的基本乘法

因為 (29.7) 式中出現矩陣與向量相乘，因此先簡單舉例說明其基本乘法，至於完整的運算規則就留到下一個單元。我們假設一個 2 列 3 行的矩陣乘以 3 列 1 行的行向量：

$$\begin{pmatrix} a & b & c \\ d & e & f \end{pmatrix}\begin{pmatrix} p \\ q \\ r \end{pmatrix}$$

當進行兩者的乘法時，首先將左側矩陣的第 1 列 (列向量) 乘以右側行向量，即 a 乘以 p，加上 b 乘以 q，再加上 c 乘以 r (如同向量內積)，即可算出第 1 列的值。亦即：

$$\begin{pmatrix} a & b & c \\ d & e & f \end{pmatrix}\begin{pmatrix} p \\ q \\ r \end{pmatrix}=\begin{pmatrix} ap+bq+cr \\ ? \end{pmatrix}$$

同樣的，左側矩陣的第 2 列 (列向量) 乘以右側行向量，即可算出第 2 列的值，如下所示：

$$\begin{pmatrix} a & b & c \\ d & e & f \end{pmatrix}\begin{pmatrix} p \\ q \\ r \end{pmatrix}=\begin{pmatrix} ap+bq+cr \\ dp+eq+fr \end{pmatrix}$$

以上便是多元迴歸中矩陣和向量之間的乘法運算。由上可知，2 列 3 行的矩陣乘以 3 列 1 行的行向量之後，結果會變成 2 列 1 行的行向量。如果用一般化的寫法，m 列 n 行的矩陣乘以 n 列 1 行的行向量之後，會變成 m 列 1 行的行向量。

當然，左側矩陣的行數 n 必須和右側行向量的列數 n 相同才行，如果左側矩陣的行數與右側行向量的列數不同，就無法做乘法運算。

將截距放進矩陣

由於矩陣的行數必須等於行向量的列數，我們回頭檢查 (29.7) 式中的 $\boldsymbol{X\beta}$ 是否符合此要求，發現到矩陣 $\boldsymbol{X}$ 是 n 列 k 行，而行向量 $\boldsymbol{\beta}$ 多了一個截距 β_0 因此是 $(k+1)$ 列 1 行，照規則來說無法相乘，因此我們必須在原本 (29.5) 式定義的 $\boldsymbol{X}$ 矩陣中增加一行 1，變成 n 列 $(k+1)$ 行的矩陣。(新的 $\boldsymbol{X}$ 矩陣取代原本的 $\boldsymbol{X}$ 矩陣)：

這一行是要乘以截距用

$$\boldsymbol{X}=\begin{pmatrix} 1 & x_{11} & x_{12} & & x_{1k} \\ 1 & x_{21} & x_{22} & \cdots & x_{2k} \\ \vdots & \vdots & \vdots & & \vdots \\ 1 & x_{n1} & x_{n2} & & x_{nk} \end{pmatrix} \quad \cdots(29.8)$$

如此一來，$\boldsymbol{X}$ 就可以與 $\boldsymbol{\beta}$ 相乘，而且相乘的第 1 行元素就會產生截距 β_0。將 (29.6) 和 (29.8) 式代入 (29.7) 式，可得：

$$\boldsymbol{y}=\boldsymbol{X\beta}+\boldsymbol{\varepsilon}$$

$$\Leftrightarrow \begin{pmatrix} y_1 \\ y_2 \\ \vdots \\ y_n \end{pmatrix}=\begin{pmatrix} 1 & x_{11} & x_{12} & & x_{1k} \\ 1 & x_{21} & x_{22} & \cdots & x_{2k} \\ \vdots & \vdots & \vdots & & \vdots \\ 1 & x_{n1} & x_{n2} & & x_{nk} \end{pmatrix}\begin{pmatrix} \beta_0 \\ \beta_1 \\ \vdots \\ \beta_k \end{pmatrix}+\begin{pmatrix} \varepsilon_1 \\ \varepsilon_2 \\ \vdots \\ \varepsilon_n \end{pmatrix}$$

運用前面介紹的矩陣與行向量乘法，將 $\boldsymbol{X}$ 矩陣的第 1 列，與 $\boldsymbol{\beta}$ 行向量作內積，即為 $\boldsymbol{X\beta}$ 第 1 列的值：

$$\begin{pmatrix} y_1 \\ y_2 \\ \vdots \\ y_n \end{pmatrix}=\begin{pmatrix} 1 & x_{11} & x_{12} & & x_{1k} \\ 1 & x_{21} & x_{22} & \cdots & x_{2k} \\ \vdots & \vdots & \vdots & & \vdots \\ 1 & x_{n1} & x_{n2} & & x_{nk} \end{pmatrix}\begin{pmatrix} \beta_0 \\ \beta_1 \\ \vdots \\ \beta_k \end{pmatrix}+\begin{pmatrix} \varepsilon_1 \\ \varepsilon_2 \\ \vdots \\ \varepsilon_n \end{pmatrix}$$

$\boldsymbol{X\beta}$ 第 1 列的值

$$=\begin{pmatrix} \beta_0+\beta_1 x_{11}+\cdots+\beta_k x_{1k} \\ ? \\ \vdots \\ ? \end{pmatrix}+\begin{pmatrix} \varepsilon_1 \\ \varepsilon_2 \\ \vdots \\ \varepsilon_n \end{pmatrix}$$

接著，以同樣的方式可計算出 $\boldsymbol{X\beta}$ 第 2 列與後續各列的值：

$$\begin{pmatrix} y_1 \\ y_2 \\ \vdots \\ y_n \end{pmatrix} = \begin{pmatrix} \beta_0 + \beta_1 x_{11} + \cdots + \beta_k x_{1k} \\ \beta_0 + \beta_1 x_{21} + \cdots + \beta_k x_{2k} \\ \vdots \\ \beta_0 + \beta_1 x_{n1} + \cdots + \beta_k x_{nk} \end{pmatrix} + \begin{pmatrix} \varepsilon_1 \\ \varepsilon_2 \\ \vdots \\ \varepsilon_n \end{pmatrix} \qquad \cdots (29.9)$$

由於 (29.9) 式等號兩邊皆為 n 列的行向量，彼此之間的加法就是將同位置的元素相加即可，與下面的 n 列聯立方程式完全相同：

$$\begin{aligned} y_1 &= \beta_0 + \beta_1 x_{11} + \cdots + \beta_k x_{1k} + \varepsilon_1 \\ y_2 &= \beta_0 + \beta_1 x_{21} + \cdots + \beta_k x_{2k} + \varepsilon_2 \\ &\vdots \\ y_n &= \beta_0 + \beta_1 x_{n1} + \cdots + \beta_k x_{nk} + \varepsilon_n \end{aligned}$$

最後我們得證，要解出多元線性迴歸的各項迴歸係數時，不論用矩陣的算法，或是用聯立方程式都是一樣的結果。但矩陣寫法 $\boldsymbol{y} = \boldsymbol{X\beta} + \boldsymbol{\varepsilon}$ 形式十分簡單，容易理解。

簡單線性迴歸也可用矩陣表示

在學會用矩陣表示多元線性迴歸的方法之後，我們也可將 (29.1) 式的簡單線性迴歸，改寫成下面的形式：

$$\begin{pmatrix} y_1 \\ y_2 \\ \vdots \\ y_n \end{pmatrix} = \begin{pmatrix} 1 & x_1 \\ 1 & x_2 \\ \vdots & \vdots \\ 1 & x_n \end{pmatrix} \begin{pmatrix} a \\ b \end{pmatrix} + \begin{pmatrix} \varepsilon_1 \\ \varepsilon_2 \\ \vdots \\ \varepsilon_n \end{pmatrix}$$

上式的矩陣 $\boldsymbol{X}$ 每列第 1 個元素是 1，第 2 個元素為自變數 x_i，$\boldsymbol{\beta}$ 是整合截距 a 和迴歸係數 b 的行向量 $\begin{pmatrix} a \\ b \end{pmatrix}$，也符合多元迴歸的式子 $\boldsymbol{y}=\boldsymbol{X\beta}+\boldsymbol{\varepsilon}$。如此可知，不論自變數只有一個，或有多個自變數，都可以用 (29.7) 式來表達，將複雜的數學式化繁為簡。

單元 30

矩陣的運算規則

在機器學習中包括梯度下降求解、反向傳播演算法等等，都會藉由矩陣運算來提高計算效率，因此必須熟悉矩陣的運算。

矩陣運算類似於向量，也有加法、減法、純量乘法等規則。以下運算規則中會用 p、q 表示純量，以及 $\boldsymbol{A}$、$\boldsymbol{B}$、$\boldsymbol{C}$ 表示 3 個 m 列 n 行的「同階矩陣」(表示這 3 個矩陣的列數相同、行數相同)：

$$\boldsymbol{A}=\begin{pmatrix} a_{11} & \cdots & a_{1n} \\ \vdots & \ddots & \vdots \\ a_{m1} & \cdots & a_{mn} \end{pmatrix}、\boldsymbol{B}=\begin{pmatrix} b_{11} & \cdots & b_{1n} \\ \vdots & \ddots & \vdots \\ b_{m1} & \cdots & b_{mn} \end{pmatrix}、\boldsymbol{C}=\begin{pmatrix} c_{11} & \cdots & c_{1n} \\ \vdots & \ddots & \vdots \\ c_{m1} & \cdots & c_{mn} \end{pmatrix}$$

矩陣相加與純量相乘的運算規則

規則 1：當兩個同階矩陣相加，即兩個矩陣中相同位置的元素相加。非同階矩陣不能相加，純量與矩陣也不能相加。

$$\boldsymbol{A}+\boldsymbol{B}=\begin{pmatrix} a_{11}+b_{11} & \cdots & a_{1n}+b_{1n} \\ \vdots & \ddots & \vdots \\ a_{m1}+b_{m1} & \cdots & a_{mn}+b_{mn} \end{pmatrix}$$

規則 2：矩陣中各元素的加法，符合交換律與結合律。所以同階矩陣的加法，交換律、結合律同樣成立。

$$\boldsymbol{A}+\boldsymbol{B}=\boldsymbol{B}+\boldsymbol{A}$$
$$(\boldsymbol{A}+\boldsymbol{B})+\boldsymbol{C}=\boldsymbol{A}+(\boldsymbol{B}+\boldsymbol{C})$$

規則 3：矩陣可乘以純量，就是把矩陣的每個元素都乘以該純量。除以純量可視為「乘以純量的倒數」。矩陣之間的減法則可視為「加上矩陣的 -1 倍」。

$$p\boldsymbol{A}=\begin{pmatrix} p\cdot a_{11} & \cdots & p\cdot a_{1n} \\ \vdots & \ddots & \vdots \\ p\cdot a_{m1} & \cdots & p\cdot a_{mn} \end{pmatrix}$$

每個元素都乘以 p

$$\boldsymbol{A}-\boldsymbol{B}=\boldsymbol{A}+(-1)\boldsymbol{B}=\begin{pmatrix} a_{11}-b_{11} & \cdots & a_{1n}-b_{1n} \\ \vdots & \ddots & \vdots \\ a_{m1}-b_{m1} & \cdots & a_{mn}-b_{mn} \end{pmatrix}$$

每個對應的元素相減

規則 4：矩陣與純量的乘法分配律成立。此外，當乘法中有多個純量時，其純量部份亦可依序代入計算（即結合律）。

$$(p+q)\boldsymbol{A}=p\boldsymbol{A}+q\boldsymbol{A}$$
$$p(\boldsymbol{A}+\boldsymbol{B})=p\boldsymbol{A}+p\boldsymbol{B}$$
$$(pq)\boldsymbol{A}=p(q\boldsymbol{A})$$

規則 5：無論矩陣的列數、行數為多少，只要所有的元素皆為 0，即為「零矩陣」。零矩陣習慣上會用粗體大寫的 $\boldsymbol{O}$ 來表示。任何矩陣與同階的零矩陣相加或相減，都不會改變原矩陣。

$$\boldsymbol{O}=\begin{pmatrix} 0 & \cdots & 0 \\ \vdots & \ddots & \vdots \\ 0 & \cdots & 0 \end{pmatrix}$$

$$\boldsymbol{A}+\boldsymbol{O}=\boldsymbol{A}-\boldsymbol{O}=\boldsymbol{A}$$

規則 6：矩陣的 1 倍和原矩陣完全相同，矩陣的 0 倍即是零矩陣。此外，矩陣減去與本身相同的矩陣之後，即為零矩陣。

$$1\boldsymbol{A}=\begin{pmatrix} 1\cdot a_{11} & \cdots & 1\cdot a_{1n} \\ \vdots & \ddots & \vdots \\ 1\cdot a_{m1} & \cdots & 1\cdot a_{mn} \end{pmatrix}=\boldsymbol{A}$$

$$0\boldsymbol{A}=\begin{pmatrix} 0\cdot a_{11} & \cdots & 0\cdot a_{1n} \\ \vdots & \ddots & \vdots \\ 0\cdot a_{m1} & \cdots & 0\cdot a_{mn} \end{pmatrix}=\begin{pmatrix} 0 & \cdots & 0 \\ \vdots & \ddots & \vdots \\ 0 & \cdots & 0 \end{pmatrix}=\boldsymbol{O}$$

$$\boldsymbol{A}-\boldsymbol{A}=\boldsymbol{A}+(-1)\boldsymbol{A}=\begin{pmatrix} a_{11}-a_{11} & \cdots & a_{1n}-a_{1n} \\ \vdots & \ddots & \vdots \\ a_{m1}-a_{m1} & \cdots & a_{mn}-a_{mn} \end{pmatrix}=\boldsymbol{O}$$

以上 6 個矩陣運算規則和向量與純量的運算規則類似。

矩陣相乘的接龍法則

矩陣運算中稍微複雜的是矩陣與矩陣相乘的問題。由於前一個單元已經學過矩陣與向量之間的乘法，其實只要將之一般化，就可適用於矩陣的乘法。也就是說，我們將行向量視為只有 1 行的矩陣、列向量視為只有 1 列的矩陣，如此矩陣與向量相乘就可視為矩陣相乘。

矩陣相乘必須考慮左側矩陣的行數要和右側矩陣的列數一樣，如此才能一個元素對應一個元素相乘。換句話說，左側 k 列 m 行矩陣與右側 m 列 n 行矩陣可以相乘，但如果兩個矩陣左右順序顛倒，變成 m 列 n 行矩陣與 k 列 m 行矩陣相乘，若 $n \neq k$ 就無法相乘，所以矩陣相乘不適用交換律。

當我們在作 k 列 m 行與 m 列 n 行矩陣相乘時，計算結果會得到 k 列 n 行的矩陣。表示「左側矩陣的行數」與「右側矩陣的列數」會因計算而消失，只剩下「左側列數 × 右側行數」的矩陣。以下面的 3 個矩陣相乘來看：

$$(k\text{ 列 }\underbrace{l\text{ 行})\cdot(l}_{\text{相同}}\text{ 列 }\underbrace{m\text{ 行})\cdot(m}_{\text{相同}}\text{ 列 }n\text{ 行})=(k\text{ 列 }n\text{ 行})$$

請注意左右矩陣的頭尾相連：

k 列 [l 行・l 列] [m 行・m 列] n 行 ＝ k 列 n 行

消失了　　消失了

此規則即稱為矩陣相乘的「接龍法則」。無論是 2 個、3 個或更多個矩陣相乘，都必須符合此法則才能做運算。

兩個矩陣相乘的範例

我們用一個簡單例子來示範矩陣相乘。以下是一個 2 列 3 行的矩陣與一個 3 列 2 行的矩陣相乘：

$$\begin{pmatrix} a & b & c \\ d & e & f \end{pmatrix}\begin{pmatrix} g & h \\ i & j \\ k & l \end{pmatrix}$$

根據接龍法則，相乘的結果會是一個 2 列 2 行的矩陣。就如同矩陣和向量的計算一樣，我們先計算左側第 1 列和右側第 1 行相乘的結果（如同向量內積的算法），即為結果矩陣第 1 列第 1 行的值。亦即：

$$\begin{pmatrix} a & b & c \\ d & e & f \end{pmatrix}\begin{pmatrix} g & h \\ i & j \\ k & l \end{pmatrix}=\begin{pmatrix} ag+bi+ck & ? \\ ? & ? \end{pmatrix}$$

然後，我們再進行左側第 1 列乘以右側第 2 行，其相乘的結果即第 1 列第 2 行的值：

$$\begin{pmatrix} a & b & c \\ d & e & f \end{pmatrix}\begin{pmatrix} g & h \\ i & j \\ k & l \end{pmatrix}=\begin{pmatrix} ag+bi+ck & ah+bj+cl \\ ? & ? \end{pmatrix}$$

後面可依此類推逐一計算，即可得到 (30.1) 的矩陣：

$$\begin{pmatrix} a & b & c \\ d & e & f \end{pmatrix}\begin{pmatrix} g & h \\ i & j \\ k & l \end{pmatrix}=\begin{pmatrix} ag+bi+ck & ah+bj+cl \\ dg+ei+fk & dh+ej+fl \end{pmatrix} \quad \cdots(30.1)$$

將矩陣相乘結果的每個元素寫成一般式

如果希望將矩陣相乘之後的每個元素寫成一般化的形式，我們假設有 2 個矩陣 $\boldsymbol{A}$、$\boldsymbol{B}$ 相乘 ($\boldsymbol{AB}$)，其中 $\boldsymbol{A}$ 的行數為 m、$\boldsymbol{B}$ 的列數亦為 m 才能相乘。此時相乘後的矩陣 $\boldsymbol{AB}$ 的第 i 列第 j 行的元素為：

$\boldsymbol{A}$ 的(第 i 列、第 1 行元素 a_{i1}) × $\boldsymbol{B}$ 的(第 1 列、第 j 行元素 b_{1j})
＋$\boldsymbol{A}$ 的(第 i 列、第 2 行元素 a_{i2}) × $\boldsymbol{B}$ 的(第 2 列、第 j 行元素 b_{2j})
＋⋯
＋$\boldsymbol{A}$ 的(第 i 列、第 m 行元素 a_{im}) × $\boldsymbol{B}$ 的(第 m 列、第 j 行元素 b_{mj})

可用 Σ 整理成 (30.2) 式：

$$\text{矩陣 } \boldsymbol{AB} \text{ 第 } i \text{ 列、第 } j \text{ 行的元素}=\sum_{k=1}^{m} a_{ik}b_{kj} \quad \cdots(30.2)$$

這就是矩陣相乘每個元素的一般式。我們可以來做個驗證，例如 (30.1) 式第 2 列、第 2 行的元素，與套用 (30.2) 式算出來的結果完全一樣：

$$\sum_{k=1}^{m} a_{ik}b_{kj}=a_{21}b_{12}+a_{22}b_{22}+a_{23}b_{32}=dh+ej+fl$$

矩陣相乘的運算規則

接下來要將矩陣相乘的運算寫成規則。我們先假設 $\boldsymbol{ABC}$ 這 3 個矩陣相乘的乘法成立，其中矩陣 $\boldsymbol{A}$ 為 k 列 l 行、矩陣 $\boldsymbol{B}$ 為 l 列 m 行、矩陣 $\boldsymbol{C}$ 為 m 列 n 行。

規則 1：矩陣的乘法，當左右順序互換時，左側的行數和右側的列數未必相等，不符合交換律。

$$\boldsymbol{AB} \neq \boldsymbol{BA}$$

規則 2：矩陣乘法的結合律成立。

$$(\boldsymbol{AB})\boldsymbol{C} = \boldsymbol{A}(\boldsymbol{BC})$$

規則 3：矩陣乘法對加法的分配律成立。其中 $\boldsymbol{B}_1$ 與 $\boldsymbol{B}_2$ 都是 l 列 m 行的同階矩陣。

$$\boldsymbol{A}(\boldsymbol{B}_1 + \boldsymbol{B}_2) = \boldsymbol{AB}_1 + \boldsymbol{AB}_2$$
$$(\boldsymbol{B}_1 + \boldsymbol{B}_2)\boldsymbol{C} = \boldsymbol{B}_1\boldsymbol{C} + \boldsymbol{B}_2\boldsymbol{C}$$

規則 4：矩陣與零矩陣相乘，無論零矩陣在左邊或右邊，結果都會是零矩陣。

$$\boldsymbol{OA} = \boldsymbol{AO} = \boldsymbol{O}$$

規則 5：矩陣乘法中若有純量相乘，則該純量的計算先後順序不限。

$$p\boldsymbol{A} \cdot \boldsymbol{B} = p(\boldsymbol{A} \cdot \boldsymbol{B}) = \boldsymbol{A} \cdot (p\boldsymbol{B})$$

以上規則全部都可依照 (30.2) 式的定義一一得證，在此省略證明過程。

方陣與單位矩陣

列數等於行數的矩陣稱為方陣（*square matrix*），其加減法與乘法運算皆與前面講過的矩陣運算相同。方陣中有一種「單位矩陣（*identity matrix*）」或稱為「單位方陣」，其特性是不論某方陣從左邊或右邊乘以單位矩陣，都不會改變該方陣。一般會用大寫字母的 $\boldsymbol{I}$（或 $\boldsymbol{E}$）表示。

以下我們以 3 階方陣（即為 3 × 3 的方陣）為例，來認識單位矩陣 $\boldsymbol{I}$ 的特性：

$$\begin{pmatrix} a & b & c \\ d & e & f \\ g & h & i \end{pmatrix}\boldsymbol{I}=\boldsymbol{I}\begin{pmatrix} a & b & c \\ d & e & f \\ g & h & i \end{pmatrix}=\begin{pmatrix} a & b & c \\ d & e & f \\ g & h & i \end{pmatrix}$$

其中的 $\boldsymbol{I}$ 即為以下的方陣：

$$\boldsymbol{I}=\begin{pmatrix} 1 & 0 & 0 \\ 0 & 1 & 0 \\ 0 & 0 & 1 \end{pmatrix}$$

方陣的反矩陣

在矩陣的運算規則中有加減乘法，但矩陣沒有除法的概念，而是用「乘以反矩陣（*inverse matrix*）」來取代除法，而且「只有方陣具有反矩陣」，兩者都是同階方陣。其特性為相乘的結果會等於單位矩陣。我們將方陣 $\boldsymbol{A}$ 與其反矩陣 $\boldsymbol{A}^{-1}$ 的關係定義如下：

$$\boldsymbol{A}\cdot\boldsymbol{A}^{-1}=\boldsymbol{A}^{-1}\cdot\boldsymbol{A}=\boldsymbol{I} \qquad \cdots(30.3)$$

反矩陣也可稱為逆矩陣。因為只有方陣有反矩陣，故也稱為「反方陣」。

猶如純量用 a^{-1} 表示 a 的倒數，兩者相乘會等於 1 的意思。反矩陣的特性是不論從左邊或右邊乘以原方陣，計算結果都是單位矩陣，也代表方陣 $\boldsymbol{A}$ 與其反矩陣 $\boldsymbol{A}^{-1}$ 相乘符合交換律。

因此在運算式中，想要將等號一側的方陣除掉時，只要在等號兩側同時乘以該方陣的反矩陣即可辦到。這裏要注意一點，並非所有的方陣都有反矩陣。

小編補充： 方陣必須是非奇異矩陣 (*nonsingular matrix*) 才有反矩陣。所謂非奇異矩陣是指方陣的行列式 (*determinant*) 不為零，若方陣的行列式為零則稱為奇異矩陣 (*singular matrix*)。在 *Python* 中計算方陣的行列式，可呼叫 *NumPy* 套件中的 *np.linalg.det*() 函式得出。

在計算小階數方陣的反矩陣，還可以用公式手算出來，但要求出大方陣 (比如 100×100) 的反矩陣就必須靠電腦計算。時至今日，即使有數百個自變數的多元迴歸分析，都可以用電腦軟體算出來。例如用 *Python* 語言也可以呼叫 *NumPy* 套件中的 *np.linalg.inv*() 函式算出反矩陣。因此本單元就不介紹反矩陣的計算公式了。

在此將前面講過的內容做個整理：

1. 矩陣相乘，必須左側矩陣的行數與右側矩陣的列數相等。
2. 矩陣相乘的交換律不成立，左右互換不一樣。
3. 只有非奇異矩陣才有反矩陣，可將反矩陣視為矩陣的倒數。
4. 向量內積的交換律成立，矩陣相乘的交換律不成立。
5. 向量內積的結合律不成立，矩陣相乘的結合律成立。

單元 31

轉置矩陣求解迴歸係數

矩陣是解線性聯立方程式很好用的工具，上個單元學會矩陣的基本運算規則之後，接著要學習「轉置矩陣(*matrix transpose*)」的技巧，在第 6 篇的單元 41、42 就會經常看到。

轉置就是把矩陣的列元素與行元素做交換(**編註：** 就是把矩陣元素 a_{ij} 與 a_{ji} 互換)，我們以 A^T 來表示矩陣 A 的轉置矩陣。

轉置矩陣怎麼轉

我們將轉置矩陣寫成一般化形式，也就是原本 m 列 n 行的矩陣 $\boldsymbol{A}$ 轉置成一個 n 列 m 行的矩陣 $\boldsymbol{A}^T$。矩陣 $\boldsymbol{A}$ 裏面第 i 列、j 行的元素 a_{ij}，經過轉置後，會變成 $\boldsymbol{A}^T$ 的第 j 列、i 行元素 a_{ji}。

轉置矩陣有一個十分重要的特性，如下：

$$\boldsymbol{AB}=(\boldsymbol{B}^T\boldsymbol{A}^T)^T \qquad \cdots(31.1)$$

我們用以下的簡單例子來驗證：

$$\begin{pmatrix} a & b & c \\ d & e & f \end{pmatrix}\begin{pmatrix} g & h \\ i & j \\ k & l \end{pmatrix}=\left(\begin{pmatrix} g & h \\ i & j \\ k & l \end{pmatrix}^T\begin{pmatrix} a & b & c \\ d & e & f \end{pmatrix}^T\right)^T \qquad \cdots(31.2)$$

很明顯可看出上式等號左邊的矩陣乘法，其實就是(30.1)式。而等號右邊是將兩個矩陣轉置後交換左右位置後相乘，然後再做轉置，如下運算：

$$\left(\begin{pmatrix} g & h \\ i & j \\ k & l \end{pmatrix}^T \begin{pmatrix} a & b & c \\ d & e & f \end{pmatrix}^T\right)^T$$

$$=\left(\begin{pmatrix} g & i & k \\ h & j & l \end{pmatrix}\begin{pmatrix} a & d \\ b & e \\ c & f \end{pmatrix}\right)^T$$

$$=\begin{pmatrix} ga+ib+kc & gd+ie+kf \\ ha+jb+lc & hd+je+lf \end{pmatrix}^T$$

$$=\begin{pmatrix} ga+ib+kc & ha+jb+lc \\ gd+ie+kf & hd+je+lf \end{pmatrix}$$

由於元素之間的乘法都是純量相乘，因此 $ga=ag$ 、$ib=bi\cdots$ 都成立。上式可整理成與 (30.1) 完全相同的矩陣，於是得證：

$$=\begin{pmatrix} ag+bi+ck & ah+bj+cl \\ dg+ei+fk & dh+ej+fl \end{pmatrix}$$

然而，不能僅憑一個例子就輕易斷定矩陣乘法與轉置的規則性，仍然需要藉由一般化形式來證明。在 k 列 m 行的矩陣 $\boldsymbol{A}$，與 m 列 n 行的矩陣 $\boldsymbol{B}$ 相乘，$\boldsymbol{AB}$ 各元素的一般式如下：

$$\text{矩陣 } \boldsymbol{AB} \text{ 第 } i \text{ 列 } j \text{ 行的元素}=\sum_{k=1}^{m} a_{ik}b_{kj} \quad \cdots(30.2)$$

然後我們再看 (31.1) 式，等號右邊轉置之後的 $\boldsymbol{B}^T$ 變成 n 列 m 行，而 $\boldsymbol{A}^T$ 則變成 m 列 k 行，因此 $\boldsymbol{B}^T\boldsymbol{A}^T$ 的乘法在形式上沒有問題。那麼矩陣 $\boldsymbol{B}^T\boldsymbol{A}^T$ 中

第 i 列 j 行的元素是什麼呢？根據轉置的定義，原本矩陣中第 i 列 j 行的元素 a_{ij} 和 b_{ij}，轉置成 $\boldsymbol{A}^T$、$\boldsymbol{B}^T$ 會變成第 j 列 i 行的元素，也就是變成 a_{ji} 和 b_{ji}，因此 $\boldsymbol{B}^T\boldsymbol{A}^T$ 的第 i 列 j 行的元素可寫成下面這樣：

$$\text{矩陣 } \boldsymbol{B}^T\boldsymbol{A}^T \text{ 第 } i \text{ 列 } j \text{ 行的元素} = \sum_{k=1}^{m} b_{ki} a_{jk} \qquad \cdots(31.3)$$

然後將上式再轉置成 $(\boldsymbol{B}^T\boldsymbol{A}^T)^T$，表示上式等號右邊的 i 和 j 會互換，因而變成以下形式：

$$\text{矩陣} (\boldsymbol{B}^T\boldsymbol{A}^T)^T \text{ 第 } i \text{ 列 } j \text{ 行的元素} = \sum_{k=1}^{m} b_{kj} a_{ik} \qquad \cdots(31.4)$$

接著，我們觀察 (31.4) 式等號右邊的 Σ 運算。因為 Σ 內只是純量計算，根據交換律可左右互換，即 $b_{kj}a_{ik} = a_{ik}b_{kj}$，如此就表示 (31.4) 式和 (30.2) 式的每個元素都相同，所以 (31.1) 式得證。

轉置矩陣的運算規則

在處理轉置矩陣時，有幾個規則需要注意。以下我們考慮一般形式的矩陣 $\boldsymbol{A}$、$\boldsymbol{B}$，且假設 $\boldsymbol{AB}$ 的乘法成立，c 是一個純量，則下面幾個規則都會成立：

規則 1：轉置後的矩陣再次轉置，即回復成原矩陣。

$$(\boldsymbol{A}^T)^T = \boldsymbol{A}$$

規則 2：矩陣相加之後再轉置，等同於各別轉置之後再相加。

$$(\boldsymbol{A}+\boldsymbol{B})^T = \boldsymbol{A}^T + \boldsymbol{B}^T$$

規則 3：矩陣乘以純量後再轉置，等同於轉置之後再乘以純量。

$$(c\boldsymbol{A})^T = c\boldsymbol{A}^T$$

規則 4：矩陣相乘之後再轉置，等同於將兩矩陣先轉置且左右互換之後再相乘。

$$(\boldsymbol{AB})^T = \boldsymbol{B}^T\boldsymbol{A}^T$$

規則 5：方陣的反矩陣經過轉置後，等同於方陣轉置後的反矩陣。

$$(\boldsymbol{A}^{-1})^T = (\boldsymbol{A}^T)^{-1}$$

向量內積以矩陣相乘的觀念思考

列向量（*row vector*）可被視為只有 1 列的矩陣（*row matrix*），行向量（*column vector*）也可被視為只有 1 行的矩陣（*column matrix*），但在計算向量的內積時，與計算矩陣乘法還是有區別。向量內積要用矩陣乘法來做的前提，必須左側的向量為列向量、右側的向量為行向量，如此相乘之後才會得到純量。

換句話說，當 2 個同為 m 維數的向量用矩陣的觀念相乘，必須符合「1 列 m 行 · m 列 1 行」的接龍法則，才能得到 1 列 1 行矩陣（即純量）。由於向量符合交換律，以矩陣形式相乘時，列向量與行向量一經交換就會變成「m 列 1 行 · 1 列 m 行」，相乘結果會變成 m 列 m 行的矩陣。顯然向量內積以矩陣的觀念相乘時，交換律就不會成立。

結合律也會因為向量內積「必須左側為列向量、右側為行向量」而難以成立。舉例來說，考慮 $\boldsymbol{a} \cdot \boldsymbol{b} \cdot \boldsymbol{c}$ 這 3 個向量的乘法時，在 $(\boldsymbol{a} \cdot \boldsymbol{b}) \cdot \boldsymbol{c}$ 式中的 $\boldsymbol{b}$ 必須為行向量，然而在 $\boldsymbol{a} \cdot (\boldsymbol{b} \cdot \boldsymbol{c})$ 中的 $\boldsymbol{b}$ 又必須是列向量。可見適用於矩陣相乘的結合律，並不適用於向量內積。

以上所遇到的問題，其實可以利用矩陣轉置的方式來解決。我們舉單元 28 (28.2) 式為例，這是用向量內積及向量大小來表示相關係數的值：

$$\boldsymbol{p}=(x_1-\bar{x} \quad x_2-\bar{x} \cdots \quad x_n-\bar{x})$$
$$\boldsymbol{q}=(y_1-\bar{y} \quad y_2-\bar{y} \cdots \quad y_n-\bar{y})$$
$$\text{相關係數}=\frac{\boldsymbol{p}\cdot\boldsymbol{q}}{\|\boldsymbol{p}\|\,\|\boldsymbol{q}\|}$$

此式只從向量與純量來考量時，$\boldsymbol{p}\cdot\boldsymbol{q}$ 就是兩個向量做內積。但如果要以矩陣相乘的觀念來明確區分何者為列向量或行向量時，會怎麼樣呢？假設這兩個向量的元素都是 1 列 n 行的列向量(視為列矩陣)，以矩陣乘法來看，左側 1 列 n 行的列矩陣與右側 1 列 n 行的列矩陣根本不能相乘。為了解決兩個列矩陣無法相乘的問題，此時就要納入轉置矩陣的觀念。

線性代數將向量改為縱向的行向量表示

在線性代數裏，習慣上將向量定義為縱向排列的行向量，因此當要表示列向量時，就會用轉置矩陣的寫法來標明這是列向量。採用線性代數的寫法，即將相關係數中的 $\boldsymbol{p}$、$\boldsymbol{q}$ 改用行向量表示，當兩者相乘時再將 $\boldsymbol{p}$ 改為轉置矩陣表示(就變成列向量)。即可改寫成下式：

$$\boldsymbol{p}=\begin{pmatrix} x_1-\bar{x} \\ x_2-\bar{x} \\ \vdots \\ x_n-\bar{x} \end{pmatrix}、\boldsymbol{q}=\begin{pmatrix} y_1-\bar{y} \\ y_2-\bar{y} \\ \vdots \\ y_n-\bar{y} \end{pmatrix}$$

$$\text{相關係數}=\frac{\boldsymbol{p}^T\cdot\boldsymbol{q}}{\sqrt{\boldsymbol{p}^T\cdot\boldsymbol{p}}\ \sqrt{\boldsymbol{q}^T\cdot\boldsymbol{q}}}$$

如此就很容易看出非轉置矩陣為行向量，轉置矩陣即為列向量。

有時候我們也會將轉置矩陣用下面這種橫寫的方式來表示：

$$\boldsymbol{p}^T = (x_1-\bar{x} \quad x_2-\bar{x} \ \cdots \ x_n-\bar{x})$$

利用轉置矩陣技巧解出符合的迴歸係數

瞭解向量與矩陣的表示方法後，就能看懂這些符號出現在統計學與機器學習中代表的意義。例如在多元迴歸分析裏使用的統計方法中，會用到正規方程式(*normal equation)*，但其意義為何呢？我們可以回顧一下多元迴歸的矩陣方程式(29.7)式：

$$\boldsymbol{y} = \boldsymbol{X\beta} + \boldsymbol{\varepsilon} \qquad \cdots(29.7)$$

此處 $\boldsymbol{y}$ 與 $\boldsymbol{\varepsilon}$ 皆為 n 列 1 行的行向量、$\boldsymbol{X}$ 是 n 列 $k+1$ 行的矩陣，而 $\boldsymbol{\beta}$ 則是 $(k+1)$ 列 1 行的行向量。接著，我們將(29.7)式的各元素表示出來：

$$\begin{pmatrix} y_1 \\ y_2 \\ \vdots \\ y_n \end{pmatrix} = \begin{pmatrix} 1 & x_{11} & x_{12} & & x_{1k} \\ 1 & x_{21} & x_{22} & \cdots & x_{2k} \\ \vdots & \vdots & \vdots & & \vdots \\ 1 & x_{n1} & x_{n2} & & x_{nk} \end{pmatrix} \begin{pmatrix} \beta_0 \\ \beta_1 \\ \vdots \\ \beta_k \end{pmatrix} + \begin{pmatrix} \varepsilon_1 \\ \varepsilon_2 \\ \vdots \\ \varepsilon_n \end{pmatrix}$$

然後，和計算簡單線性迴歸時一樣，運用最小平方法來推估多元迴歸的向量 $\boldsymbol{\beta}$，也就是將 $\boldsymbol{\varepsilon}$ 各元素平方之後加總，並使之最小化的方法。以向量來看，是讓內積 $\boldsymbol{\varepsilon}\cdot\boldsymbol{\varepsilon}$ 最小化；以矩陣乘法來看，是讓 $\boldsymbol{\varepsilon}^T\cdot\boldsymbol{\varepsilon}$ 最小化。為了求出此數值，我們可改寫(29.7)式：

$$\boldsymbol{y} = \boldsymbol{X\beta} + \boldsymbol{\varepsilon}$$
$$\Leftrightarrow \boldsymbol{\varepsilon} = \boldsymbol{y} - \boldsymbol{X\beta}$$

然後用矩陣乘法將 $\boldsymbol{\varepsilon}^T \cdot \boldsymbol{\varepsilon}$ 寫成：

$$\boldsymbol{\varepsilon}^T\boldsymbol{\varepsilon} = (\boldsymbol{y} - \boldsymbol{X\beta})^T(\boldsymbol{y} - \boldsymbol{X\beta})$$

上式等號右邊要用到轉置矩陣的運算規則 2：「$(\boldsymbol{A}+\boldsymbol{B})^T = \boldsymbol{A}^T + \boldsymbol{B}^T$」，以及規則 4：「$(\boldsymbol{AB})^T = \boldsymbol{B}^T\boldsymbol{A}^T$」。可如下運算：

$$\begin{aligned}\boldsymbol{\varepsilon}^T\boldsymbol{\varepsilon} &= (\boldsymbol{y} - \boldsymbol{X\beta})^T(\boldsymbol{y} - \boldsymbol{X\beta}) \\ &= (\boldsymbol{y}^T - (\boldsymbol{X\beta})^T)(\boldsymbol{y} - \boldsymbol{X\beta}) \\ &= (\boldsymbol{y}^T - \boldsymbol{\beta}^T\boldsymbol{X}^T)(\boldsymbol{y} - \boldsymbol{X\beta})\end{aligned}$$

接著使用分配律進一步展開，惟此處要注意左右順序不可調換，最後可整理成下式：

$$\boldsymbol{\varepsilon}^T\boldsymbol{\varepsilon} = \boldsymbol{y}^T\boldsymbol{y} - \boldsymbol{y}^T\boldsymbol{X\beta} - \boldsymbol{\beta}^T\boldsymbol{X}^T\boldsymbol{y} + \boldsymbol{\beta}^T\boldsymbol{X}^T\boldsymbol{X\beta} \qquad \cdots(31.5)$$

再來，我們觀察 (31.5) 式的各項是屬於何種形式的矩陣和向量：

- $\boldsymbol{\varepsilon}^T\boldsymbol{\varepsilon}$ 是「列向量乘以行向量」，等同於內積的結果會是純量。
- $\boldsymbol{y}^T\boldsymbol{y}$ 也是「列向量乘以行向量」，等同於內積的結果會是純量。
- $\boldsymbol{y}^T\boldsymbol{X\beta}$ 是 $(1\times n)\cdot(n\times(k+1))\cdot((k+1)\times 1)$ 的乘法，依接龍法則可知結果為 1 列 1 行的純量。
- $\boldsymbol{\beta}^T\boldsymbol{X}^T\boldsymbol{X\beta}$ 是 $(1\times(k+1))\cdot((k+1)\times n)\cdot(n\times(k+1))\cdot((k+1)\times 1)$ 的乘法，基於接龍法則也是 1 列 1 行的純量。

(31.5) 式的第 2 項若加以轉置，則 $(\boldsymbol{y}^T\boldsymbol{X\beta})^T = (\boldsymbol{X\beta})^T(\boldsymbol{y}^T)^T = \boldsymbol{\beta}^T\boldsymbol{X}^T\boldsymbol{y}$，但 $\boldsymbol{y}^T\boldsymbol{X\beta}$ 是純量，純量的轉置並不會變化，所以 $\boldsymbol{y}^T\boldsymbol{X\beta} = (\boldsymbol{y}^T\boldsymbol{X\beta})^T = \boldsymbol{\beta}^T\boldsymbol{X}^T\boldsymbol{y}$。

如此一來，(31.5) 式可改寫成更精簡的形式：

$$\boldsymbol{\varepsilon}^T\boldsymbol{\varepsilon}=\boldsymbol{y}^T\boldsymbol{y}-2\boldsymbol{\beta}^T\boldsymbol{X}^T\boldsymbol{y}+\boldsymbol{\beta}^T\boldsymbol{X}^T\boldsymbol{X}\boldsymbol{\beta} \qquad \cdots(31.6)$$

因為 $\boldsymbol{\beta}$ 是迴歸係數組成的向量，表示能讓 (31.6) 式左邊的誤差平方值最小的 $\boldsymbol{\beta}$ 就是我們要求得的那一組迴歸係數。因此在等號左右同時都對 $\boldsymbol{\beta}$ 微分，其結果要等於 0，於是就可得到下面的正規方程式 (*normal equation*)。對向量微分我們在第 6 篇單元 42 會說明，此處我們就先寫出微分的結果：

$$\text{正規方程式：}2\boldsymbol{X}^T\boldsymbol{X}\boldsymbol{\beta}-2\boldsymbol{X}^T\boldsymbol{y}=\boldsymbol{0} \qquad \cdots(31.7)$$

接下來，我們只要進一步將此正規方程式改寫成 $\boldsymbol{\beta}=\cdots$ 的形式即可。為了達到此目的，運用線性代數的基本規則，我們用到等號兩邊同乘 $(\boldsymbol{X}^T\boldsymbol{X})^{-1}$ 的技巧：

$$\begin{aligned}
& 2\boldsymbol{X}^T\boldsymbol{X}\boldsymbol{\beta}-2\boldsymbol{X}^T\boldsymbol{y}=\boldsymbol{0}\\
\Leftrightarrow\quad & 2\boldsymbol{X}^T\boldsymbol{X}\boldsymbol{\beta}=2\boldsymbol{X}^T\boldsymbol{y}\\
\Leftrightarrow\quad & \boldsymbol{X}^T\boldsymbol{X}\boldsymbol{\beta}=\boldsymbol{X}^T\boldsymbol{y}\\
\Leftrightarrow\quad & (\boldsymbol{X}^T\boldsymbol{X})^{-1}\cdot\boldsymbol{X}^T\boldsymbol{X}\boldsymbol{\beta}=(\boldsymbol{X}^T\boldsymbol{X})^{-1}\cdot\boldsymbol{X}^T\boldsymbol{y}\\
\Leftrightarrow\quad & \boldsymbol{I}\cdot\boldsymbol{\beta}=(\boldsymbol{X}^T\boldsymbol{X})^{-1}\cdot\boldsymbol{X}^T\boldsymbol{y}\\
\Leftrightarrow\quad & \boldsymbol{\beta}=(\boldsymbol{X}^T\boldsymbol{X})^{-1}\cdot\boldsymbol{X}^T\boldsymbol{y} \qquad \cdots(31.8)
\end{aligned}$$

上式的 $\boldsymbol{X}^T\boldsymbol{X}$ 是 $k+1$ 列 $k+1$ 行的方陣。後面我們只要將自變數 $\boldsymbol{X}$ 與因變數 $\boldsymbol{y}$ 的數據代入式中，計算出等號右邊的結果，便可基於最小平方法，求出和實際因變數誤差最小的迴歸係數 $\boldsymbol{\beta}$ 了 (此部分留待單元 42 再計算)。相信在瞭解矩陣的運算規則，以及反矩陣與轉置矩陣的技巧之後，應該都不會有太大的困難了。

矩陣具有多樣特性，除了這兩個單元介紹的以外，還有其它特殊矩陣。不過本書僅聚焦在必要的基本內容，往後在機器學習領域看到其它矩陣名詞時，再去查相關規則即可。例如想要理解統計學中的主成分分析，便有需要具備矩陣的特徵值（*eigenvalue*）和特徵向量（*eigenvector*）的概念。又或者在機器學習相關研究時，也會出現像阿達瑪乘積（*Hadamard product*）、克羅內克乘積（*Kronecker product*）等矩陣計算方法。

儘管本書內容有所局限，但對於入門學習的人來說，建立這些基礎觀念，熟悉線性代數的標記方式，至少以後在看到數學式子時不會茫然不知所措，才能持續學習下去。

第 5 篇

機器學習需要的微分與積分

單元 32

函數微分找出極大值或極小值的位置

本書到目前為止，從代數的基礎開始，進而學到一些線性代數的重要性質。當我們在處理多個變數的多元迴歸分析時，可藉由矩陣與向量來表示，不但可簡化數學式也便於運算推導。

在這樣的基礎下，再學會本篇的微分與積分後，對於機器學習的基礎理論就更能上手了。

函數圖形上某個點的斜率

那麼，微分到底是什麼呢？一言以蔽之，就是「求函數上某點斜率的方法」。例如：第 2 篇顧客收到的宣傳單(底下簡稱 *DM*) 數量 x 與其購買金額 y 之間的關係，如圖表 5-1 所示，是一個二次函數 $y=f(x)=216+560x-100x^2$：

圖表 5-1

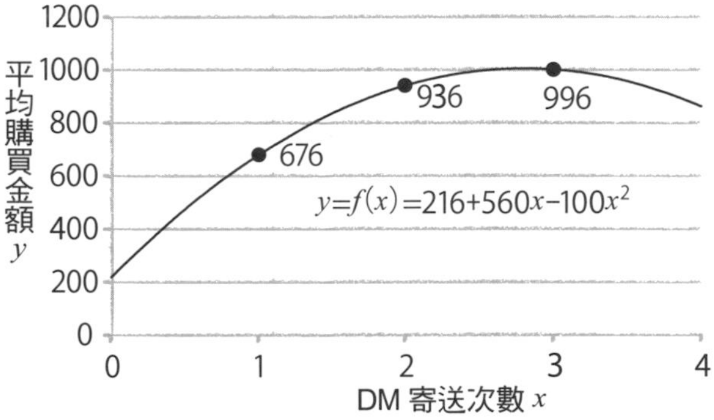

由圖表 5-1 可看出函數圖形並不是一條直線，它不像直線只有一個斜率，而是在曲線上的每個點都有各自的斜率。因為是二次函數，所以當 x 從 1 增加到 2 與 x 從 2 增加到 3，y 值分別增加多少呢？答案是 260 與 60（**小編提醒：**就是把 $x=1$ 和 $x=2$ 分別代入 $f(x)$，就可算出 $f(2)-f(1)=936-676=260$。同理，可算出 $f(3)-f(2)=996-936=60$），顯然增量不同，表示斜率也不同。因此，像這種二次函數曲線的斜率，就需要看 x 在何處而定，也就是說，斜率會因 x 的位置而改變。

接下來用 DM 數量 x 和購買金額 $y=f(x)=216+560x-100x^2$ 的例子，來計算 x 增加多少時，y 會對應增加多少。以 $x=1$ 做基準，如圖表 5-2 所示，x 的增量以 Δx，y 的增量以 Δy 表示（Δ 唸為 *delta*）。例如當 x 從 1 增加到 1.1 時，$\Delta x=0.1$，此時 y 從 676 增加到 711，故 $\Delta y=35$。即可得到 y 的增量是 x 增量的 350 倍，所以：

$$\frac{\Delta y}{\Delta x}=\frac{35}{0.1}=350$$

圖表 5-2

Δx 和 Δy 都以此為基準值開始計算

x	y	Δx	Δy	$\Delta y \div \Delta x$（斜率）
1.0	676	—	—	—
1.1	711	0.1	35	350
1.2	744	0.2	68	340
1.3	775	0.3	99	330
1.4	804	0.4	128	320
1.5	831	0.5	155	310
1.6	856	0.6	180	300
1.7	879	0.7	203	290
1.8	900	0.8	224	280
1.9	919	0.9	243	270
2.0	936	1.0	260	260

$\frac{\Delta y}{\Delta x}$ 變化很大，從頭到尾相差 $260-350=-90$

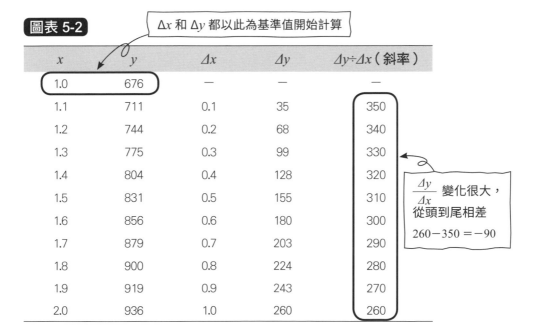

從圖表 5-2 看出 x 的增量不同，則斜率 $\Delta y \div \Delta x$ 值也會有所變化。如果再細分下去，例如：Δx 如果以每次增加 0.00001 會變成如何呢？請看下面圖表：

圖表 5-3

Δx 和 Δy 都以此為基準值開始計算

x	y	Δx	Δy	$\Delta y \div \Delta x$（斜率）
1.00000	676.0000	—	—	—
1.00001	676.0036	0.00001	0.0036	359.999
1.00002	676.0072	0.00002	0.0072	359.998
1.00003	676.0108	0.00003	0.0108	359.997
1.00004	676.0144	0.00004	0.0144	359.996
1.00005	676.0180	0.00005	0.0180	359.995
1.00006	676.0216	0.00006	0.0216	359.994
1.00007	676.0252	0.00007	0.0252	359.993
1.00008	676.0288	0.00008	0.0288	359.992
1.00009	676.0324	0.00009	0.0324	359.991
1.00010	676.0360	0.00010	0.0360	359.990

$\frac{\Delta y}{\Delta x}$ 變化很小，從頭到尾相差

$359.990-359.999$

$=-0.009$

從圖表 5-3 可以看出，當 x 從 1 增加到 1.00010，x 的增量為 $\Delta x=$ 0.00010，y 的增量為 $\Delta y=0.036$，得到斜率 $\Delta y \div \Delta x=359.99$。若增量再小一點，$x$ 從 1 增加到 1.00001，x 的增量為 $\Delta x=0.00001$，y 的增量為 $\Delta y=$ 0.0036，得到斜率 $\Delta y \div \Delta x=359.999$，發現此值與 359.99 差異很小。為了確認為何如此，我們觀察二次函數 $y=f(x)=216+560x-100x^2$ 的圖形在 $x=1$ 到 1.0001 區間的圖形，並刻意把局部的刻度放大，如圖表 5-4 所示：

圖表 5-4

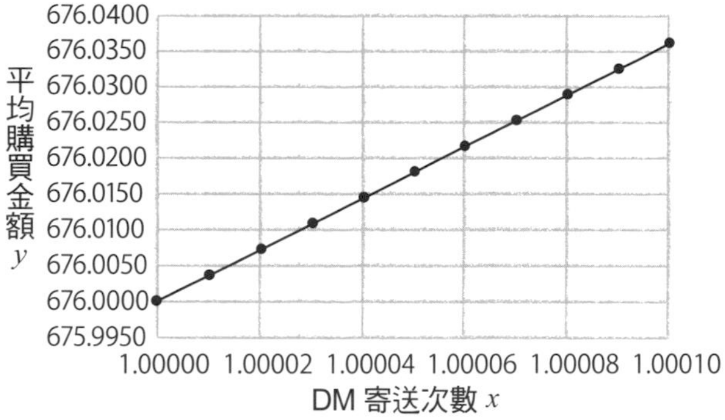

可發現原本如拋物線的曲線，局部放大會近似一條直線。而因為直線的斜率是固定的，所以圖表 5-4 中這條看似直線的曲線上每一點的斜率就會很接近 360（實際數字是 359.99…）。像這樣刻意把小範圍局部放大的想法，就可以算出該小範圍內的斜率。

極限與微分的定義

當然如果能將 x 的增量再細分下去，局部放大就會更趨近於一條直線。直到增量細分到 0.000…0001 那麼小的值，也就是 x 增量大小會趨近於 0，即 $\Delta x \to 0$，這就是極限的觀念。

現在將函數 $y=f(x)$ 在 x 點的微分定義成：

$$\frac{dy}{dx}=\frac{d}{dx}f(x)=\lim_{\Delta x\to 0}\frac{\Delta y}{\Delta x}=\lim_{\Delta x\to 0}\frac{f(x+\Delta x)-f(x)}{\Delta x} \qquad \cdots(32.1)$$

點 x 在增量非常小的情況下，$y=f(x)$ 會增加多少呢？從圖表 5-3 可看到 $\Delta y \div \Delta x$ 的值都是很接近的（359.99…）。再這樣細分下去，可寫成 $\frac{dy}{dx}$，就是微分的概念了。(32.1) 式中的 dx 代表 x 的增量，dy 代表 y 的增量。另外，*lim* 記號稱做極限。

y 和 $f(x)$ 的微分也可以寫成 y' 和 $f'(x)$，但這種記法在統計學和機器學習的專業書中比較少見。因此本書都會用 (32.1) 式的方式來表示微分。

這裡稍微補充一下，y' 和 $f'(x)$ 的記法稱做 *Joseph-Louis Lagrange*（拉格朗日）記法，(32.1) 式的記法稱做 *Gottfried Wilhelm Leibniz*（萊布尼茲）記法。這是因為微積分不是只由一位數學家發明的，在上述兩位數學家之外，也包含了像是 *Sir Isaac Newton*（牛頓）等多位學者的貢獻才發展完成的，所以會有不同的符號表示法。

將二次函數做微分來計算斜率

接下來，我們實際以 *DM* 數量和購買金額的例子來計算微分。根據 (32.1) 式的微分定義可得：

$$y=f(x)=216+560x-100x^2$$

$$\frac{d}{dx}f(x)=\lim_{\Delta x\to 0}\frac{f(x+\Delta x)-f(x)}{\Delta x}$$

$$=\lim_{\Delta x\to 0}\frac{216+560(x+\Delta x)-100(x+\Delta x)^2-(216+560x-100x^2)}{\Delta x}$$

上式的分子部份比較複雜的 $(x+\Delta x)^2$ 先不動它，我們先整理其他部分。經消去相同項後得到：

$$=\lim_{\Delta x\to 0}\frac{216+560x+560\Delta x-100(x+\Delta x)^2-216-560x+100x^2}{\Delta x}$$

$$=\lim_{\Delta x\to 0}\frac{560\Delta x-100(x+\Delta x)^2+100x^2}{\Delta x}$$

接下來將 $(x+\Delta x)^2$ 乘開之後可 如下簡化：

$$=\lim_{\Delta x\to 0}\frac{560\Delta x-100(x^2+2x\Delta x+(\Delta x)^2)+100x^2}{\Delta x}$$

$$=\lim_{\Delta x\to 0}\frac{560\Delta x-100x^2-200x\Delta x-100(\Delta x)^2+100x^2}{\Delta x}$$

$$=\lim_{\Delta x\to 0}\frac{560\Delta x-200x\Delta x-100(\Delta x)^2}{\Delta x}$$

再來將分子中與分母的 Δx 消去（Δx 是趨近於 0，但不等於 0，才得以消去）可得到：

$$=\lim_{\Delta x\to 0}(560-200x-100\Delta x)$$

最後，因為 Δx 是趨近於 0 的數，即使乘上 100 也仍趨近於 0，所以得到：

$$=560-200x$$

亦即 $y=f(x)=216+560x-100x^2$ 對 x 微分時，可得到：

$$\frac{d}{dx}f(x)=\lim_{\Delta x\to 0}\frac{f(x+\Delta x)-f(x)}{\Delta x}=560-200x \qquad \cdots(32.2)$$

前面計算 $x=1$ 在極小增量下得到斜率接近 360。現在用微分的方式，只要將 x 等於 1 代入 (32.2) 式，即可得到函數 $f(x)$ 在該點的斜率了：

$$\frac{d}{dx}f(1)=560-200\cdot 1=360$$

請注意！這裡是 $f(x)$ 先微分後再代入 1，而不是 $f(x)$ 先代入 1 再微分同理，只要將 $x=2$ 代入 (32.2) 式又可得到函數 $f(x)$ 在 x 等於 2 該點的斜率為 160。也就是說，利用微分的方法，就不需要在各點不斷細分去計算增量比值 $\Delta y \div \Delta x$，即可輕鬆得到曲線上任何一個點的斜率。

另外，(32.2) 式右邊的函數也稱為 $f(x)$ 的「導函數」。只要任意給定 x 值，代入導函數即可「導」出該點的斜率。

基本上，在機器學習領域使用微分時，特別關注導函數等於 0 會發生在哪些點上。此時，利用導函數就可以簡單找出最佳化的點。因為導函數等於 0 就表示斜率等於 0，表示在該點會出現局部極大值或極小值。

圖表 5-5

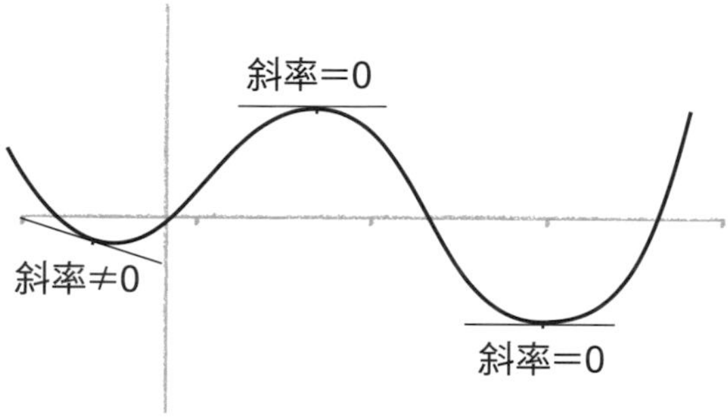

從上圖可看出斜率等於 0，即水平線處，$f(x)$ 為局部極大值或極小值。

現在試著從 (32.2) 式的導函數等於 0 來計算局部極大值 (也可能是極小值) 的點。令：

$$\frac{d}{dx}f(x)=560-200x=0$$

$$\Leftrightarrow \quad 200x=560$$

$$\Leftrightarrow \quad x=\frac{560}{200}=2.8$$

從圖表 5-1 可判斷這是一個極大值而非極小值

當然使用第 2 篇的配方法來求 $f(x)$ 為極大（或極小）值的 x 值，也會得到相同的答案。然而利用導函數等於 0 來求極大（或極小）值的點，要比配方法簡單多了。

不過，並非所有的函數都可以透過微分來找到極大（或極小）值的點，例如三次函數 $y=x^3$ 的圖形如下圖表所示。這個函數的導函數等於 0 的點 (0, 0)，就無法使 y 有極大值或極小值。可看出當 x 比 0 大時，y 開始遞增；相反地當 x 比 0 小時，y 也跟著變越小。

圖表 5-6

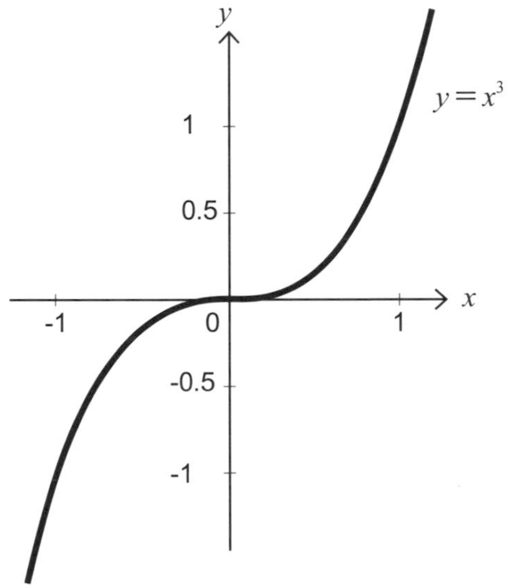

有些函數不存在極大值或極小值，但即使如此，在迴歸分析中為了找出最適合的數學模型（也就是模型預測值與實際數據間的誤差值盡可能小），我們也還是會利用導函數等於 0 的作法，以得到最符合的迴歸係數。這種作法也同樣應用在多元迴歸分析與深度學習，找出最適合描述已知數據的數學模型，進而對新數據作出預測。

單元 33

n 次函數的微分

在瞭解微分的定義之後，要熟練使用微分，就必須知道微分的運算規則。如果每次都用(32.1)式的微分定義來計算微分會相當累人，但其實我們可以算出一些常用函數的微分，然後把這些常用的微分公式記起來會比較方便。

例如本書提過的線性函數 $y=a+bx$ 或二次函數 $y=a+bx+cx^2$ 等，其實都可以用 n 次函數作為通則。n 次函數最簡單的形式即 $f(x)=x^n$，其中 n 是自然數。對 $f(x)$ 求導函數，只要❶在前面乘上 n 倍，❷並將 x 的指數 n 減 1，即可得到 x^n 函數的微分：即為：

$$\frac{d}{dx}x^n=nx^{n-1} \qquad \cdots(33.1)$$

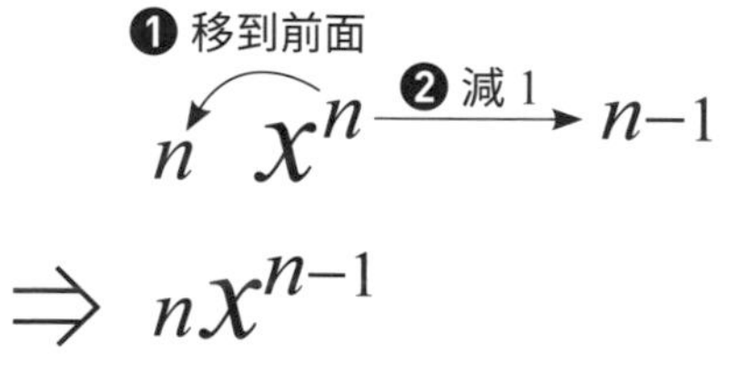

n 次函數微分基本公式證明

為了證明 n 次函數微分的公式，首先根據(32.1)式微分定義，套用到(33.1)式的左邊會變成什麼呢？

$$\frac{d}{dx}x^n=\lim_{\Delta x\to 0}\frac{(x+\Delta x)^n-x^n}{\Delta x} \qquad \cdots(33.2)$$

(33.2) 式利用二項式定理(請復習單元 16),將 $(x+\Delta x)^n$ 展開後會變成:

$$=\lim_{\Delta x\to 0}\frac{\left(x^n+nx^{n-1}\Delta x+\dfrac{n!}{(n-2)!2!}x^{n-2}\Delta x^2+\cdots\right)-x^n}{\Delta x}$$

仔細觀察,分子最左邊和最右邊的部分 , x^n 與 $-x^n$ 可以相互消去變成:

$$=\lim_{\Delta x\to 0}\frac{nx^{n-1}\Delta x+\dfrac{n!}{(n-2)!2!}x^{n-2}\Delta x^2+\cdots}{\Delta x}$$

再將分子與分母同除以 Δx:

$$=\lim_{\Delta x\to 0}\left(nx^{n-1}+\frac{n!}{(n-2)!2!}x^{n-2}\Delta x+\cdots\right)$$

因為 Δx 是非常非常小的數,所以上式括號中之第二項與後面各項,每項都有 Δx 的因數,故當 Δx 趨近於 0 時,含有 Δx 的每一項均視為 0,最後僅剩一項:

$$=nx^{n-1}$$

因此得證 (33.1) 式:

$$\frac{d}{dx}x^n=nx^{n-1}$$

以上這個公式不止限於 n 為正整數,在 n 為負整數且 $x\neq 0$ 時亦成立。

負整數次方函數在 x＝0 時？

那麼，負整數次方的函數在 $x=0$ 的地方會變得如何？

例如最簡單的負整數次方函數 $y=x^{-1}$，此函數之 x 與 y 的關係是反比例關係，函數圖形如下圖所示：

圖表 5-7

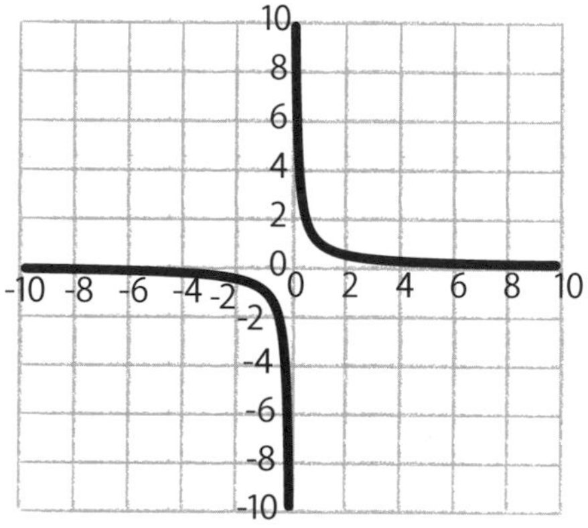

從上圖可看出 $y=x^{-1}$ 的函數圖形在 $x=0$ 時就無法計算斜率。所以，在 n 為負整數時，指數函數 $(x-a)^n$ 的微分（上圖中的 a 是 0），在 $x=a$ 這個點要特別小心！會無法計算函數在該點的斜率。這種無法計算斜率的點，即表示「不可微分」。有關不可微分的問題，有興趣的讀者可進一步參考微積分專書。

0 次函數的微分

前面已討論過正整數與負整數次方函數的微分，那麼 0 次方的函數呢？我們在指數函數學到 x 的 0 次方等於 1，所以 $y=f(x)=x^0=1$ 的微分會變成什麼呢？

這個問題當然還是回到微分的定義（32.1）式上來討論，因為 x 無論取任何值，函數值都恆等於 1，所以斜率理所當然是 0。

多項式微分的性質

我們到此把 x 的整數次方函數的微分分別做了討論，實際上計算多項式函數微分時，就不會只有一項做微分。例如單元 32 的 DM 寄送次數與購買金額的函數例子 $f(x)=-100x^2+560x+216$。此函數不僅包括 x 的二次項，還有一次項與常數項組合在一起，而且各項前面還乘有係數。

接下來要學習由多個函數組合成的多項式函數如何求得其微分。關於多項式函數的微分，只要記住下面幾個性質，就可以輕鬆上手。底下，假設 $f(x)$ 與 $g(x)$ 是兩個函數，a 是與 x 無關的常數。我們來看底下幾個微分的性質：

性質 1：兩個函數相加後再微分，會等於個別微分後再相加：

$$\frac{d}{dx}(f(x)+g(x))=\frac{d}{dx}f(x)+\frac{d}{dx}g(x)$$

性質 2：函數乘以常數倍之後再微分，會等於微分之後再乘上常數倍：

$$\frac{d}{dx}(a\cdot f(x))=a\cdot\frac{d}{dx}f(x)$$

性質 3：兩個函數相乘後再微分，會等於第一個函數乘以第二個函數微分，再加上第一個函數微分乘以第二個函數：

$$\frac{d}{dx}(f(x)\cdot g(x))=f(x)\cdot\frac{d}{dx}g(x)+g(x)\cdot\frac{d}{dx}f(x)$$

性質 4：兩個函數相除後之微分，會等於分母函數的平方分之「分母函數乘以分子函數微分，再減去分母函數微分乘以分子函數」：

$$\frac{d}{dx}\left(\frac{g(x)}{f(x)}\right)=\frac{f(x)\cdot\frac{d}{dx}g(x)-g(x)\cdot\frac{d}{dx}f(x)}{(f(x))^2}$$

以上這 4 個性質，全部都可以依據微分的定義推導出來，有興趣的讀者可以挑戰看看！

利用上面 4 個性質中的前 2 個性質，可以推導出下面的式子：

$$\frac{d}{dx}(a\cdot f(x)+b\cdot g(x))=a\cdot\frac{d}{dx}f(x)+b\cdot\frac{d}{dx}g(x)$$

上式中的 a、b 是與 x 無關的常數。結合 (33.1) 式的微分結果，以及常數的微分等於 0 的結果，對於 n(整數) 次多項式函數的微分，就可以很容易計算出來了。

二次函數微分範例

現在利用前面提過的 DM 寄送次數和購買金額的二次函數 $y=f(x)=-100x^2+560x+216$ 做微分：

$$\frac{dy}{dx}=\frac{d}{dx}f(x)=\frac{d}{dx}(-100x^2+560x+216)$$

$$=-100\cdot\frac{d}{dx}x^2+560\cdot\frac{d}{dx}x+216\cdot\frac{d}{dx}1$$

$$=-100\cdot(2x^{2-1})+560\cdot(1\cdot x^{1-1})+216\cdot 0$$
$$=-100\cdot 2x+560\cdot x^{0}$$
$$=-200x+560$$

上面的結果與(32.2)式完全一樣。

只要記住以上的微分規則，像 $ax^n+bx^{n-1}+cx^{n-2}+\cdots\cdots+mx+n$ 這種常數係數多項式函數(其中 a、b、c、……、m、n 都是常數)，我們就可以很快算出其微分為 $anx^{n-1}+b(n-1)x^{n-2}+c(n-2)x^{n-3}+\cdots\cdots+m$ 了。

單元 34

積分基礎 - 從幾何學角度瞭解連續型機率密度函數

對函數作微分，是將某個 x 點的增量作細分，藉由 $f(x)$ 函數的變化量來算出在該點的斜率。而積分也是從細分的角度思考 $f(x)$ 函數構成的面積（或體積）。具備積分的基礎，才能理解統計學與機器學習常用到的機率密度函數。

在學習積分之前，本單元先從幾何學的角度了解機率密度函數。請考慮下面的狀況：

> 某位工程師因對作業時間的評估太過寬鬆而被上司訓斥。上司每次分配的工作難度基本上差異不大，他正常情況一週（5 個工作天）可完成。狀況好的時候可以在 2～3 天完成，也有時候遇到問題而需要接近兩週的時間。如此大的不可靠性，會使後端工廠的銜接出現困難。
>
> 現在比較有問題之處是超過一週時間完成的情況，不僅會衍生出工程師的加班費，也因為必須如期完成，需要委外處理而產生額外的費用。還會因為出貨延誤，使得後端工廠員工無貨可加工的等待成本。
>
> 正因如此，上司對工程師的作業時間就不是以「平均幾天可作完」或「幾天完成的可能性最高」來判斷，而是要在有數學根據的基礎下，算出在有 95% 機率把握的情況下，多少天能完工？這樣才不會出現完成天數差異太大的問題，讓後端工廠順利銜接。

工程師為了達成上司的要求，從專案管理的書籍中瞭解到使用「三角分佈」可以從數學觀點著手。由實際的經驗法則可知「不管再怎麼快也不可能 1 天完成」、「可能性最高的天數是 5 天」、「最多不會用到 10 個工作天」，那麼上司說「至少有 95% 機率把握的情況下，到底要多少天可完工？」要怎麼算呢？

利用三角分佈的機率密度函數計算機率

所謂三角分佈是統計學上的一種連續分佈圖形，只要知道橫軸隨機變數 x 的下限值、上限值、眾數值(也就是出現次數最多的值)，即可畫出一個三角分佈圖。依照工程師的經驗法則，可知下限值為 1 天，上限值為 10 天，眾數值為 5 天。因此可畫出下面的連續型機率密度函數圖：

圖表 5-8

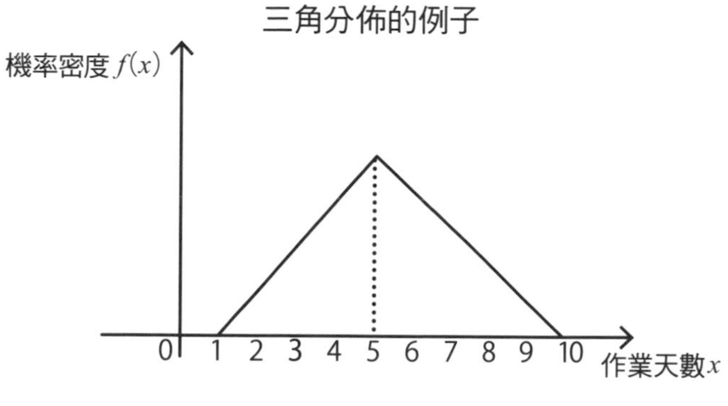

> **小編補充：** 請注意！此圖的縱軸不是機率，而是機率密度，因此我們要瞭解機率密度與機率的關係。什麼是密度？例如人口密度是人口數除以平方公里、液體的密度是質量除以體積。而機率密度就是機率除以 x 軸的單位，換句話說，用機率密度乘以 x 軸的一段區間所得到的面積，就表示 x 發生在該區間的機率。

離散與連續函數的機率值

我們回顧單元 17 談過的二項分佈。在業務員拜訪客戶 10 次中可取得幾件合約的機率，可歸納出如圖表 5-9，每個長條都是獨立分離的，是因為橫軸的合約件數間隔是整數，不會出現〞簽下 3.1 件或 2.9 件合約〞這種數字，所以就以整數「離散」的長條圖來表示：

圖表 5-9

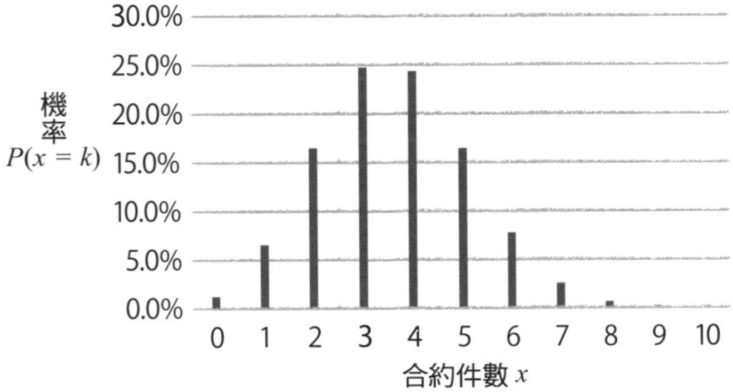

然而，關於工程師作業時間的例子而言，時間的值就不見得是整數。例如一般常說「剛好 5 天做完」，然而在實務上真正花在工作的時間，往往還包括偶爾收發電子郵件、整理資料等等，然後再加班趕工來完成。像這樣的情況，更精確地說可能是「大約 4.9 天」或「大約 5.1 天」，或者再細分時間為 4.91、5.11 天，這就表示 x 軸的天數並非整數，而是連續的實數，如此構成的會是一個連續圖形的函數。

像二項分佈這種離散機率分佈，樣本點的機率值只要看長條圖的高度即可，所有長條的機率值加總會等於 100%。然而像三角分佈的連續機率分佈，就不是看長條圖機率值的加總，而是要看連續機率密度函數下方圍出來的面積，也就是說，圖表 5-8 整個三角形面積會等於 1，也就是總機率為 100%。如果要算 5 天內完成的機率，就是機率密度函數下從 1 到 5 的三角形面積。

從幾何學角度計算三角分佈的機率

我們回到圖表 5-8，從「不管怎麼快也不可能 1 天完成」、「可能性最高的天數是 5 天」、「最多不會用到 10 個工作天」的經驗法則來繪圖。橫軸的範圍就是 1～10 天，機率密度最大是第 5 天的時候，從圖表 5-8 的三角形中，可知道 5 天內完成的機率，即為 1～5 天與函數圍成的虛線左側三角形面積。

因為「機率密度函數底下的總面積值要等於 1」，所以先求圖表 5-8 這個三角形的高，因為三角形的底邊長是 10−1＝9，所以：

$$\text{面積} = \text{底邊} \times \text{高} \div 2$$

$$\Leftrightarrow \quad 1 = 9 \times \text{高} \times \frac{1}{2}$$

$$\Leftrightarrow \quad \text{高} = 1 \times \frac{1}{9} \times 2 = \frac{2}{9}$$

故所求的高$\frac{2}{9}$，就是 x 軸上作業時間剛好為 5 天這個位置的機率密度 $f(5)$。

同時，知道三角形的高之後，圖表 5-8 虛線左右兩側的三角形面積，即「5 天內完成」的機率，以及「無法 5 天完成」的機率，就可分別求出。前者的底是 5−1＝4，後者的底是 10−5＝5，所以：

$$\text{5 天完成的機率} = 4 \times \frac{2}{9} \times \frac{1}{2} = \frac{4}{9}$$

$$\text{無法 5 天完成的機率} = 5 \times \frac{2}{9} \times \frac{1}{2} = \frac{5}{9}$$

亦即，在機率加總等於 1 的情況下，可以求出左邊三角形的機率為 $\frac{4}{9}$，右邊三角形的機率是 $\frac{5}{9}$。也就是說，工程師自以為大多數時間能在 5 天完成，但實際上 5 天完成的機率只有 $\frac{4}{9}$，而有 $\frac{5}{9}$ 的機率會超過 5 天。出現延遲完工或產生額外的加班費，造成公司不必要的損失，顯然被上司訓斥只是剛好而已。

至少有 95% 機率能完工的天數

回到上司想知道的「至少有 95% 機率能完工的天數」為何？如下圖所示：

圖表 5-10

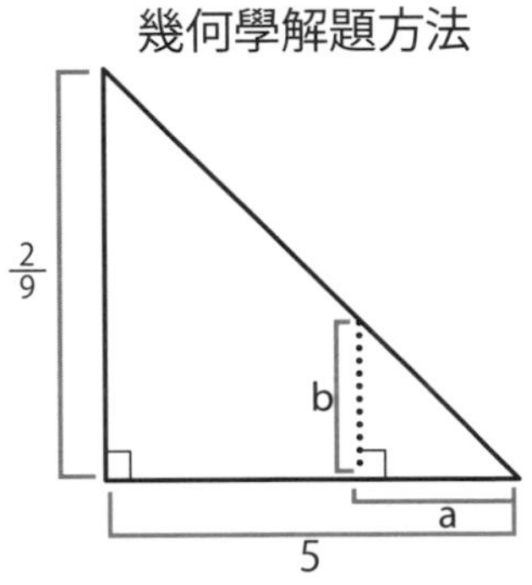

上圖是截取圖表 5-8 虛線右側的三角形，代表「無法 5 天內完成」的機率密度圖形。我們知道上圖的底邊長是 5，高是 $\frac{2}{9}$，面積是 $\frac{5}{9}$ 的直角三角形。現在考慮底邊長為 a，高為 b 的小直角三角形。我們想知道 95% 可能性下完成的天數，只要計算這個小直角三角形面積為 $1-0.95=0.05$，得出 a 值，則 $10-a$ 就是所求的天數，也就是可確保有 95% 的機率在 $10-a$ 天內能完工。

因為小直角三角形與大直角三角形是相似三角形的關係，所以邊長的比例相等：

$$\frac{\frac{2}{9}}{5}=\frac{b}{a}$$

$$\Leftrightarrow \quad \frac{2}{45}a=b$$

因此，從右邊的小直角三角形面積「底邊 × 高 ÷ 2」來看，可得：

$$小直角三角形面積=a\times b\div 2=a\cdot\frac{2a}{45}\cdot\frac{1}{2}=\frac{a^2}{45}$$

再從第 1 篇單元 8 學到的餘事件機率，等於 1 減掉該事件的機率，得到這個小直角三角形的面積等於 1−0.95＝0.05，所以：

$$\frac{a^2}{45}=0.05=\frac{1}{20}$$

$$\Leftrightarrow \quad a^2=\frac{45}{20}=\frac{9}{4}$$

又因為 a 是正值，故得到：

$$a=\sqrt{\frac{9}{4}}=\frac{3}{2}=1.5$$

將此 a 代回三角分佈的全圖來看，可知 $10-1.5=8.5$，所以在 8.5 天之內完成的機率是 0.95，也就是 95%。以數學求出這個作業時間，就可讓上司知道只要有 8.5 天的作業時間，工程師就有 95% 機率完成工作，而不會造成公司的困擾。

三角分佈是相當單純的機率分佈範例，只要計算三角形下方圍出來的面積即可。然而，實際上在統計學與機器學習領域，經常使用的機率密度函數要比三角分佈複雜許多，甚至是不規則形狀，此時就必須使用積分才能算得出來。因此在下一個單元裡，我們仍然以三角分佈為例，但會改用積分的方法來做。如此學會積分求面積之後，自然就能應用到其它機率密度函數了。

單元 35

積分基礎 – 用積分計算機率密度函數

前一個單元以三角分佈這個連續型機率密度函數為例，並以幾何學的做法來求函數下方圍出的面積，進而推算出有 95% 機率能完成的天數。然而，在統計學和機器學習領域，實際用到的機率密度函數比三角分佈複雜許多，因此計算面積時，就必須使用積分的技巧。

積分就是面積細分之後的加總

在前面我們說過，積分是先將函數依 x 軸的區間做細分，再全部加總成面積(或體積)。現在我們要做的就是將三角分佈圖形的 x 軸，以縱切方式細分，如下圖所示，從 1.00000～1.00010 之間的每條細分都是寬 0.00001 的灰色長方形：

圖表 5-11

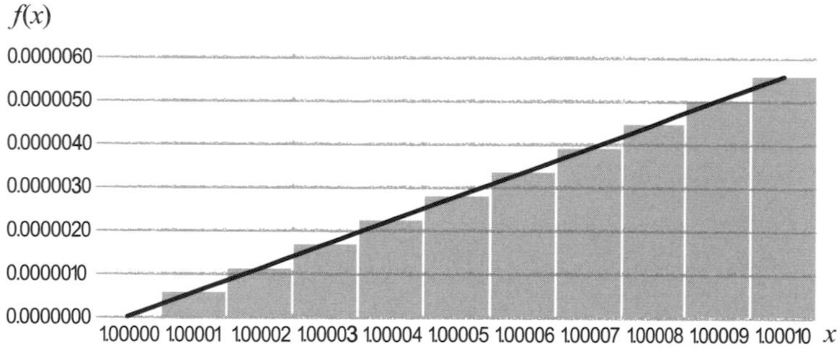

如此細分之後，機率密度函數曲線下方與 x 軸圍出的面積，就可以利用一條一條細分後的長方形面積加總來計算。我們可以注意到：每一條長方形左上角的值比機率密度函數 $f(x)$ 值稍多一點，而右上角的值又比機率密度函數 $f(x)$ 值稍少一點。

圖表 5-12

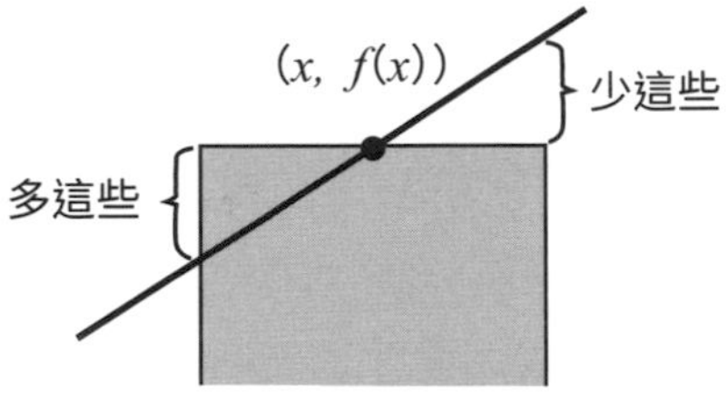

以圖表 5-11 來計算時，一條長方形的寬為 0.00001，長方形的高則是長方形與機率密度函數圖形相交在 $(x, f(x))$ 處的 $f(x)$ 值。所以再將這樣的一條一條長方形細分下去，最終得到的所有長方形面積加總就是積分值。這樣的細分思維，其實與微分時的細分概念相同，所以細分到很細時的長方形之寬為 dx、高為 $f(x)$，則一條長方形面積為寬與高相乘，即 $f(x)dx$。

將這些細分到很細的長方形面積一個個加起來，就可以得到機率密度函數下方與 x 軸圍出的面積。以圖表 5-9 為例，就是作業時間從 1～10 天為止的一條條長方形面積加起來（所有機率相加），結果就會是 1（總機率）。由於每次求面積，都要經過這樣細分再細分的過程再加總面積，總覺得太囉嗦，所以數學上就以「積分符號」來表示：

$$\int_{x=1}^{x=10} f(x)dx = 1 \qquad \cdots(35.1)$$

上面式子的意思是「對 $f(x)$ 函數做積分，x 的範圍從 1 到 10」。另外，(35.1) 式最前面的積分符號是數學家萊布尼茲所採用很像拉長的 S（而且與 Σ 加總符號有點相像）。還有，(35.1) 式是因為要特別讓讀者知道是對 x 做積分，且範圍是從 $x=1$ 到 $x=10$。然而大部分會習慣將「$x=$」省略，僅寫為 $\int_1^{10} f(x)dx = 1$。

用積分計算機率密度函數圍成的面積

在上個單元工程師的例子中，上司想知道的並不是(35.1)式中「x 從 1 到 10 天的面積等於 1」，而是「x 從 1 到多少天時，面積剛好等於 0.95」。若將這個「多少天」假設為「t 天」，則可得到下式：

$$\int_1^t f(x)\,dx = 0.95 \qquad \cdots(35.2)$$

我們接著要思考工程師例子(圖表 5-8)的機率密度函數 $f(x)$ 長什麼樣子？在此直接先給出答案：

$$f(x) = \begin{cases} -\dfrac{1}{18} + \dfrac{1}{18}x & (1 \leq x < 5) \\ \dfrac{4}{9} - \dfrac{2}{45}x & (5 \leq x < 10) \\ 0 & (x < 1，10 \leq x) \end{cases} \qquad \cdots(35.3)$$

此機率密度函數表示 x 在 1～5 區間是斜率 $\dfrac{1}{18}$ 的直線，x 在 5～10 區間是斜率 $-\dfrac{2}{45}$ 的另一直線，在 1～10 以外之處的機率密度函數值等於 0，如下所示：

圖表 5-13

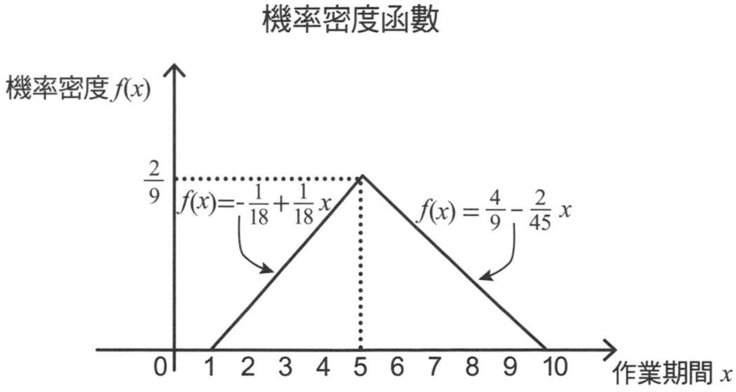

上圖中，虛線左側即 $1 \leq x < 5$ 的區間，這條直線的起點是「$x=1$，$f(x)=0$」，終點是「$x=5$，$f(x)=\frac{2}{9}$」。虛線右側即 $5 \leq x < 10$ 的區間，這條直線的起點是「$x=5$，$f(x)=\frac{2}{9}$」，終點是「$x=10$，$f(x)=0$」，此即為 (35.3) 式。

在此案例中，因為 x 在不同範圍時會對應不同的函數（見 (35.3) 式），因此在做積分時也要依範圍對不同的函數做積分。因此 (35.1) 式要將 x 從 1 積到 10，就需要分成兩段來計算。第一段是「x 從 1 積到 5」，第二段是「x 從 5 積到 10」，分別算出來後再相加。因此 (35.1) 式的公式就可根據 (35.3) 式分成兩段分別積分，然後再相加：

$$\int_1^{10} f(x)\,dx$$
$$=\int_1^5 \left(-\frac{1}{18}+\frac{1}{18}x\right)dx+\int_5^{10}\left(\frac{4}{9}-\frac{2}{45}x\right)dx \qquad \cdots(35.4)$$

積分的性質

接下來就是分別將兩個範圍的 $f(x)$ 積分出來就完成了。要如何做積分，請先了解一下積分的性質。假設某個函數 $F(x)$ 對 x 微分後是 $f(x)$，函數 $G(x)$ 對 x 微分後是 $g(x)$，而 C 是與 x 無關的常數，則我們有下面 7 個積分性質：

性質 1：

$$\text{若 } \frac{d}{dx}F(x)=f(x),\ \text{則 } \int f(x)\,dx=F(x)+C$$

$F(x)$ 稱作 $f(x)$ 的原始函數，C 稱作積分常數，$\int f(x)dx$ 稱作 $f(x)$ 的不定積分（不限積分的範圍）。

性質 2：

$$\frac{d}{dx}F(x)=f(x)\text{, 則 } \int_a^b f(x)\,dx=F(b)-F(a)$$

性質 3：「x 從 a 到 b」的積分，可以拆開成「x 從 a 到 c」的積分與「x 從 c 到 b」的積分之和。亦即：

$$\int_a^b f(x)\,dx=\int_a^c f(x)\,dx+\int_c^b f(x)\,dx$$

另外，「x 從 a 到 b」的積分與「x 從 b 到 a」的積分關係是：

$$\int_a^b f(x)\,dx=-\int_b^a f(x)\,dx$$

性質 4：不管是定積分或不定積分（定積分是固定範圍，不定積分是不限範圍），只要將被積分函數乘以常數倍後，可得到下面的積分等式：

$$\int p\cdot f(x)\,dx=p\cdot\int f(x)\,dx \quad \longleftarrow \text{不定積分}$$

$$\int_a^b p\cdot f(x)\,dx=p\cdot\int_a^b f(x)\,dx \quad \longleftarrow \text{定積分}$$

性質 5：不管是定積分或不定積分，被積分函數是兩個函數相加時，可得到如下積分等式：

$$\int (f(x)+g(x))\,dx=\int f(x)\,dx+\int g(x)\,dx \quad \longleftarrow \text{不定積分}$$

$$\int_a^b (f(x)+g(x))\,dx=\int_a^b f(x)\,dx+\int_a^b g(x)\,dx \quad \longleftarrow \text{定積分}$$

性質 6： x 的 n 次方基本函數的不定積分如下：

$$\int x^n dx = \frac{1}{n+1} x^{n+1} + C$$

性質 7： 不管是定積分或不定積分，下面的積分關係成立：

$$\int (f(x) \cdot G(x)) dx = F(x) \cdot G(x) + C - \int (F(x) \cdot g(x)) dx$$

積分性質 1 的說明

首先說明性質 1。我們回憶一下圖表 5-11，因為三角分佈的圖形從 1.00000 到某個 x 值為止的面積，必定與 x 有關，所以將三角分佈下方的面積假設成 $F(x)$，我們稱 $F(x)$ 為原始函數。現在對這個 $F(x)$ 微分會變成甚麼呢？如下圖所示：

圖表 5-14

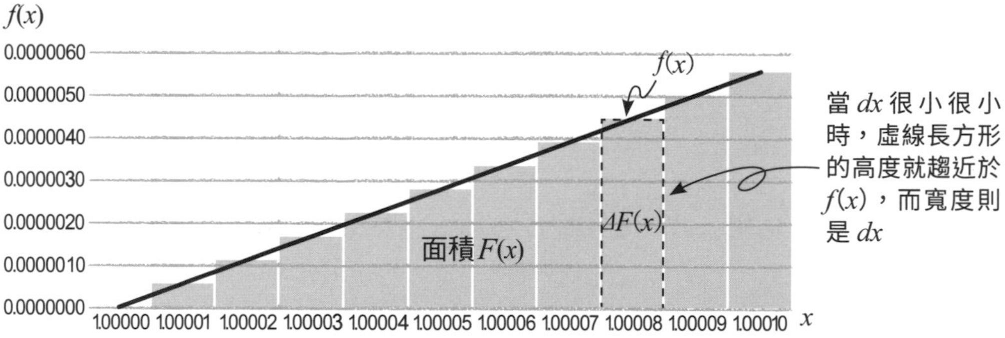

$F(x)$ 的面積會隨著 x 軸每增加 0.00001 而增加 $0.00001 \cdot f(x)$ 的面積(即一個細長條的底乘以高，也就是 $\Delta F(x)$)。例如：

當 $x=1.00000$，$F(x)=0.00001\cdot f(1.00000)$

當 $x=1.00001$，$F(x)=0.00001\cdot f(1.00000)+\underbrace{0.00001\cdot f(1.00001)}_{\Delta F(x)}$

…… 依此類推

因此對 $F(x)$ 微分的意思，就是算出 $F(x)$ 的增加量 $\Delta F(x)$ 去除以 x 的增加量 Δx，也就是：

$$\frac{\Delta F(x)}{\Delta x}=\frac{0.00001\cdot f(x)}{0.00001}=f(x)$$

又，如果 x 的增加量 dx 更小於 0.00001 時，參考圖表 5-14 及 5-12，一條條灰色長方形左上角高出函數圖形的部分，以及右上角小於函數圖形的部分相抵之後就更可以忽視，所以長方形的高度就趨近於 $f(x)$，而面積變化 $F(x+dx)-F(x)$ 就是「高 × 底」$=f(x)\cdot dx$。因此，可寫成下式：

$$\frac{d}{dx}F(x)=\lim_{dx\to 0}\frac{F(x+dx)-F(x)}{dx}=\frac{f(x)\cdot dx}{dx}=f(x) \qquad \cdots(35.5)$$

故得到函數圖形底下的面積 $F(x)$ 的微分，等於函數 $f(x)$。因此，將函數 $f(x)$ 積分，就是在找出原始函數 $F(x)$。

但是，這裡必須注意的是 $F(x)$ 加上任何常數後再微分，仍然等於 $f(x)$，這是因為常數的微分是 0 之故，也就是：

$$\frac{d}{dx}F(x)=f(x)\text{ 時,}$$

$$\frac{d}{dx}(F(x)+C)=\frac{d}{dx}F(x)+\frac{d}{dx}C=f(x)+0=f(x)$$

這就是性質 1 等式最後要加上一個積分常數 C 的原因。這種未指定 x 區間的積分就稱為「不定積分」。若要明確知道 C 的值是多少，就必須增加其它條件，例如要確知 $F(x)$ 在某 x 處的值，就能算出 C 值。

積分性質 2 的說明

積分常數未知，看起來好像對利用積分求面積會有影響，但其實不然。因為只要積分區間「從哪裡積到哪裡」確定，這個積分常數即使未知也沒關係，因為在計算過程中會被消去。這種指定區間的積分就稱作「定積分」。

例如，像這次考慮三角分佈的左側，其機率密度函數是 $f(x)$，計算 x 從 1 到 5 區間的定積分，由於 $f(x)$ 不定積分的結果是 $F(x)+C$，從下面的計算可看出即使 C 未知，也不影響定積分計算，因為 C 會被消去：

$$\int_1^5 f(x)\,dx = (F(5)+C) - (F(1)+C) = F(5) - F(1)$$

像這樣計算 x 指定區間的定積分，就是性質 2 。

積分性質 3 的說明

根據性質 2，性質 3 就容易證明了。性質 3 等式右邊變成：

$$\begin{aligned}
&\int_a^c f(x)\,dx + \int_c^b f(x)\,dx \\
&= F(c) - F(a) + F(b) - F(c) \\
&= F(b) - F(a) \\
&= \int_a^b f(x)\,dx
\end{aligned}$$

亦即，將定積分的區間 a 到 b，任意分割成 a 到 c 與 c 到 b 兩個區間來計算，結果定積分的值相同。

性質 3 的另外一個等式，也可以透過上面的簡單計算來證明：

$$
\begin{aligned}
&-\int_b^a f(x)dx \\
&=-(F(a)-F(b)) \\
&=F(b)-F(a) \\
&=\int_a^b f(x)dx
\end{aligned}
$$

積分性質 4 或 5 的說明

接下來，不管是性質 4 或性質 5，皆能透過前面學過的微分性質而求得。已知 $F(x)$ 的微分是 $f(x)$，可得：

$$\frac{d}{dx}\left(p\cdot\int f(x)dx\right)=p\cdot\frac{d}{dx}\left(\int f(x)dx\right)=p\cdot\frac{d}{dx}F(x)=p\cdot f(x)$$

因為 $p\cdot\int f(x)dx$ 微分是 $p\cdot f(x)$，且 $p\cdot f(x)$ 是 $\int(p\cdot f(x))dx$ 的微分。
亦即：

$$\int p\cdot f(x)dx = p\cdot\int f(x)dx$$

且 $F(x)$ 是 $f(x)$ 之原始函數，所以：

$$\int p\cdot f(x)dx = p\cdot\int f(x)dx= p\cdot(F(x)+C)$$

故

$$\int_a^b (p\cdot f(x))dx = p\cdot(F(b)-(F(a))= p\cdot\int_a^b f(x)dx$$

同理，讀者可根據微分性質 1 以及類似上述的方法，得到性質 5。

積分性質 6 的說明

性質 6 的證明可根據 (33.1) 式，x 的 n 次方函數的微分，以及不定積分就是在求原始函數，使得原始函數微分之後是被積分函數的原理來加以證明。因為：

$$\frac{d}{dx}\left(\frac{1}{n+1}x^{n+1}\right)=\frac{1}{n+1}\cdot(n+1)\cdot x^{n+1-1}=x^n$$

所以 $\frac{1}{n+1}x^{n+1}$ 是 x^n 的原始函數，再根據性質 1，就可得性質 6。得到此結果時，不要忘了不定積分要加上積分常數 C，以及 n 是 -1 時，會造成 $\frac{1}{n+1}$ 之分母變成 0，所以性質 6 要排除 $n=-1$ 的情況。當然這不代表 $n=-1$ 時就不能對 x^{-1} 積分。x^{-1} 這個情況，我們在後面會做說明。

積分性質 7 的說明

最後，性質 7 的證明雖然有點複雜，但它也可回到「兩個函數乘積」的微分規則，亦即微分的性質 3（見 5-13 頁）透過等式兩邊積分就可得到。已知 $F(x)$ 對 x 微分是 $f(x)$，$G(x)$ 對 x 微分是 $g(x)$，且：

$$\frac{d}{dx}(F(x)\cdot G(x))=F(x)\cdot\frac{d}{dx}G(x)+G(x)\cdot\frac{d}{dx}F(x)$$

詳見 5-13 頁

所以可得

$$\frac{d}{dx}(F(x)\cdot G(x))=F(x)\cdot g(x)+G(x)\cdot f(x)$$

也就是 $F(x)\cdot g(x)+f(x)\cdot G(x)$ 的原始函數是 $F(x)\cdot G(x)$，亦即：

$$\int(F(x)\cdot g(x)+f(x)\cdot G(x))dx = F(x)\cdot G(x)+C$$

進而再根據性質 5，可得：

$$F(x)\cdot G(x)+C=\int(F(x)\cdot g(x)+f(x)\cdot G(x))dx$$
$$=\int(F(x)\cdot g(x))dx+\int(f(x)\cdot G(x))dx$$

上面等式兩邊同時減去 $\int(F(x)\cdot g(x))dx$，故得到性質 7：

$$\int(f(x)\cdot G(x))dx = F(x)\cdot G(x)+C-\int(F(x)\cdot g(x))dx$$

性質 7 我們稱為「**分部積分 (*integral by part*)**」。

用積分性質對機率密度函數做定積分

接著讓我們利用這 7 個性質，來計算 (35.4) 式等號右邊的積分。首先，我們計算 (35.4) 式等號右邊第一項，即 x 從 1 到 5 的積分，根據性質 4 與性質 5，因為被積分函數是一個常數與一次項相加，所以：

$$\int_1^5\left(-\frac{1}{18}+\frac{1}{18}x\right)dx=-\frac{1}{18}\int_1^5 1dx+\frac{1}{18}\int_1^5 xdx$$

上式等號右邊再根據性質 6，因為我們知道 x 微分之後等於 1，且 $\frac{1}{2}x^2$ 微分之後等於 x，所以反推回去：

$$=-\frac{1}{18}[x]_1^5+\frac{1}{18}\left[\frac{1}{2}x^2\right]_1^5 \qquad \cdots(35.6)$$

上式中有一個第一次出現的方框符號 [ ]，此符號裡面放的是被積分函數的原始函數(雖然微分之後等於 1 的原始函數應為 $x+C$，微分之後等於 x 的原始函數應為 $\frac{1}{2}x^2+C$，但因為常數 C 在計算時會消去，所以 C 就不用寫出來了。

符號右下與右上放的 1 與 5，就是積分區間。而要計算 $[x]_1^5$，就是將右上的 5 代入方框中的 x，再減去 1 代入方框中的 x，得到 5−1＝4，這相當於性質 2 將 $[x]_1^5$ 視為 $[F(x)]_1^5=F(5)-F(1)$。同理，

$$\left[\frac{1}{2}x^2\right]_1^5=\frac{1}{2}\cdot 5^2-\frac{1}{2}\cdot 1^2$$

故(35.6)變成：

$$
\begin{aligned}
&=-\frac{1}{18}(5-1)+\frac{1}{18}\left(\frac{1}{2}\cdot 25-\frac{1}{2}\cdot 1\right)\\
&=-\frac{4}{18}+\frac{25-1}{18\cdot 2}\\
&=-\frac{4}{18}+\frac{24}{18\cdot 2}\\
&=-\frac{4}{18}+\frac{12}{18}=\frac{8}{18}=\frac{4}{9}
\end{aligned}
$$

這個結果與前一個單元利用幾何學算出的結果相同，亦即三角分佈虛線左邊的面積是 $\frac{4}{9}$，約等於 0.444⋯。所以，如(35.2)式所示，面積剛好等於 0.95 的 t 就會發生在 5 到 10 的範圍裡，因此第二個區間就是從 5 到 t：

$$
\begin{aligned}
0.95=\int_1^t f(x)\cdot dx&=\int_1^5\left(-\frac{1}{18}+\frac{1}{18}x\right)dx+\int_5^t\left(\frac{4}{9}-\frac{2}{45}x\right)dx\\
&=\frac{4}{9}+\int_5^t\left(\frac{4}{9}-\frac{2}{45}x\right)dx \qquad \cdots(35.7)
\end{aligned}
$$

上式等號右邊第二項的積分，跟剛剛 (35.6) 式計算一樣，故得到：

$$
\begin{aligned}
& 0.95-\frac{4}{9}=\int_5^t\left(\frac{4}{9}-\frac{2}{45}x\right)dx \\
\Leftrightarrow\quad & \frac{19}{20}-\frac{4}{9}=\int_5^t\frac{4}{9}dx-\int_5^t\frac{2}{45}xdx \\
\Leftrightarrow\quad & \frac{19\cdot 9-4\cdot 20}{180}=\frac{4}{9}\int_5^t 1dx-\frac{2}{45}\int_5^t xdx \\
\Leftrightarrow\quad & \frac{171-80}{180}=\frac{4}{9}[x]_5^t-\frac{2}{45}\left[\frac{1}{2}x^2\right]_5^t \\
\Leftrightarrow\quad & \frac{91}{180}=\frac{4}{9}(t-5)-\frac{2}{45}\left(\frac{1}{2}t^2-\frac{25}{2}\right) \\
\Leftrightarrow\quad & 4t^2-80t+400-100+91=0 \\
\Leftrightarrow\quad & (t-10)^2=\frac{9}{4} \\
\Leftrightarrow\quad & t=10\pm 1.5
\end{aligned}
$$

因此，得到 t 是 8.5 或 11.5 的答案，又因為 t 在 5 到 10 之間，$t=11.5$ 不成立，所以 t 是 8.5 時即為所求的「至少有 95% 機率能在 8.5 天內完成」。這個答案與先前利用幾何學的方法，求得的答案也一致。

以上是用積分來計算三角分佈面積的一連串過程。實際上現在的統計學和機器學習領域中，幾乎不可能像這樣手算求機率，一般都是用電腦程式來求機率。雖然如此，此處學習將機率密度函數以定積分的方式演練，以及利用 7 個積分基本性質的推導方法，請一定要記下來，因為在理解各種概念或方法上仍然經常會用到。

單元 36

合成函數微分、鏈鎖法則與代換積分

前面已經學會基本的函數微分與積分，接下來要學習的是「合成函數微分」、「鏈鎖法則」與「代換積分」。首先來談談甚麼是合成函數微分，我們以單元 14 寄送 DM 給客戶的次數，會影響平均購買金額的二次函數為例來說明。下圖是此二次函數經過配方法後的標準式與圖形：

圖表 5-15

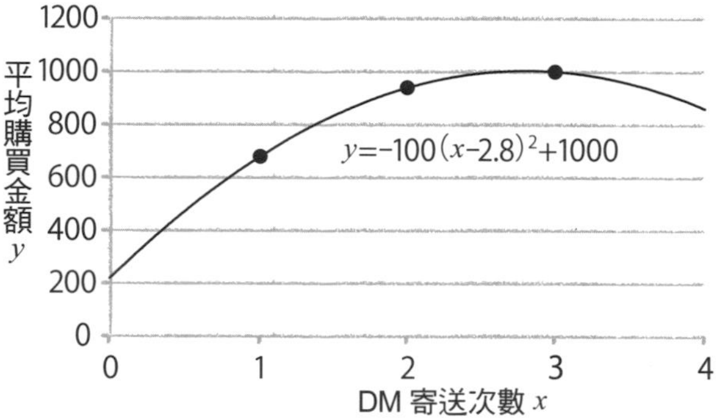

在單元 33 對這個二次函數微分時，是將數學式一項一項做微分，得出「x=2.8 處的斜率等於 0」。現在我們要改用經過配方法的式子來介紹合成函數的微分，以這種方式做微分在計算上十分有用。

合成函數可將複雜式子簡化

合成函數的概念是用簡單的函數名稱來取代看似複雜的函數。例如上圖的式子以函數 u 來取代 $x-2.8$ 時，原式會變得更為簡單，如下所示：

$$\begin{aligned} y &= -100\overbrace{(x-2.8)}^{u}{}^2+1000 \\ &= -100u^2+1000 \qquad \cdots(36.1) \end{aligned}$$

此時，原本題意是 y 要對 x 做微分，但我們把它變成是 y 對 u 做微分，於是 (36.1) 式對 u 微分會變成下面的式子：

$$\frac{dy}{du} = -100 \cdot 2u = -200u \qquad \cdots(36.2)$$

請記得！(36.2) 式此時是對 u 微分的結果，並不是對 x 的微分。因此先對 u 做了微分之後，還要再對 x 微分，才會是正確的，此時我們就要用到萊布尼茲記法，有助於記憶微分的運算規則。

鏈鎖法則與萊布尼茲記法

原本 $y=-100(x-2.8)^2+1000$ 函數，將 $(x-2.8)$ 用 u 代替，因此令 $u=g(x)=x-2.8$，且 $f(u)=-100u^2+1000$，表示我們將 f、g 兩個函數合成在一起等於 y，即稱為合成函數，可以表示為：

$$y = f \circ g(x) \text{ 或 } f(g(x)) \qquad \cdots(36.3)$$

也就是說，代入一個 x 到 g 函數中，從 $g(x)$ 得到的值再代入 f 函數中，就會得到 y 值。

因此，當 y 對 x 微分時，就要運用「**鏈鎖法則(*Chain Rule*)**」，分別對 f 與 g 函數連續微分。也就是：

$$y' = f'(g(x)) \cdot g'(x) \qquad \cdots(36.4)$$

$$= f'(u) \cdot u'$$

$f(u)$ 對 u 微分　　u 對 x 微分

> 如果合成函數是由更多的函數一層層合成，則鏈鎖法則一樣適用，例如：
>
> $y=h(f(g(x)))$，則 y 對 x 微分，就會像撥洋蔥一樣一層一層微分：
>
> $$y' = h'(f(g(x))) \cdot f'(g(x)) \cdot g'(x)$$

不過這種表示法有點複雜，因此可將合成函數微分使用萊布尼茲記法，會變成分數的乘法，也就是用「分子與分母同時乘以相同的數」來計算。如下所示，此時「合成函數 y 對 x 微分」就可以利用下面的萊布尼茲記法計算出來：

$$\frac{dy}{dx} = \frac{dy}{du} \cdot \frac{du}{dx} \qquad \cdots(36.5)$$

(36.5) 式的意思就是「y 對 x 微分」等同於「y 對 u 微分」乘以「u 對 x 微分」，這就是鏈鎖法則。我們注意到等號右邊分子與分母都有一個 du，可如同分數乘法一樣相互消去。有關此記法的公式推導留待本單元最後說明。

這裡我們回到 (36.2) 式等號最右邊的「y 對 u 微分」為 $-200u$，因為已知 $u=x-2.8$，所以「u 對 x 微分」會等於 1。因此可將 (36.2) 式變成 $-200u$，然後再將 $u=x-2.8$ 代入回來即可得「y 對 x 微分」的結果：

$$\frac{dy}{dx} = \frac{dy}{du} \cdot \frac{du}{dx} = -200u \cdot 1 = -200(x-2.8)$$

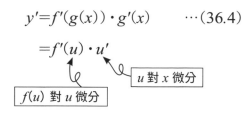

此結果與單元 33 逐項微分的結果相同。所以不管是做逐項微分，或是利用合成函數微分，這兩種方法都可以得到相同的結果。但如果要微分的函數比二次函數更複雜時，採用合成函數微分會比較容易下手。

小編補充： 萊布尼茲記法是非常重要的技巧，尤其用在複雜函數的微分時，可以大幅簡化數學式，使推導容易進行，一定要記住。此外，鏈鎖法則在神經網路中相當重要，後面也都會持續用到。

合成函數的代換積分法

合成函數的積分也有類似上述微分的手法，稱為代換積分法。我們用前面講過的三角分佈為例，x 從 1 到 5 的積分，試試看用代換法：

$$\int_1^5 \left(-\frac{1}{18}+\frac{1}{18}x\right)dx=\frac{1}{18}\int_1^5 (x-1)\,dx \qquad \cdots(36.6)$$

今以 $u=x-1$ 來代換，則 u 對 x 微分可得：

$$\frac{du}{dx}=1$$

利用萊布尼茲記法在等號兩側同時乘以 dx，則可得到 $du=dx$，代回 (36.6) 式，就可將原本對 x 的積分，代換成對 u 積分。請注意！在定積分時須留意當 $x-1$ 代換成 u 的時候，積分區間也要跟著調整。因此原本 x 定積分區間是 1 到 5，代換成 u 的區間就會從 0 到 4，所以：

$$\frac{1}{18}\int_{x=1}^{x=5}(x-1)\,dx=\frac{1}{18}\int_{u=0}^{u=4}\left(u\cdot\frac{dx}{du}\right)du$$

(x-1)

$$=\frac{1}{18}\int_{0}^{4}(u\cdot 1)\,du$$

分子、分母各自增加
du 不影響結果

$$=\frac{1}{18}\int_{0}^{4}u\,du$$

此時，上式最後的等式，就可算出面積為變成 $\frac{4}{9}$：

$$=\frac{1}{18}\left[\frac{1}{2}u^2\right]_0^4=\frac{1}{18}\left(\frac{1}{2}\cdot 16-0\right)=\frac{4}{9}$$

因此採用合成函數的方式，也可以用在積分上，這就是**代換積分**。

用萊布尼茲記法解微分方程式

萊布尼茲記法將 y 對 x 的微分寫成 $\frac{dy}{dx}$ 的型式，不僅在微分或積分運算上有其優點，還可以運用在解決商業問題。我們來看看下面這個例子：

假設你在一家玩具公司負責小學兒童商品的企劃工作，這份工作的關鍵在於能否提前預測到商品流行的趨勢與週期。問題是要怎麼判斷呢？於是去找上司討論，他用經驗法則提供以下兩點意見：

(1) 某商品在一定期間內能賣出多少個，靠兒童彼此之間的口碑影響要比打廣告來得大。隨著購買者逐漸增加，口碑也會逐漸發酵，而使後續購買者的增加率會加速。

(2) 在所有潛在的兒童顧客中，尚未購買的人數愈多，將來會購買的速度也會成一個比例增加；但相對來說，已購買者愈多，也就是未購買者愈少，表示銷售熱潮大概快過了，購買的速度也會減緩。

根據這兩個經驗，如何估計商品經過一段時間後的銷售狀況？

我們接下來考慮時間與購買人數之間的關係。假設 y 是已經購買商品的人數，t 表示從開賣以來經過的時間，因此 y 會隨著 t 的增加而改變，但是怎麼改變呢？因為要考慮購買者在某個時間點增加的比例，就是 y 對 t 微分的意思。

小編補充： 一個商品的銷售量會隨時間而增加，推廣期的銷量會緩步提高，一段時間後會進入快速成長期，銷量累積也會快速增加。然而到了潛在顧客幾乎都買了之後，銷量就會漸漸趨於停滯。我們以橫軸為商品的推出時間，縱軸為商品的累積銷量畫一張圖（見下圖）。線上每一點的斜率就是在該時間點的銷售增加速度（成長期斜率會增大，幾乎所有人都買過之後的斜率變化就會趨近於 0），即在該時間點的微分。用這樣的方式思考就容易懂了。

圖表 5-16

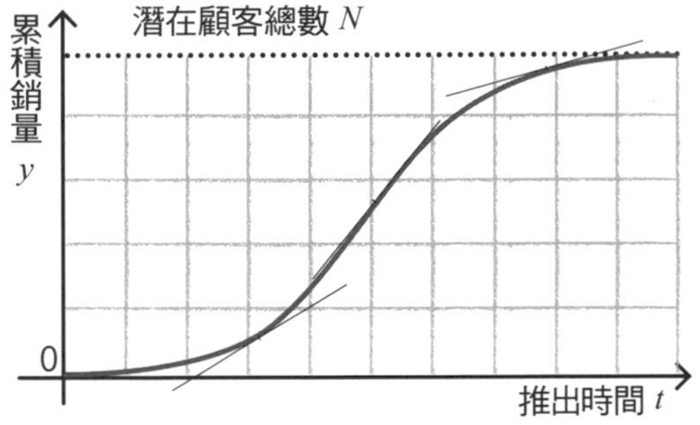

我們將全部潛在顧客人數（可能購買的總人數）設為 N，已購買的人數為 y，尚未購買的人數為 $N-y$。由前頁的 (1) 可知 y 與增加比例 $\frac{dy}{dt}$ 成正比，由前頁的 (2) 可知 $N-y$ 與增加比例 $\frac{dy}{dt}$ 也成正比，我們將比例常數定為 a 可得：

$$\frac{dy}{dt} = ay(N-y) \qquad \cdots(36.7)$$

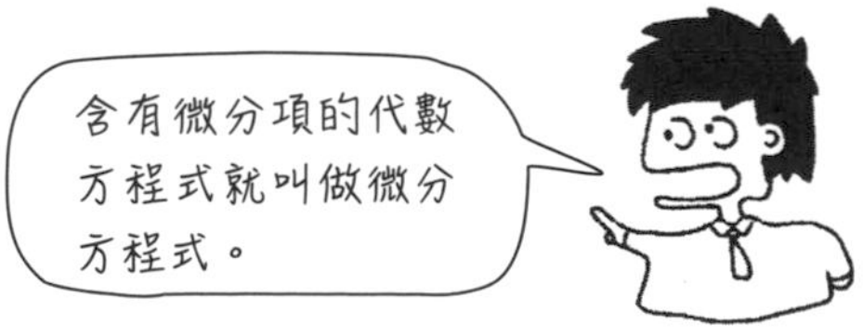

含有微分項的代數方程式就叫做微分方程式。

然後依照下面兩個步驟就可將微分方程式 (36.7) 式解出來，我們實際來解解看。

步驟 1：利用萊布尼茲記法將微分看成分數，所有與分子 dy 有關的 y 之項放在等號同一邊，與分母 dt 有關的 t 之項放在等號的另一邊，常數則放哪一邊皆可。

步驟 2：求等號兩邊的不定積分後，再將式子做整理。

根據步驟 1，將與 dy 有關的 y 之項放在等號左邊，與 dt 有關的 t 之項放在等號的右邊，則 (36.7) 式變成：

$$\frac{1}{y(N-y)} \cdot dy = a \cdot dt \qquad \cdots(36.8)$$

接下來，(36.8) 式右邊因為被積分函數是常數函數 a，可以簡單的計算不定積分。但等號左邊因為有看起來比較複雜的分母，需要將分母拆開，經過下面的處理變成兩個「分式」相加，這是在積分的計算上經常使用的推導手法：

$$\begin{aligned}\frac{1}{y}+\frac{1}{N-y} &= \frac{N-y}{y(N-y)}+\frac{y}{y(N-y)} \\ &= \frac{N-y+y}{y(N-y)}=\frac{N}{y(N-y)} \qquad \cdots(36.9)\end{aligned}$$

因此：

$$(36.8) \Leftrightarrow \frac{1}{N}\cdot\left(\frac{1}{y}+\frac{1}{N-y}\right)\cdot dy = a\cdot dt$$

兩邊再做不定積分可得：

$$\frac{1}{N}\cdot\left(\int\frac{1}{y}\cdot dy+\int\frac{1}{N-y}\cdot dy\right)=a\int 1dt \qquad \cdots(36.10)$$

所以，只要將 (36.10) 積分出來，就能算出購買人數 y 隨著 t 變化的函數。(36.10) 等號右邊可非常簡單積分出來：

$$a\int 1dt = at+C$$

但等號左邊呢？本書到目前為止，雖然提過 n 次方函數的積分公式：

$$\int y^n dy = \frac{1}{n+1}y^{n+1}+C$$

但 (36.10) 等號左邊是 $n=-1$ 次方的情況，會造成上式等號右邊的分母等於 0，故不適用。因此，-1 次方函數的積分就必須另行考慮。實際上這會關聯到指數與對數函數的微分與積分。只要熟悉了指數與對數函數的微分與積分後，-1 次方函數的積分就可迎刃而解。不用擔心，我們在下一個單元馬上會學到指數與對數函數的微分與積分，到時 (36.10) 式就可以解決了。

合成函數的微分公式與萊布尼茲記法

合成函數就是指函數中還有函數的意思，例如 $g(x)$ 是一個函數，$f(g(x))$ 就是一個合成函數。我們也可以用 u 取代 $g(x)$，將 $f(g(x))$ 寫成 $f(u)$。我們來思考如何對這個合成函數作微分。根據微分的定義可得：

$$\frac{d}{dx}f(g(x))=\lim_{\Delta x\to 0}\frac{f(g(x+\Delta x))-f(g(x))}{\Delta x} \qquad \cdots(36.11)$$

這裡考慮 $u=g(x)$ 函數在 x 增加 Δx 下，函數 u 的增量也就是 $\Delta u=g(x+\Delta x)-g(x)$，當然 Δx 很小時，Δu 也跟著變很小。
也就是 $\Delta x\to 0$ 時，$\Delta u\to 0$。將 (36.11) 式右邊的分子與分母同乘 Δu，

▶ 接下頁

可得：

$$\frac{d}{dx}f(g(x))=\lim_{\Delta x\to 0}\frac{f(g(x+\Delta x))-f(g(x))}{\Delta u}\cdot\frac{\overbrace{g(x+\Delta x)-g(x)}^{\Delta u}}{\Delta x}\quad\cdots(36.12)$$

接著，再利用兩式相乘取極限，會等於個別取極限再相乘，故 (36.12) 變成：

$$=\lim_{\Delta x\to 0}\frac{f(g(x+\Delta x))-f(g(x))}{\Delta u}\cdot\lim_{\Delta x\to 0}\frac{g(x+\Delta x)-g(x)}{\Delta x}$$

$$=\lim_{\Delta u\to 0}\frac{f(g(x+\Delta x))-f(g(x))}{\Delta u}\cdot\lim_{\Delta x\to 0}\frac{g(x+\Delta x)-g(x)}{\Delta x}$$

將 $\Delta x \to 0$
換成 $\Delta u \to 0$

$$=\lim_{\Delta u\to 0}\frac{f(g(x)+\Delta u)-f(g(x))}{\Delta u}\cdot\lim_{\Delta x\to 0}\frac{g(x+\Delta x)-g(x)}{\Delta x}$$

因為 $\Delta u = g(x+\Delta x)-g(x)$
$\Leftrightarrow g(x+\Delta x)=g(x)+\Delta u$

又因為 $y=f(u)$，$u=g(x)$，所以根據微分定義，上式即變成合成函數的微分公式：

$$=\frac{dy}{du}\cdot\frac{du}{dx}$$

像上面這樣將合成函數以 du 做中介，分別乘上 du 和除以 du，即可將微分公式變成像是分數乘法一樣，是相當好用的技巧。

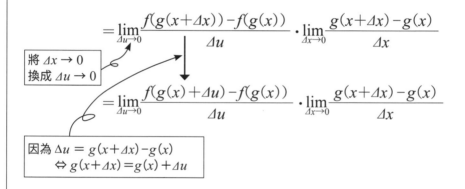

單元 37

指數函數、對數函數的微分與積分

x 的 n 次方函數的微分與積分已經在前面討論過了，但當 $n=-1$ 次方時會有分母等於 0 的問題。為了解決這個問題，我們就需要討論指數函數與對數函數的微分與積分方法。

e^x 的微分積分仍然是 e^x

在單元 21 介紹過尤拉數 e，現在我們來討論以尤拉數 e 為底的指數函數 e^x，e^x 具有微分後仍為 e^x 的性質。亦即：

$$\frac{d}{dx}e^x=e^x \qquad \cdots(37.1)$$

我們從微分定義開始，令 $f(x)=e^x$，可得：

$$\frac{d}{dx}f(x)=\lim_{\Delta x\to 0}\frac{f(x+\Delta x)-f(x)}{\Delta x}=\lim_{\Delta x\to 0}\frac{e^{x+\Delta x}-e^x}{\Delta x}$$

上式的最右邊分子第 1 項，根據前面學過的指數性質，可得 $e^{x+\Delta x}=e^x\,e^{\Delta x}$，故

$$=\lim_{\Delta x\to 0}\frac{e^x\cdot e^{\Delta x}-e^x}{\Delta x}$$

$$=\lim_{\Delta x\to 0}\frac{e^x\cdot(e^{\Delta x}-1)}{\Delta x}$$

其中，因為 e^x 與 Δx 無關，所以可以拿到極限 $\lim_{\Delta x \to 0}$ 之外，因此，得到

$$\frac{d}{dx}e^x = e^x \cdot \lim_{\Delta x \to 0}\frac{e^{\Delta x}-1}{\Delta x} \quad \cdots(37.2)$$

我們先來看看 $e^{\Delta x}$ 是什麼？利用尤拉定義的 e^x 公式：

$$e^x = \lim_{n \to \infty}(1+\frac{x}{n})^n$$

因此將 $x=\Delta x$ 代入，

$$e^{\Delta x} = \lim_{n \to \infty}(1+\frac{\Delta x}{n})^n$$

利用二項式定理展開：

$$(1+\frac{\Delta x}{n})^n = C_0^n(\frac{\Delta x}{n})^0 + C_1^n(\frac{\Delta x}{n})^1 + \cdots + C_n^n(\frac{\Delta x}{n})^n$$

$$= 1 + \Delta x + (\frac{1}{2}-\frac{1}{2n})\Delta x^2 + \cdots + \frac{1}{n^n}\Delta x^n$$

化簡

因此

$$e^{\Delta x} = \lim_{n \to \infty}(1+\frac{\Delta x}{n})^n = \lim_{n \to \infty}(1+\Delta x + (\frac{1}{2}-\frac{1}{2n})\Delta x^2 + \cdots + \frac{1}{n^n}\Delta x^n)$$

$$= 1 + \Delta x + \frac{1}{2}\Delta x^2 + \frac{1}{3!}\Delta x^3 + \cdots$$

所有 n 在分母的項都為 0

$$\Rightarrow \quad e^{\Delta x} - 1 = \Delta x + \frac{1}{2}\Delta x^2 + \frac{1}{3!}\Delta x^3 + \cdots$$

每一項皆除以 Δx

$$\Rightarrow \quad \frac{e^{\Delta x}-1}{\Delta x} = 1 + \frac{1}{2}\Delta x + \frac{1}{3!}\Delta x^2 + \cdots \quad \cdots(37.3)$$

將 (37.3) 式代入 (37.2) 式：

$$\frac{d}{dx}e^x = e^x \cdot \lim_{\Delta x \to 0}\frac{e^{\Delta x}-1}{\Delta x}$$

$$= e^x \cdot \lim_{\Delta x \to 0}\left(1+\frac{1}{2}\Delta x+\frac{1}{3!}\Delta x^2+\cdots\right)$$

$$= e^x \cdot 1$$ ← 所有 Δx 都變 0

$$= e^x$$ ← 得證

而 e^x 的不定積分也可以用上面得出的 e^x 微分性質，快速得到答案：

$$\int e^x dx = \int \frac{d}{dx}(e^x)dx$$ ← 然後積分、微分相消

$$= e^x + C$$

e^x 指數與對數函數的微分、積分性質

在統計學與機器學習上，指數函數與對數函數的微分與積分相當重要。

性質 1：

$$\frac{d}{dx}e^x = e^x$$

$$\int e^x dx = e^x + C$$

性質 2：

$$\frac{d}{dx}\ln x = \frac{1}{x}$$

$$\int x^{-1}dx = \int \frac{1}{x}dx = \ln |x| + C$$

性質 3： 利用 $a^x = e^{x(\ln a)}$，可得：

$$\frac{d}{dx}a^x = a^x \cdot \ln a$$

$$\int a^x dx = \frac{a^x}{\ln a} + C$$

性質 4：

$$\frac{d}{dx}\log_a x = \frac{1}{\ln a} \cdot \frac{1}{x}$$

性質 5：

$$\int (\ln x) dx = x \cdot \ln x - x + C$$

接下來進一步說明指數與對數函數的微分和積分性質。前面已經證明過性質 1，後面依序證明性質 2～5。

性質 2 的證明

此處要證明性質 2，即對數函數 $\ln x$ 的微分，因為 $\ln e^x = x$，令 $e^x = u$，則：

$$\frac{d}{dx}\ln e^x = \frac{d}{du}\ln u \cdot \frac{du}{dx} = \frac{d}{dx}x$$

$$\Leftrightarrow \frac{d}{du}\ln u \cdot u = 1$$

$$\frac{du}{dx} = \frac{de^x}{dx} = e^x = u$$

$$\Leftrightarrow \frac{d}{du}\ln u = \frac{1}{u}$$

因此，

$$\frac{d}{dx}\ln x = \frac{1}{x}$$

從上式可知，當被積分函數是 $\frac{1}{x}$ 時，原始函數就是自然對數函數 $\ln x$ 。這裡要注意！對數函數中的 x 必須是正實數，也因此性質 2 等號右邊要將 x 加上絕對值，確保對數函數中的值是正實數，這就是性質 2 的證明：

$$\int \frac{1}{x} dx = \ln|x| + C$$

如果能確定 x 的值是正實數，就不必加上絕對值。而上一個單元 n 次函數的積分公式特別提到 $n=-1$ 次方的積分，就是：

$$\int x^{-1} dx = \int \frac{1}{x} dx = \ln|x| + C$$

次方數為非整數的微分積分

利用對數函數的微分與合成函數的微分技巧，可以解決 n 不是整數的情況，例如 n 是分數或無理數時。考慮 n 是非整數的時候，令 $y=f(x)=x^n$，若回到微分定義來求 $y=f(x)$ 的微分會非常難做，然而利用對數函數先對 $y=f(x)$ 取對數之後再微分，就變得簡單了。亦即：

$$y = x^n$$
$$\Leftrightarrow \ln y = n \cdot \ln x$$

上式兩邊作微分，等號右邊可以利用性質 2，而等號左邊則必須留意合成函數的鏈鎖法則（*chain rule*）。因此，n 是分數或是無理數時，對 $y=f(x)=x^n$ 微分可如下計算：

$$\frac{d}{dx}(\ln y)=\frac{d}{dx}(n\cdot\ln x)$$

$$\Leftrightarrow\frac{d}{dy}(\ln y)\cdot\frac{dy}{dx}=n\cdot\frac{1}{x}$$

$$\Leftrightarrow\quad\frac{1}{y}\cdot\frac{dy}{dx}=\frac{n}{x}$$

$$\Leftrightarrow\quad\frac{dy}{dx}=\frac{ny}{x}$$

此處，將 $y=f(x)=x^n$ 代入上式的 y，可得：

$$\Leftrightarrow\frac{dy}{dx}=\frac{n\cdot x^n}{x}=nx^{n-1}$$

這就是 $y=f(x)=x^n$ 的微分公式。例如，$y=\sqrt{x}=x^{\frac{1}{2}}$ 微分套入上式可得到：

$$\frac{dy}{dx}=\frac{d}{dx}x^{\frac{1}{2}}=\frac{1}{2}x^{-\frac{1}{2}}=\frac{1}{2\sqrt{x}}$$

另外，對 $f(x)=x^n$ 做積分（此處 n 是不等於 -1 的實數），也一樣可以得到下面公式：

$$\int x^n\,dx=\frac{x^{n+1}}{n+1}+C$$

性質 3 的證明

對於不是以 e 為底的指數函數 a^x 做微分會變成什麼呢？我們一樣利用指數函數與合成函數的微分來思考。先將指數函數 a^x 換成以 e 為底的方式：

$$a^x = e^u$$

然後兩邊取自然對數：

$$\begin{aligned} \Leftrightarrow \quad & \ln a^x = \ln e^u \\ \Leftrightarrow \quad & x \cdot \ln a = u \cdot \ln e = u \cdot 1 = u \\ \Leftrightarrow \quad & u = x \cdot \ln a \end{aligned}$$

因為 $u = x \cdot \ln a$，u 對 x 微分可得：

$$\frac{du}{dx} = \ln a$$

所以，

$$\begin{aligned} \frac{d}{dx}a^x &= \frac{d}{dx}e^u \\ &= \frac{d}{du}e^u \cdot \frac{du}{dx} \quad \longleftarrow \text{鏈鎖法則} \\ &= e^u \cdot \ln a \\ &= a^x \cdot \ln a \quad \longleftarrow \text{此即性質3} \end{aligned}$$

可得知，非以 e 為底（此例為以 a 為底）的指數函數微分，會多乘上一個 $\ln a$ 的常數。若將以 a 為底的指數函數做積分，會得到：

$$\int a^x dx = \frac{a^x}{\ln a} + C$$

也就是原函數會多除以一個 $\ln a$ 常數，再加上積分常數的形式。

性質 4 的證明

我們繼續討論性質 4。這裏會用到單元 20 規則 5 的換底公式，$y = \log_a x$ 可以變成：

$$y = \frac{\ln x}{\ln a}$$

因為 $\ln a$ 是常數，所以對 x 微分時可以移到微分的外面：

$$\frac{d}{dx}\log_a x = \frac{d}{dx}\left(\frac{\ln x}{\ln a}\right) = \frac{1}{\ln a}\cdot\frac{d}{dx}\ln x = \frac{1}{\ln a}\cdot\frac{1}{x}$$

性質 5 的證明

首先令 $u = \ln x$，則性質 5 公式等號左邊可寫成：

$$\int \ln x dx = \int u \cdot \frac{dx}{du} du$$

上式 x 對 u 微分，根據對數定義 $u=\ln x$ 等價於 $x=e^u$，所以根據性質 1，x 對 u 微分，會變成 e^u，故：

$$\int \ln x dx=\int u\cdot e^u du$$

此時，因為 e^u 對 u 微分後還是 e^u，且 u 對 u 微分等於 1，所以上式進一步可以利用到單元 35 積分性質 7 的積分公式來處理：

$$\int (f(x)\cdot G(x))dx=F(x)\cdot G(x)-\int (F(x)\cdot g(x))dx$$

意思就是說，要直接求兩個函數相乘的積分，有困難時，可以試著將這兩個函數各別的原始函數代入上式可能會比較容易算出來。以上面的式子來看：令：$F(u)=e^u$，$G(u)=u$，所以 $f(u)=e^u$，$g(u)=1$，因此：

$$\begin{aligned}\int \ln x dx&=\int e^u\cdot u\, du\\&=e^u\cdot u-\int e^u\cdot 1du\\&=u\cdot e^u-e^u+C\\&=e^u(u-1)+C\end{aligned}$$

將 $u=\ln x$ 代回去，即可得到性質 5 的公式：

$$\int (\ln x)dx=e^{\ln x}(\ln x-1)+C=x(\ln x-1)+C=x\cdot \ln x-x+C$$

利用代換積分解決玩具銷售的問題

了解指數函數與對數函數的微分與積分性質之後，我們回到前一個單元最後尚未解決的微分方程式：

$$\frac{1}{N}\left(\int\frac{1}{y}dy+\int\frac{1}{N-y}dy\right)=a\int dt \qquad \cdots(36.10)$$

首先，上式左邊括號內第一項的積分，根據性質 2 可得（會產生一個積分常數 C_1）：

$$\int\frac{1}{y}dy=\ln|y|+C_1$$

因為購買者 y 是正實數，上式中的絕對值可以去掉。接著計算括號內第二項的積分時，我們要利用代換積分與萊布尼茲記法的技巧，令 $u=N-y$，則：

$$\int\frac{1}{N-y}dy=\int\frac{1}{u}\cdot\frac{dy}{du}du$$

因為 $u=N-y \Leftrightarrow y=N-u$，所以 $\dfrac{dy}{du}=-1$。可得（會產生一個積分常數 C_2）：

$$\int\frac{1}{N-y}dy=\int\frac{1}{u}\cdot(-1)\,du=-\ln|u|+C_2=-\ln|N-y|+C_2$$

又因為全部潛在的顧客數減去已購買人數之值一定是正數，所以上式中的絕對值也可以去掉。故（36.10）式變成：

$$\frac{1}{N}(\ln y + C_1 - \ln(N-y) + C_2) = \overbrace{at + C_3}^{\text{由 } a\int dt \text{ 而來}}$$

$$\Leftrightarrow \quad \ln y + C_1 - \ln(N-y) + C_2 = Nat + NC_3$$

$$\Leftrightarrow \quad \ln y - \ln(N-y) = Nat + NC_3 - C_1 - C_2 \qquad \cdots(37.4)$$

因為 NC_3、C_1、C_2 都是常數，令 $C=NC_3-C_1-C_2$。因為(37.4)式最底下式子的等號左邊，可以利用兩個對數相減等於相除再取對數的性質，所以(37.4)式等於下式：

$$\Leftrightarrow \ln\frac{y}{N-y} = Nat + C$$

再利用自然對數的定義，在等號兩側同取自然對數可得：

$$\Leftrightarrow \frac{y}{N-y} = e^{Nat+C}$$

之後如下推導即可解出 y：

$$\Leftrightarrow \frac{1}{\frac{N}{y}-1} = e^{Nat+\mathrm{C}}$$

$$\Leftrightarrow \frac{N}{y} - 1 = e^{-(Nat+\mathrm{C})}$$

$$\Leftrightarrow \frac{N}{y} = 1 + e^{-(Nat+\mathrm{C})}$$

$$\Leftrightarrow y = N \cdot \frac{1}{1+e^{-(Nat+C)}} \qquad \cdots(37.5)$$

於是從上司指導的兩個經驗，找出 y 和 t 的關係了。

其實，(37.5) 式的函數 y，與全部潛在顧客數 N 相乘的式子，就是單元 21 學過的邏輯斯函數（*Sigmoid* 函數）。剩下的問題就是怎樣求出常數 N、a 與 C 的值。

如同前面學過邏輯斯迴歸所考慮的，根據實際的資料來求最佳化的 N、a 與 C 之值時，我們把橫軸當時間 t，縱軸當購買人數 $y(t)$，則隨著時間 t 的推移，函數 y 的圖形會如何跟著變化呢？

我們從下圖中可以發現，從最初 0 的附近開始，函數 y 圖形遞增趨勢開始加快，然後遞增趨勢再減緩並逐漸收斂於 N，呈現出像英文字母 S 的曲線。

圖表 5-17

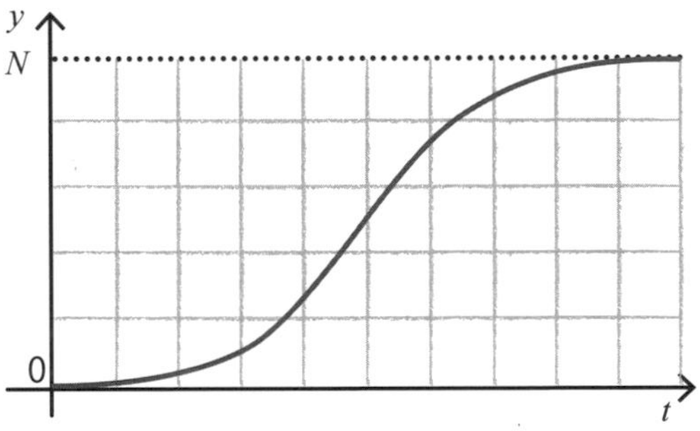

另外，本次考慮 y 的變化率 $\frac{dy}{dt}$，分別與購買者數量 y、剩餘潛在顧客數 $N-y$ 成比例（即 $\frac{y}{N-y}$ 的比例）增加的這個數學模型，長久以來就經常被用於說明傳染病的流行，也就是新感染人數，分別與現在已感染人數，以及尚未被感染且無免疫能力的人數成比例增加。

推導邏輯斯函數的微分公式

邏輯斯函數在神經網路扮演著重要的角色，在機器學習也常接觸到這類函數！例如，令邏輯斯函數為 $f(x)$，然後對它微分得到 $f(x)(1-f(x))$，亦即下面的形式：

$$\frac{d}{dx}f(x)=f(x)(1-f(x))$$

讀者可以利用目前學過的 n 次函數微分、合成函數微分、e 為底的指數函數微分來驗證。為了簡單起見，就以下面這個最簡單形式的 *Sigmoid* 函數為例來說明：

$$f(x)=\frac{1}{1+e^{-x}}$$

令 $u=1+e^{-x}$，$v=-x$，利用鏈鎖法則可得：

$$\frac{du}{dx}=\frac{d}{dv}(1+e^{v})\cdot\frac{dv}{dx}=e^{v}\cdot(-1)=-e^{-x}$$

利用上式，求 $f(x)$ 的微分，可得：

$$\frac{d}{dx}f(x)=\frac{d}{du}u^{-1}\cdot\frac{du}{dx}=-u^{-2}(-e^{-x})=\frac{e^{-x}}{(1+e^{-x})^{2}}$$

又因為：

$$1-f(x)=1-\frac{1}{1+e^{-x}}=\frac{1+e^{-x}-1}{1+e^{-x}}=\frac{e^{-x}}{1+e^{-x}}$$

所以：

$$(1-f(x))\cdot f(x)=\frac{e^{-x}}{1+e^{-x}}\cdot\frac{1}{1+e^{-x}}$$

$$=\frac{e^{-x}}{(1+e^{-x})^{2}}=\frac{d}{dx}f(x)$$

也就是：

$$\boldsymbol{\frac{d}{dx}f(x)=(1-f(x))\cdot f(x)}$$ ← 這是邏輯斯函數重要的微分特性！

本書到此介紹的微積分知識，差不多已足夠運用於機器學習了。

單元 38

概似函數與最大概似估計法

最大概似估計法（*Maximum Likelihood Estimation*，*MLE*）是現代統計學和機器學習的基礎。到底這是什麼呢？我們假設有一枚硬幣，在知道正面與反面出現的機率都是 0.5 的條件下，連續擲 2 次都出現正面的機率是 0.5‧0.5＝0.25。如果另一枚硬幣因為鑄造不平均，使得擲一次硬幣正面出現的機率是 0.4，反面是 0.6，則連續擲 2 次出現正面的機率就是 0.4‧0.4＝0.16。

現在問題來了，假設已知連續擲某硬幣 2 次都出現正面的機率是 0.36，請問擲一次這枚硬幣出現正面的機率是多少？

一般在計算事件發生的機率時，都是在「**已知參數值**」的條件下（例如已知擲一次硬幣出現正面的機率是多少），推測下一次出現的機率會是多少。然而最大概似估計法是在「**已知結果**」的條件下（例如連 2 次正面的機率是 0.36），去找出最能滿足結果的參數值（擲一次出現正面的機率）是多少。

而要運用最大概似估計法之前，就要先利用結果去找出概似函數（*Likelihood function*），例如上面舉的例子，已知結果是連續 2 次出現正面的機率是 0.36，我們可以假設每次出現正面的機率為 θ（出現反面的機率為 $1-\theta$）。那麼，我們就可以得到概似函數為：

$$\theta \cdot \theta = 0.36$$

想必你立刻就可以算出 $\theta=0.6$ 或 $\theta=-0.6$，因為 θ 是機率，顯然 $\theta=0.6$ 才是答案。當然這個例子相單簡單，一下就算出來了，但當概似函數比較複雜的情況，就需要用到最大概似估計法去解出最適合的參數（θ）。以下我們從一個簡單的例子開始：

某位業務員從公司提供的一份名單中隨機抽取 3 位去拜訪。結果第 1 位成功簽下合約，第 2 位未成功，第 3 位成功。單從這個已知結果（拜訪 3 位中成功 2 位），可以推估此位業務員今後的拜訪中，有多少機率可以簽到合約？

最直觀的想法就是看平均數，因為拜訪 3 次得到 2 個合約，判斷成功的機率是 66.7%。然而，單從平均值判斷，有可能某位業務員平時達成率只有 10%，卻偶爾運氣好而達到 66.7%；也有可能是平時達成率高達 90% 的業務員，卻一時運氣不好只達成 66.7%。所以單靠平均值並不足以判斷以後會如何，那要怎麼做才合理？

概似函數的用處

我們要先假設每次成功簽到合約的機率為 θ，然後利用已知結果來找出概似函數。我們取 *Likelihood* 的字首 L 來代表概似函數，因此將概似函數寫為 $L(\theta)$。因為第 1 位簽到合約，機率是 θ。第 2 位沒有簽到，機率是 $1-\theta$。第 3 位有簽到，機率是 θ。故概似函數為：

$$L(\theta)=\theta\cdot(1-\theta)\cdot\theta \qquad \cdots(38.1)$$

我們來試試代入幾個 θ 值，當 $\theta=10\%$、$\theta=90\%$ 時，看看概似函數的值各會是多少：

$$L(0.1)=0.1^2\cdot 0.9=0.009=0.9\%$$
$$L(0.9)=0.9^2\cdot 0.1=0.081=8.1\%$$

由此可知，當取得合約的機率是 10% 時，概似函數算出來的結果是 0.9%；而當取得合約的機率是 90% 時，算出來的結果是 8.1%。

那麼取得合約機率是 20% 或 50% 又各會變成多少呢？你可以自己算算看。如此不斷嘗試各種可能的 θ 值來算出概似函數 $L(\theta)$ 的值。然而，前面已經學過基礎微分，就不需要一個個嘗試，只要對概似函數做微分之後等於 0 的 θ，就是會出現最大值或最小值的 θ。概似函數的最小值表示出現結果最低的機率，然而求最小值沒有意義，因此要求的就是最大值。

對概似函數做微分，找出最大值

對概似函數微分等於 0 的點，可以找到局部最大值。以本例來看，它的概似函數 $L(\theta)$ 的圖形，會如下圖所示：

圖表 5-18

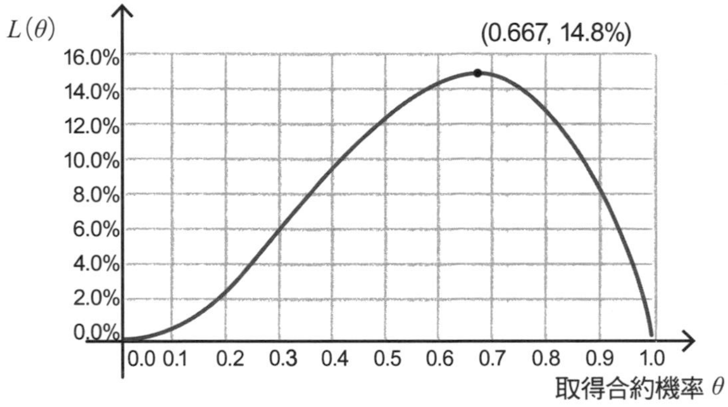

將 (38.1) 式乘開：

$$L(\theta)=\theta^2(1-\theta)=\theta^2-\theta^3$$

再根據多項式函數對 θ 微分，可以簡單算出下式：

$$\frac{d}{d\theta}L(\theta)=2\theta^{2-1}-3\theta^{3-1}=2\theta-3\theta^2=\theta(2-3\theta)$$

然後找出微分等於 0 的 θ 值，得到：

$$\frac{d}{d\theta}L(\theta)=\theta(2-3\theta)=0 \quad \Leftrightarrow \theta=0 \text{ 或 } \frac{2}{3}$$

又因為 $\theta=0$ 時，概似函數 $L(\theta)=0$，所以將其排除。因此得到 $\theta=\frac{2}{3}$ 約等於 0.667 時會有最大值，代入 (38.1) 式可得到概似函數的值為 14.8%，即為上圖最大值的位置。這個 θ 值的答案雖然與直接以拜訪 3 次取得 2 個合約的平均值 $\frac{2}{3}$ 相同，但因為背後有數學嚴謹論證的概似函數觀點，才不會有上述所謂運氣好壞的問題。

概似函數與對數概似函數

像上面的例子只抽樣 3 個人的情況，做出來的概似函數很簡單，微分起來也很簡單。但如果狀況複雜時，概似函數會變得難以直接微分，此時對概似函數取對數之後再來微分，就會簡單許多。

概似函數的一般式

假設抽樣 100 個，則取得合約的機率為多少呢？此時，概似函數就必須計算 100 個 θ 或 $1-\theta$ 相乘，如果是複雜的式子就更麻煩。

我們假設要求出的機率參數為 θ，以 θ 為前題的獨立事件 x 發生之結果寫為 $f(x|\theta)$，因此當 x 有 $1\sim n$ 個時，就分別寫成 $f(x_1|\theta)$、$f(x_2|\theta)$、⋯、$f(x_n|\theta)$。如此一來，$L(\theta)$ 概似函數就會等於這 n 個 $f(x_i|\theta)$ 相乘：

$$L(\theta)=f(x_1|\theta)\cdot f(x_2|\theta)\cdot \cdots \cdot f(x_n|\theta)=\prod_{i=1}^{n} f(x_i|\theta) \qquad \cdots(38.2)$$

其中，$\prod_{i=1}^{n}$ 是連乘符號（希臘字母 π 的大寫），類似於前面講過的連加符號 $\sum_{i=1}^{n}$。因此 $\prod_{i=1}^{n}$ 的 $i=1$ 代表從第 1 項開始連乘，一直乘到上界第 n 項。

要求概似函數的最大值，就是令這 n 項連乘函數 (38.2) 式對 θ 的微分為 0，不過要作 n 項連乘的微分可一點也不簡單。想想看如果 $n=100$ 或 1000 時，要怎麼做那麼多項連乘的微分呢？

面對這樣的問題時，如果能將 n 項連乘轉變成 n 項連加來計算，就會變得簡單多了。講到這裡，有沒有聯想到對數函數的特性？也就是將 n 項連乘的函數取對數，就會變成個別函數取對數後的連加，然後再對對數函數微分，如此就變得可行。

概似函數取對數即為「對數概似函數」，兩者發生極值的 θ 值會相同。至於是否需要取對數，要看概似函數的複雜度，如果像本單元一開始的例子那麼單純，直接用概似函數微分還比較方便。然而，真實世界中要計算的都是比較複雜的概似函數，因此現今在參數推估的研究上，大多會以對數概似函數取代原來的概似函數。

圖表 5-19

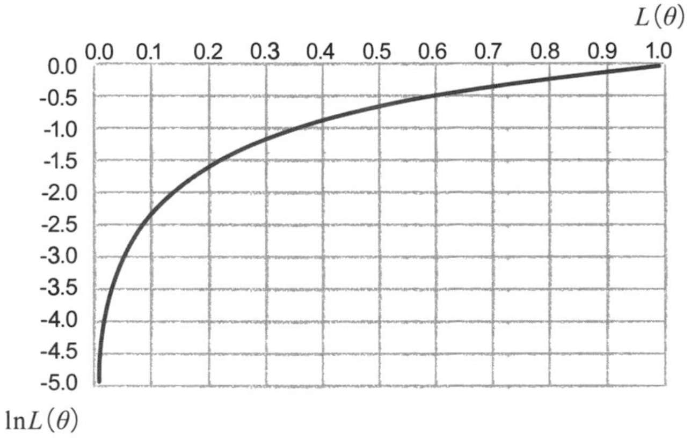

上圖即概似函數 $L(\theta)$ 取了對數後，得到的函數 $\ln L(\theta)$ 圖形。此處的 $L(\theta)$ 是根據實際的每筆資料來乘上 θ 或 $1-\theta$，所以結果是正數。另外，概似函數 $L(\theta)$ 越大，則對數概似函數 $\ln L(\theta)$ 也越大。

對概似函數取對數之後微分

我們接下來實際以 (38.2) 式為例，具體說明對數概似函數的求法，首先將 $L(\theta)$ 取對數後，得到：

$$\ln L(\theta)=\ln(f(x_1|\theta)\cdot f(x_2|\theta)\cdot\cdots\cdot f(x_n|\theta))$$

$$=\ln f(x_1|\theta)+\ln f(x_2|\theta)+\cdots+\ln f(x_n|\theta)$$

$$=\sum_{i=1}^{n}\ln f(x_i|\theta) \qquad \cdots(38.3)$$

接著對 $\ln L(\theta)$ 微分，就等於對每一個 $\ln f(x_i|\theta)$ 微分，令 $u=f(x_i|\theta)$，可利用鏈鎖法則得到：

$$\frac{d}{d\theta}\ln f(x_i|\theta)=\frac{d}{du}(\ln u)\cdot\frac{du}{d\theta}$$

$$=\frac{1}{u}\cdot\frac{du}{d\theta}$$

$$=\frac{1}{f(x_i|\theta)}\cdot\frac{d}{d\theta}f(x_i|\theta)$$

因此，全部加起來後可得：

$$\frac{d}{d\theta}\ln L(\theta)=\sum_{i=1}^{n}\frac{1}{f(x_i|\theta)}\cdot\frac{d}{d\theta}f(x_i|\theta) \qquad \cdots(38.4)$$

我們用前面業務員的例子來說明。令 $x_i=1$ 或 0，當 $x_i=1$，表示第 i 次拜訪簽到合約；若 $x_i=0$，表示第 i 次拜訪沒簽到合約，所以 $f(x_i|\theta)$ 可以寫成：

$$f(x_i|\theta)=x_i\theta+(1-x_i)(1-\theta)$$

因此，

$$\frac{d}{d\theta}f(x_i|\theta)=x_i+(1-x_i)(-1)=-1+2x_i$$

代回 (38.4) 式且 $n=3$，得到：

$$\begin{aligned}\frac{d}{d\theta}\ln L(\theta)&=\sum_{i=1}^{3}\frac{1}{f(x_i|\theta)}\cdot\frac{d}{d\theta}f(x_i|\theta)\\&=\sum_{i=1}^{3}\frac{1}{x_i\theta+(1-x_i)(1-\theta)}\cdot(-1+2x_i)\\&=\frac{1}{\theta}\cdot 1+\frac{1}{1-\theta}\cdot(-1)+\frac{1}{\theta}\cdot 1\\&=\frac{2}{\theta}-\frac{1}{1-\theta}\\&=\frac{2-2\theta-\theta}{\theta(1-\theta)}\\&=\frac{2-3\theta}{\theta(1-\theta)}\end{aligned}$$

令 $\frac{d}{d\theta}\ln L(\theta)=0$ 時，可得到 $\theta=\frac{2}{3}$，此結果與概似函數 $L(\theta)$ 在尋找最大值時的結果相同。

初學者在讀機器學習專業書籍時，可能會被一些疑問給卡住，例如：為什麼要對概似函數微分，且找微分等於 0 的點？或者為什麼不直接對概似函數微分，而要對對數概似函數微分呢？這些問題都可由以上的推導過程理解。

這裡將重點整理一下：

(1) 概似函數或對數概似函數對參數微分等於 0 的參數值(θ 值)，就是能讓概似函數得到最大值的候選所在。

(2) 從容易計算的觀點來評估，採用對數概似函數的方法，會優於直接採用概似函數的方法。總之，這裡介紹的內容是統計學與機器學習共通的精華所在，讀者若能充分理解，則未來對這些領域的進階學習會容易許多。最大概似估計法在第 6 篇也陸續會用到。

單元 39

常態分佈的機率密度函數

常態分佈與機率密度函數是機器學習初學者一定要學會的主題，然而多數入門書卻很少能講得清楚為什麼函數長那個樣子，那是因為如果讀者不懂微積分，就很難理解常態分佈的機率密度函數是怎麼來的。由於本書在前面已經介紹過微積分與指數對數函數的基礎，相信讀者應該在接下來的 2 個單元能看得懂機率密度函數的推導過程。

一般統計學入門書在講常態分佈時，一開始大多會以下圖來呈現平均數 0、標準差 1 的標準常態分佈圖形與機率密度函數（橫軸表示連續型變化的 x，縱軸表示機率密度），亦即中間高起且兩側快速下降的曲線（亦稱為「鐘形曲線 *bell shaped curve*」）：

圖表 5-20

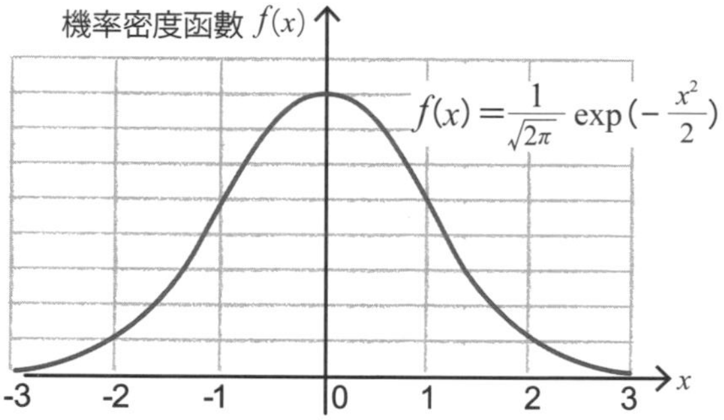

如果我們要從上圖求出某個區間的機率，不懂積分就不可能算得出來。此外，相信初學者也會對常態分佈的機率密度函數 $f(x)$ 為什麼會長這個樣子而產生疑問？沒關係，本單元就會借重微積分之力，來了解此函數。

常態分佈的 3 個假設

常態分佈(*normal distribution*)是用來描述「**隨機現象的機率分佈**」，這個分佈最早是由數學暨物理學家高斯(*Gauss*)提出。他整理出隨機現象或誤差與常態分佈的關係，因此**常態分佈也被稱為高斯分佈**。

高斯在常態分佈的研究主要來自觀測天體運行，當時不管如何仔細做天體觀測，結果都會發生局部誤差，於是高斯為了**從誤差值回推到正確值**，進而發展出常態分佈的想法。

高斯認為所謂誤差，就是正確值與觀測值的差，所以提出下面 3 個假設：

假設 1：觀測值與正確值的誤差較大時發生的機率，要比誤差較小時發生的機率來得小。

也就是當兩個觀測值與正確值的誤差分別為 a、b，而 $b > a$ 時，以機率符號來表示：

$$P(|\text{正確值}-\text{觀測值}|=b)<P(|\text{正確值}-\text{觀測值}|=a)$$

假設 2：假設 c 是任意正數，則從正確值偏移 c 發生之機率，與偏移 $-c$ 發生之機率相同。以機率符號來表示：

$$P(\text{觀測值}=\text{正確值}+c)=P(\text{觀測值}=\text{正確值}-c)$$

假設 3：正確值是觀測值全體的平均數。

常態分佈理論推導

高斯提出以上常態分佈的想法，是第一位正式將隨機現象模型化的人。接著我們就來推導出這套理論。

首先，假設有 n 筆資料 x_1、x_2、⋯、x_n，正確值（即平均值）是 μ，誤差值是 ε_1、ε_2、⋯、ε_n，則每個 x_i 為平均值 μ 加上誤差值 ε_i，關係如下：

$$x_i = \mu + \varepsilon_i \text{，} i=1, 2, \cdots, n \quad \cdots(39.1)$$

將誤差看成連續變數 $\boldsymbol{\varepsilon}$ 時，則它對應的機率密度函數假設為 $f(\boldsymbol{\varepsilon})$：

圖表 5-21

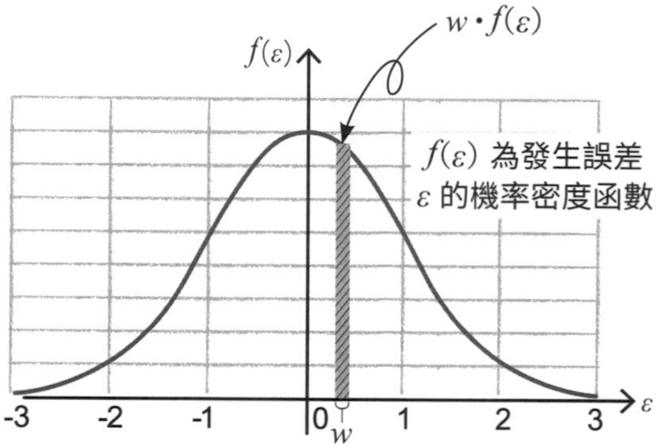

此時，如同單元 34 講過的三角分佈，求一個區間的機率就如同計算該函數在該區間下方的面積，那麼觀測值的誤差介於 $\boldsymbol{\varepsilon}$ 到 $\boldsymbol{\varepsilon}+w$ 區間的機率值（其中 w 是個很小的值），就可用 $f(\boldsymbol{\varepsilon})$ 機率密度乘上 w 區間算出來，也就是 $w \cdot f(\boldsymbol{\varepsilon})$。

由於有 n 筆資料，每筆資料的誤差為 $\boldsymbol{\varepsilon_i}$，機率密度為 $f(\boldsymbol{\varepsilon_i})$，則在小區間 w 的機率值即為 $w \cdot f(\boldsymbol{\varepsilon_i})$。依照前一單元，將這 n 個機率相乘即為概似函數 P（詳前一單元）：

$$P \fallingdotseq w \cdot f(\varepsilon_1) \cdot w \cdot f(\varepsilon_2) \cdot \cdots \cdot w \cdot f(\varepsilon_n) \qquad \cdots(39.2)$$

利用最大概似估計法，找出對 μ 微分等於 0 的點，也就是能讓 P 產生最大值的 μ 值在哪裏，即為高斯想從 n 筆觀測值得到機率最大化的想法。從前一單元，我們知道對 (39.2) 式取對數（將相乘變成相加）後再微分，找出對 μ 微分等於 0 的點，會等價於 (39.2) 式直接微分再找出微分等於 0 之點，故得：

$$\frac{d}{d\mu}\ln P \doteqdot \frac{d}{d\mu}\ln\left(w\cdot f(\varepsilon_1)\cdot w\cdot f(\varepsilon_2)\cdot \cdots \cdot w\cdot f(\varepsilon_n)\right)$$

$$=\frac{d}{d\mu}\sum_{i=1}^{n}\left(\ln w+\ln f(\varepsilon_i)\right)$$

因為 w 是設為固定寬度的常數，常數微分會等於 0，因此上式變成：

$$\frac{d}{d\mu}\ln P \doteqdot \frac{d}{d\mu}\sum_{i=1}^{n}\ln f(\varepsilon_i) \qquad \cdots(39.3)$$

此時，只要找到讓上式等於 0 的點，即可讓概似函數 P 得到最大值。這樣的手法，即是同時考慮多變量 ε_1、ε_2、⋯、ε_n，讓機率密度函數最大化的方法。然而，要對 (39.3) 式等號右邊做微分，看起來好像很複雜，其實將 ε_i 代回 (39.1) 式，亦即：

$$x_i=\mu+\varepsilon_i \Leftrightarrow \varepsilon_i=x_i-\mu$$

此時計算 ε_i 對 μ 微分，就變成：

$$\frac{d\varepsilon_i}{d\mu}=\frac{d}{d\mu}(x_i-\mu)=-1$$

再利用合成函數微分（鏈鎖法則）的技巧，由（39.3）式可得：

$$\frac{d}{d\mu}\ln P \fallingdotseq \frac{d}{d\mu}\sum_{i=1}^{n}\ln f(\varepsilon_i)$$

$$=\sum_{i=1}^{n}\frac{d}{d\mu}\ln f(\varepsilon_i)$$

$$=\sum_{i=1}^{n}\frac{d\varepsilon_i}{d\mu}\cdot\frac{d}{d\varepsilon_i}\ln f(\varepsilon_i)$$

$$=\sum_{i=1}^{n}(-1)\cdot\frac{d}{d\varepsilon_i}\ln f(\varepsilon_i)$$

$$=-\sum_{i=1}^{n}\frac{d}{d\varepsilon_i}\ln f(\varepsilon_i) \qquad \cdots(39.4)$$

所以，（39.4）式等於 0 之點，即可讓概似函數 P 達到最大，故得到：

$$\sum_{i=1}^{n}\frac{d}{d\varepsilon_i}\ln f(\varepsilon_i)=0 \qquad \cdots(39.5)$$

因此，只要知道機率密度函數 $f(x)$ 是什麼，則（39.5）式就可以進一步微分。

由（39.1）式，等號左邊將全部 n 個 x_i 相加取平均值，會等於等號右邊 $n \cdot \mu$ 加上 n 個 ε_i 相加之後再取平均值，可得：

$$\bar{x}=\frac{1}{n}\sum_{i=1}^{n}x_i=\frac{1}{n}\sum_{i=1}^{n}(\mu+\varepsilon_i)=\frac{n\mu}{n}+\frac{1}{n}\sum_{i=1}^{n}\varepsilon_i$$

$$=\mu+\frac{1}{n}\sum_{i=1}^{n}\varepsilon_i \qquad \cdots(39.6)$$

根據假設 3，即 $\bar{x}=\mu$，表示正確值是觀測值全體的平均數，所以變成：

$$\frac{1}{n}\sum_{i=1}^{n}\varepsilon_i=\bar{x}-\mu=0$$

上式等號兩邊同乘以 n，故：

$$\sum_{i=1}^{n}\varepsilon_i=0 \qquad \cdots(39.7)$$

比較 (39.5) 式與 (39.7) 式皆等於 0，假設兩式之間存在一個 a 倍（a 是常數）的關係，相減亦為 0：

$$\sum_{i=1}^{n}\left(a\varepsilon_i-\frac{d}{d\varepsilon_i}\ln f(\varepsilon_i)\right)=0$$

從上式可發現在 $\sum_{i=1}^{n}$ 的括號裡面，後者是前者的 a 倍，也就表示：

$$a\varepsilon_i=\frac{d}{d\varepsilon_i}\ln f(\varepsilon_i) \qquad \cdots(39.8)$$

上面 $\sum_{i=1}^{n}$ 等於 0，並不表示裏面的每一項都會等於 0，但因為不容易找出所有的解，因此我們用最直觀的想法，當 $\sum_{i=1}^{n}$ 中的每一項都等於 0 時，也是其中的一個解。

小編補充： 我們可以這樣思考，一個二維空間中的 **0** 向量，表示在 x,y 的分量都必須是 **0**, 為什麼呢？因為 x, y 分量是相互獨立的，它們不會相互抵銷，所以必須每一分量都是 0 才能構成 **0** 向量。同樣的，對 $ax+by=0$ 這樣的方程式，如果要求對任何 (x,y) 都要成立（也就是 x,y 是各自獨立，互不相關的），那唯一可能就是 $ax=0$、$by=0$。你可能會說，以前在解這個方程式，老師不是說 $y=-\dfrac{a}{b}x$ 就可以讓 $ax+by=0$ 了嗎？是的，但這時，x 和 y 就存在一個相互依存的關係了，我們叫做「線性相依（*linear dependant*）」，這時 x 和 y 就不是相互獨立了！

將此觀念推廣到 n 維變數空間，因為每個量測都是獨立的，所以每個 ε_i 也是獨立的，當 ε_i 是相互獨立時，則

$$\sum_{i=1}^{n}\left(a\varepsilon_i-\frac{d}{d\varepsilon_i}\ln(\varepsilon_i)\right)=0$$

要在任何 ε_i 值都成立，唯一條件就是每一個 $a\varepsilon_i-\dfrac{d}{d\varepsilon_i}\ln(\varepsilon_i)$ 都要等於 0。

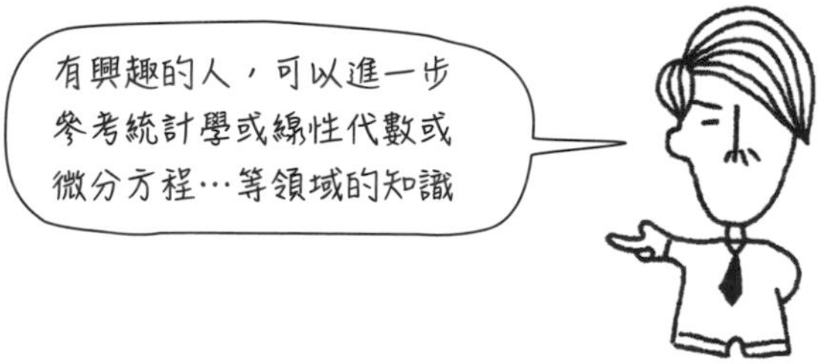
有興趣的人，可以進一步
參考統計學或線性代數或
微分方程…等領域的知識

找出常態分佈的機率密度函數

那麼，滿足 (39.8) 式的機率密度函數 $f(\varepsilon)$ 是什麼呢？令 $u=\ln f(\varepsilon_i)$，將 (39.8) 式簡化成下面的微分方程式來思考：

$$a\varepsilon_i=\frac{du}{d\varepsilon_i}$$

接著將上式分離變成：

$$du = a\varepsilon_i \cdot d\varepsilon_i$$

再將上式兩邊做不定積分：

$$\int du = \int a\varepsilon_i \cdot d\varepsilon_i$$

$$\Leftrightarrow u + C_1 = \frac{1}{2} a\varepsilon_i^{\,2} + C_2$$

$$\Leftrightarrow \quad u = \frac{1}{2} a\varepsilon_i^{\,2} + C_2 - C_1$$

因為前面令 $u = \ln f(\varepsilon_i)$，所以代回上式：

$$\Leftrightarrow \ln f(\varepsilon_i) = \frac{1}{2} a\varepsilon_i^{\,2} + \overbrace{C_2 - C_1}^{\text{改為 } C_3}$$

然後將上式兩邊取指數，故得到：

$$\Leftrightarrow f(\varepsilon_i) = e^{\frac{1}{2} a\varepsilon_i^2 + C_3} = e^{\frac{a\varepsilon_i^2}{2}} \cdot e^{C_3} = e^{C_3} \cdot \exp\left(\frac{a\varepsilon_i^{\,2}}{2}\right)$$

此處我們使用符號 $\exp(x)$ 來表示 e^x（讓指數的字看起來不會太小，以免造成閱讀不易），並將 e^{C3} 常數改為一個新的常數 C，則上式就可以簡化為：

$$\Leftrightarrow f(\varepsilon_i) = C \cdot \exp\left(\frac{a\varepsilon_i^{\,2}}{2}\right)$$

如此得出的這個機率密度函數就是滿足 (39.8) 式的解，也就是常態分佈的機率密度函數的雛形。之後再找出 C 與 a 值就可完成。上式對任何 $i=1, 2, \cdots, n$ 皆成立。為了一般化起見，我們將上式寫成：

$$f(\varepsilon)=C\cdot\exp\left(\frac{a\varepsilon^2}{2}\right) \qquad \cdots(39.9)$$

用常態分佈的機率密度函數驗證高斯的假設

驗證假設 1：只要讓 a 取負值即可，為什麼呢？因為 a 取負值後，上式會隨著 ε 值增大，而使得 $f(\boldsymbol{\varepsilon})$ 值變得越小，亦即 $b > a$ 時，$f(b)$ 會小於 $f(a)$，表示假設 1 成立。

$$P(|\text{正確值}-\text{觀測值}|=b)=f(b) < P(|\text{正確值}-\text{觀測值}|=a)=f(a)$$

驗證假設 2：觀察 (39.9) 式等號右邊的指數，因為是 $\boldsymbol{\varepsilon}$ 取平方，所以 $\boldsymbol{\varepsilon}$ 是正值或負值皆不影響，表示此常態分佈的機率密度函數符合假設 2：

$$f(\varepsilon)=C\cdot\exp\left(\frac{a\varepsilon^2}{2}\right)=C\cdot\exp\left(\frac{a(-\varepsilon)^2}{2}\right)=f(-\varepsilon)$$

最簡單形式的常態分佈函數

經由上面的分析，為了讓 $f(\varepsilon)=C\cdot\exp\left(\frac{a\varepsilon^2}{2}\right)$ 符合常態分佈，a 必須為負值 (若為正值，則圖形左右會趨近無限大)，a 為負值最簡單的情況即取 $a=-1$。再者，一般機率密度函數的變數習慣使用 x，所以我們將機率密度函數的變數從 $\boldsymbol{\varepsilon}$ 換成 x 表示成：

$$f(x)=C\cdot\exp\left(\frac{-x^2}{2}\right) \qquad \cdots(39.10)$$

將(39.10)式與平均數是 0，標準差是 1 的標準常態分佈的機率密度函數相比較，可以發現除了常數 C 以外，其他部分都相同。所以，常態分佈的機率密度函數之所以會長那個樣子，都是由高斯建立的 3 個假設而推導出來的。此外，高斯的 3 個假設在本質上是建立在：如果觀測值的平均值是正確值，那麼誤差分佈的機率密度函數，就會像(39.10)式的樣子。

最後剩下的問題是「為什麼常數 C 會是 $\frac{1}{\sqrt{2\pi}}$」？這個問題的解法，簡單說就是為了使全部機率和等於 1，也就是將機率密度函數從 $-\infty$ 積分到 ∞，其值要等於 1：

$$\int_{-\infty}^{\infty} C \cdot \exp\left(\frac{-x^2}{2}\right) dx = 1$$

下一個單元，我們會利用多變數的重積分，解出上面的積分式子求得常數 C 的值是 $\frac{1}{\sqrt{2\pi}}$。

單元 40

多變數積分－利用雙重積分算出機率密度函數的積分常數

前一個單元依循高斯的 3 個假設，推導出常態分佈的機率密度函數，但留下一個問題是「常數 C 為什麼會是 $\frac{1}{\sqrt{2\pi}}$ 呢」？本單元就要利用常態分佈全部機率加總等於 1 的條件 (40.1) 式，加上雙重積分的技巧將 C 的值推導出來：

$$1=\int_{-\infty}^{\infty} C\cdot\exp\left(\frac{-x^2}{2}\right)dx \qquad \cdots(40.1)$$

要求上式的積分，因為 C 是與 x 無關的常數，可以拿到積分外面來乘，所以只要算得出下式的值，取倒數就是 C 的值：

$$\int_{-\infty}^{\infty} \exp\left(\frac{-x^2}{2}\right)dx$$

小編補充： 本單元會利用雙重積分與平面座標轉換為極座標的技巧，雖然稍微複雜一點，不過這正可以欣賞數學推導的巧妙之處。

利用雙重積分解出標準常態分佈的係數

上式光憑前面學過的單變數積分是解不出來的，因此這裡要介紹一個解題的技巧，就是讓 (40.1) 式用不同變數名稱自乘，可得：

$$1^2=\int_{-\infty}^{\infty} C\cdot\exp\left(\frac{-x^2}{2}\right)dx\cdot\int_{-\infty}^{\infty} C\cdot\exp\left(\frac{-y^2}{2}\right)dy \qquad \cdots(40.2)$$

上式等號的右邊，因為是兩個各自獨立的積分，因此必須使用兩個變數 x 與 y 來區別。也因為分別各自對獨立變數 x 與 y 做積分，所以可將兩個積分符號都移到最外面，積分結果仍然相同：

$$\Leftrightarrow 1 = \int_{-\infty}^{\infty} C \cdot \exp\left(\frac{-x^2}{2}\right) dx \cdot \int_{-\infty}^{\infty} C \cdot \exp\left(\frac{-y^2}{2}\right) dy$$

$$= \int_{-\infty}^{\infty}\int_{-\infty}^{\infty} C \cdot \exp\left(\frac{-x^2}{2}\right) \cdot C \cdot \exp\left(\frac{-y^2}{2}\right) dxdy \qquad \cdots (40.3)$$

於是我們可以將上式等號右邊積分符號裏面的式子，看成是 x 與 y 的被積分函數：

$$f(x, y) = C \cdot \exp\left(\frac{-x^2}{2}\right) \cdot C \cdot \exp\left(\frac{-y^2}{2}\right)$$

如此對 x 與 y 兩個變數做積分，也就是對 $f(x, y)$ 做雙重積分。將 x 的取值範圍設定為閉區間 $[a, b]$，y 的取值範圍設定為閉區間 $[c, d]$，如此對 $f(x, y)$ 做雙重積分即可表示為：

對 y 積分

$$\int_c^d \int_a^b f(x,y)\, dxdy$$

對 x 積分

雙重積分的幾何意義是 x 從 a 到 b 做細分、y 從 c 到 d 做細分，因此在平面上會細分出許多小方塊，並在 $f(x, y)$ 下方形成一個一個細小的方柱，這些細小方柱的體積加總起來就是 $f(x, y)$ 積分的體積：

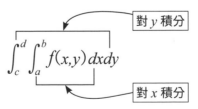

圖表 5-22

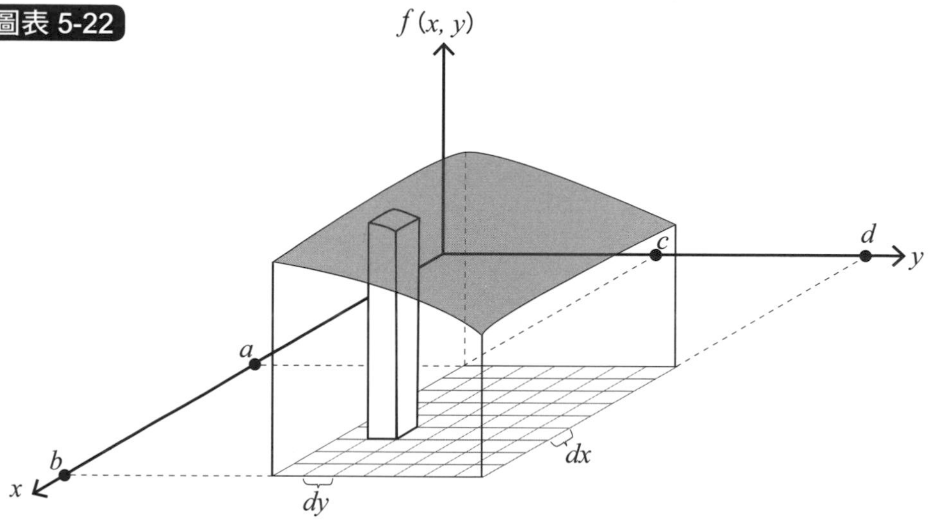

兩個變數雙重積分的計算中，被積分函數乘上常數，則該常數可以提到雙重積分外面，這個性質與單變數的積分性質相同。另外，x 與 y 是獨立的變數，彼此互不相依，所以，若先對 x 積分再對 y 積分的雙重積分，在積分 x 時，y 被視為與 x 無關的常數。同理，在積分 y 時，x 亦被視為與 y 無關的常數。

整理（40.3）式，利用兩個同底的指數函數相乘，等於各自的指數相加之性質，可得：

$$
\begin{aligned}
1 &= \int_{-\infty}^{\infty}\int_{-\infty}^{\infty} C\cdot\exp\left(\frac{-x^2}{2}\right)\cdot C\cdot\exp\left(\frac{-y^2}{2}\right)dxdy \\
&= \int_{-\infty}^{\infty}\int_{-\infty}^{\infty} C^2\exp\left(\frac{-x^2}{2}+\frac{-y^2}{2}\right)dxdy \\
&= \int_{-\infty}^{\infty}\int_{-\infty}^{\infty} C^2\exp\left(-\frac{x^2+y^2}{2}\right)dxdy \qquad \cdots(40.4)
\end{aligned}
$$

利用座標轉換簡化式子

由 (40.4) 式還是不能直接計算雙重積分。我們需要利用座標轉換的方式，將直角座標系轉換到極座標系。極座標中任何一點 (r, θ)，其中 $r > 0$ 為半徑，θ 為旋轉角度，該點的位置是以原點 O 為起點，先在 x 軸為正之處取一點 P 使得 $\overline{OP} = r$，然後以 O 為圓心，將 $\overline{OP} = r$ 逆時鐘旋轉 θ 後，即為 P 所在的點。

還記得單元 24 介紹過的單位圓吧，我們可以透過半徑為 1 的單位圓，用 $\sin\theta$ 與 $\cos\theta$ 標示出圓上任一點的座標。利用這個方法，我們也可以將直角座標平面上的任何一點 (r, θ)，透過半徑為 r 的圓來表示：

圖表 5-23

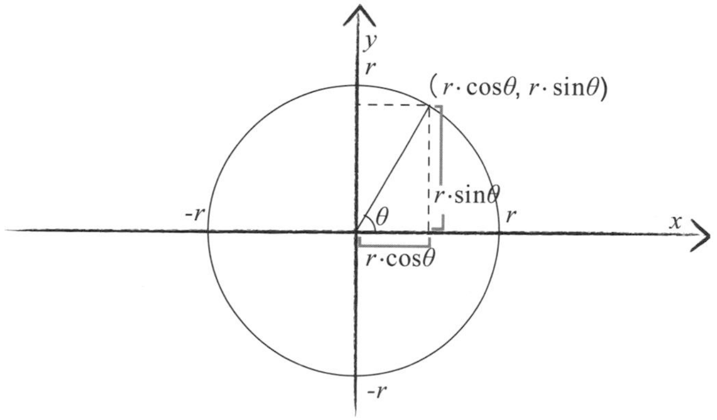

如上圖所示，此即直角座標 (x, y) 與極座標之間的點與點對應關係：

$$x = r \cdot \cos\theta、y = r \cdot \sin\theta$$

因此，我們試著將 (40.4) 式的被積分函數，利用上面的對應關係來做座標轉換。首先，我們計算 $x^2 + y^2$，代換為極座標可得到下式：

$$x^2 + y^2 = (r \cdot \cos\theta)^2 + (r \cdot \sin\theta)^2 = r^2 \cdot (\cos^2\theta + \sin^2\theta) = r^2$$

如此一來，(40.4) 式的被積分函數就變成：

$$C^2 \cdot \exp\left(-\frac{x^2+y^2}{2}\right) = C^2 \cdot \exp\left(-\frac{r^2}{2}\right) \qquad \cdots(40.5)$$

以單位圓來說明 $\sin\theta$ 與 $\cos\theta$ 的意義，如此可利用三角函數的代數性質推導出 x^2+y^2。然而，利用座標轉換計算雙重積分時，原本的 $dxdy$ 與轉換後的 $drd\theta$ 之間的關係就必須從面積的觀點來考慮轉換的過程。

原面積 $dxdy$ 經過轉換後，其面積大小會等值於 $drd\theta$ 嗎？思考這個問題，最基本的作法是回到雙重積分的定義著手。利用下圖來建立 $dxdy$ 與 $drd\theta$ 的關係。

圖表 5-24

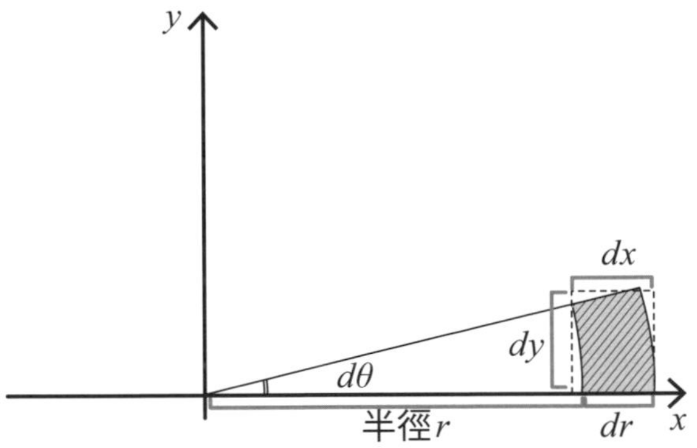

上圖以虛線標示 $dxdy$ 的長方形面積，這塊面積要如何跟 $drd\theta$ 建立關係呢？這與我們在介紹微分或積分時，在非常小的細分下，虛線的 $dxdy$ 長方形面積和斜線部份是大約相等的，也就是說誤差可以忽視。

但 $drd\theta$ 並不是面積，因為 $d\theta$ 是弧度而不是弧長，$d\theta$ 必須乘上 r 才是弧長，也就是 $rd\theta dr$ 才是斜線部份的面積。所以 $dxdy$ 若要轉換成極座標，除了 $drd\theta$ 還要再乘上 r：

亦即：

$$dx \cdot dy = r \cdot dr \cdot d\theta$$

最後，須考慮變數轉換時，變數的取值範圍也會改變。因為直角座標中 x 與 y 的取值範圍是 $-\infty$ 到 ∞，也就是包含了整個平面。所以透過 $x = r\cos\theta$，$y = r\sin\theta$ 轉換到極座標時，r 與 θ 的積分上下限也必須包含整個座標平面所有的點。

根據以上的分析，(40.4) 式經過座標轉換後，得到：

$$\begin{aligned} 1 &= \int_{-\infty}^{\infty}\int_{-\infty}^{\infty} C^2 \cdot \exp\left(-\frac{x^2+y^2}{2}\right) \cdot dxdy \\ &= \int_0^{2\pi}\int_0^{\infty} C^2 \cdot \exp\left(-\frac{r^2}{2}\right) \cdot r \cdot drd\theta \qquad \cdots(40.6) \end{aligned}$$

觀察上式的雙重積分，因為被積分函數可以分離成兩個函數相乘，一個是 r 的函數，另一個是 θ 的函數，亦即前者是 $\exp\left(-\frac{r^2}{2}\right) \cdot r$，後者是常數函數 1，因此上式可進一步推導成：

$$\begin{aligned} 1 &= \int_0^{2\pi}\int_0^{\infty} C^2 \cdot \exp\left(-\frac{r^2}{2}\right) \cdot r \cdot drd\theta \\ &= C^2 \cdot \int_0^{2\pi} 1 d\theta \cdot \int_0^{\infty} r \cdot \exp\left(-\frac{r^2}{2}\right) dr \end{aligned}$$

上式最後變成兩個單變數積分再乘以常數 C^2。

我們先對 θ 函數積分可得：

$$
\begin{aligned}
1 &= C^2 \cdot [\theta]_0^{2\pi} \cdot \int_0^{\infty} r \cdot \exp\left(-\frac{r^2}{2}\right) dr \\
&= C^2 \cdot (2\pi - 0) \cdot \int_0^{\infty} r \cdot \exp\left(-\frac{r^2}{2}\right) dr \\
&= 2\pi C^2 \cdot \int_0^{\infty} r \cdot \exp\left(-\frac{r^2}{2}\right) dr \qquad \cdots (40.7)
\end{aligned}
$$

利用指數函數微分求出標準常態分佈係數

接下來，只剩 r 的函數積分。要解出這個積分，首先，我們令：

$$u = -\frac{r^2}{2}$$

所以 u 對 r 微分會是：

$$\frac{du}{dr} = -\frac{2r}{2} = -r \quad \Rightarrow \quad du = -r dr$$

根據上式，所以 (40.7) 式變成：

$$
\begin{aligned}
1 &= 2\pi C^2 \cdot \int_0^{\infty} r \cdot \exp\left(-\frac{r^2}{2}\right) \cdot dr \\
&= -2\pi C^2 \int_0^{-\infty} (e^u)\, du \\
&= -2\pi C^2 \Big[e^u \Big]_0^{-\infty} \\
&= -2\pi C^2 (e^{-\infty} - e^0) \\
&= -2\pi C^2 (0-1) \\
&= 2\pi C^2
\end{aligned}
$$

故得到：

$$1 = 2\pi C^2$$

也因為 C 是正數，所以可以得到 C 值為：

$$C = \frac{1}{\sqrt{2\pi}}$$

將這個結果代回(39.10)式，此即為標準常態分佈的機率密度函數：

$$f(x) = \frac{1}{\sqrt{2\pi}} \cdot \exp\left(\frac{-x^2}{2}\right) \qquad \cdots(40.8)$$

常態分佈的一般式

上面一連串推導出來的 (40.8) 式是「標準常態分佈」的機率密度函數，它的平均數等於 0，標準差等於 1。然而，最初資料的型態是 $x=\mu+\varepsilon$(在單元 39 講過)，那麼 x 的分佈為何呢？回到前一個單元取 a 值之處，當時是將 a 取最簡單的 -1 做後續的推導。我們採用同樣的作法，當 a 不是 -1 時，一樣也可以得到機率密度函數。

當考慮常態分佈一般式的時候，就必須還原平均數是 μ，且標準差為 σ 的情況 (在單元 25 講過標準差 σ 與變異數 σ^2)。因此常態分佈的一般式即可寫為：

$$f(x)=\frac{1}{\sqrt{2\pi\sigma^2}}\cdot\exp\left(-\frac{(x-\mu)^2}{2\sigma^2}\right)$$

如果我們將上式中的 μ 設為 0，σ 設為 1，就會跟 (40.8) 式相同。常態分佈一般式的推導過程與前面一樣，就不再做一遍了。

然而，為什麼一般做資料分析時，資料的隨機性要假設為常態分佈呢？這個問題若只隨著高斯的 3 個假設並不能得到答案，因為高斯從頭到尾認為「平均數是推估資料的好方法」，所以建立這 3 個假設，並推導出了常態分佈。至於平均數真的好還是不好？高斯沒有證明這點。

就因為如此，很多數學家與統計學家們根據自己的論點，實際去研究原始資料的隨機性，結果大多數都證明了原始資料平均數的隨機性確實是依循常態分佈，這個事實就是統計學的核心所在，而成為中央極限定理的理論。

小編補充：

中央極限定理簡介

中央極限定理為統計學的重要定理之一。不管抽樣母體原本是哪一種分佈型態，只要獨立且隨機從母體中取出的樣本數夠大，那麼樣本平均值的分佈就會趨近於常態分佈。

這裡舉個簡單的例子說明：

一個公正的 6 面骰子，擲出 1～6 點數的機率是各為 1/6 的平均分佈。如果一次取 2 顆骰子來擲，則點數加總為 2～12，接近中間點數的次數要比兩邊的次數來得多。而當一次取 30 個骰子來擲，則點數加總是 30～180，中間點數出現的次數會更加密集。以下是分別用 1、2、15、30、50 顆骰子擲 10000 次的結果圖形（用 *Python* 的 *Pygal* 模組產生），會從 1 顆骰子的平均分佈，變成 2 顆骰子的三角分佈，最後逐漸變成常態分佈：

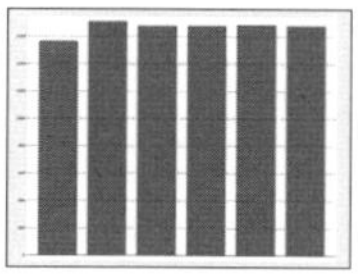
1 顆骰子

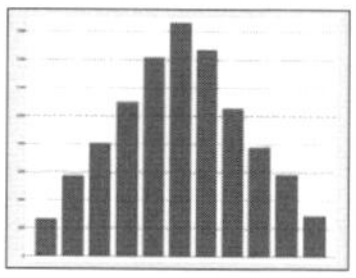
2 顆骰子

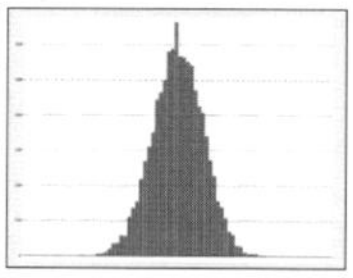
15 顆骰子

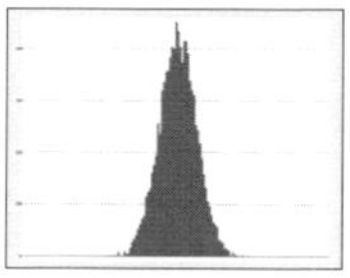
30 顆骰子

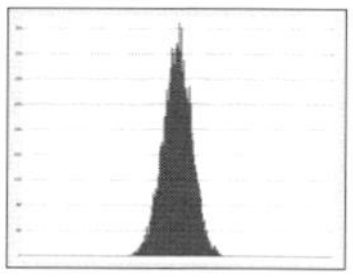
50 顆骰子

小編補充：

中央極限定理與 mini-batch 梯度下降法

中央極限定理的白話意思是，只要從母體中隨機抽取的樣本數夠大，就能大概代表母體，而不需要將整個母體都用上。例如民意調查機構隨機抽樣數只有 1000 人，就能達到信心度 95%。至於抽樣的技術，就是這些調查機構的價值所在了。

同樣地，當中央極限定理應用在機器學習時，就不用一次將「所有」樣本資料丟進模型中訓練，只需隨機抽取「一定數量」的樣本資料就具有 95% 信心度，而這也就是 *mini-batch* 梯度下降法會被採用的基本道理。至於什麼是梯度下降法，就留待單元 45、48。

MEMO

第 6 篇

深度學習需要的數學能力

單元 41

多變數的偏微分－對誤差平方和的參數做偏微分

統計學和機器學習的共通之處，在於可將多種變數以數學的方式模型化。我們可根據最大概似估計法，找出微分等於 0 的點，來求出數學模型中最佳的參數，這就是前面學習線性代數與微積分的主要用途。

本篇接下來的進階主題，會同時運用線性代數與微積分的技巧，來解決多元迴歸分析或深度學習中多參數的複雜數學模型，以找出最佳的參數組合。

小編補充：

多變數 vs 多參數

以線性函數來說，例如 (29.4) 式包括 x_1、x_2 … 多個變數，也包括 β_0、β_1、β_2 … 多個參數。在深度學習中，會將多組已知的 x_1、x_2 … 與 y 的真實數據（也就是深度學習中的 *training data*）當做輸入值，希望求出參數 β_0、β_1、β_2 … 的值，此時各參數就變成了未知變數。我們的目的就是要找出能符合真實數據的各參數值，因此後面就會分別對各參數（即未知變數）做微分，找出能使微分為 0 的參數值。本單元的參數只包括 a、b 兩個而已，但後面的單元就會出現超過兩個的例子。

在單元 15 找出誤差平方和最小的截距 $a=-28$，斜率 $b=36$ 時，用的是配方法（請參考（15.7）式），整個計算過程相當繁複。而本單元改用微分的方法來計算，也會得到相同的 a、b 值，但卻比配方法要簡單多了。

我們現在快速回顧單元 15 中，依據營業員第 1 年到第 3 年分別拜訪客戶 x 次、簽下 y 件合約（如圖表 6-1 所示）的數據：

圖表 6-1

	拜訪次數 (單位：100 次)	簽約件數 (單位：1 件)
第 1 年	1	10
第 2 年	2	40
第 3 年	3	82

以及最後得到的線性函數 $y=-28+36x$(這是用配方法得出的結果，後面我們會改用微分法得出相同的結果)：

圖表 6-2

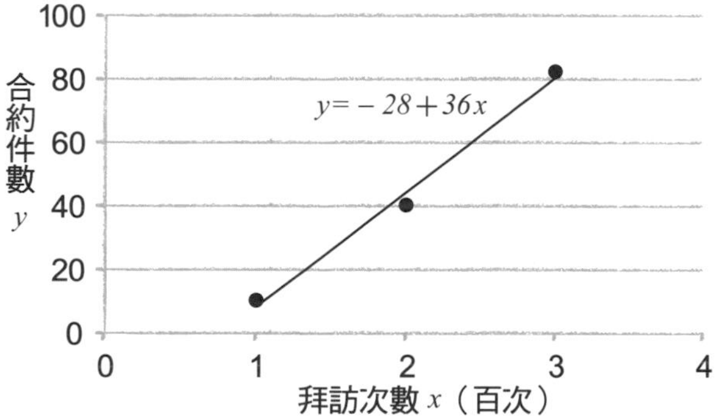

對多變數函數做偏微分

接下來我們要用誤差平方和的式子做微分，去求出 a、b 值，因此先將式子列出：

$$\text{誤差的平方和}=\sum_{i=1}^{3}\varepsilon_i^2=\sum_{i=1}^{3}(y_i-a-bx_i)^2 \qquad \cdots(41.1)$$

將圖表 6-1 的 3 組數據代入 (41.1) 式可得：

$$\sum_{i=1}^{3}\varepsilon_i^2 = (10-a-b)^2+(40-a-2b)^2+(82-a-3b)^2$$
$$=8424+3a^2+14b^2-264a+12ab-672b \qquad \cdots(41.2)$$

原本 a、b 是線性函數的截距與斜率 (也就是參數)，但在 (41.2) 式中轉變為要求解的未知變數，因此 (41.2) 式是有兩個變數的函數。凡是有兩個或以上個變數的函數，就稱為多變數函數。

偏微分是針對多變數函數中的某一個變數做微分的意思，與該變數無關的變數就會被視為常數處理。例如函數 $f(x, y)=x+y$，其中 x 與 y 是互相獨立 (互不影響) 的變數，令 $z=f(x, y)$，則 z 對 x 微分時，y 可視為與 x 無關的常數，所以可以如下對 x 做偏微分：

因為 y 和 x 無關，
視為常數，所以 $\frac{\partial y}{\partial x}=0$

$$\frac{\partial z}{\partial x}=\frac{\partial}{\partial x}(x+y)=\frac{\partial}{\partial x}(x)+\frac{\partial}{\partial x}(y)=1+0=1$$

在單變數微分時，是使用萊布尼茲記法 dy 與 dx 來表示對變數的微分。而偏微分則是以 ∂y 與 ∂x 符號來表示。∂ 可以讀作 *round delta* (可簡稱 *round*)，或是直接取偏微分的英文 *partial derivative* 的第 1 個字讀作 *partial*。

在前面學過要找出單變數函數的極大值或極小值時，即找出微分後等於 0 的點。而現在面對多變數函數時，就必須分別對每一個變數做偏微分，然後聯立起來找出偏微分等於 0 的點。

對參數做偏微分，再解聯立方程式

我們回到 (41.2) 式，要求出使 $\sum_{i=1}^{3} \varepsilon_i^2$ 為最小值的 a、b 值（也就是未知的變數），就是分別對 a、b 做偏微分，找出讓偏微分等於 0 的 a、b 值。

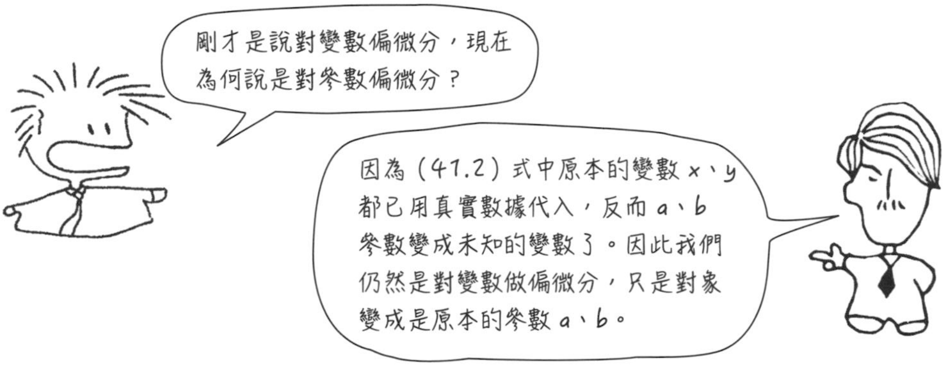

剛才是說對變數偏微分，現在為何說是對參數偏微分？
因為 (41.2) 式中原本的變數 x、y 都已用真實數據代入，反而 a、b 參數變成未知的變數了。因此我們仍然是對變數做偏微分，只是對象變成是原本的參數 a、b。

首先用 (41.2) 式對 a 偏微分（將 b 視為常數）：

$$\frac{\partial}{\partial a}\sum_{i=1}^{3}\varepsilon_i^2 = \frac{\partial}{\partial a}(8424+3a^2+14b^2-264a+12ab-672b)$$

$$=3\cdot 2a-264+12b$$

$$=6(a-44+2b)=0$$

$$\Leftrightarrow a+2b-44=0 \qquad \cdots(41.3)$$

再用 (41.2) 式對 b 偏微分（將 a 視為常數）：

$$\frac{\partial}{\partial b}\sum_{i=1}^{3}\varepsilon_i^2 = \frac{\partial}{\partial b}(8424+3a^2+14b^2-264a+12ab-672b)$$

$$=14\cdot 2b+12a-672$$

$$=4(7b+3a-168)=0$$

$$\Leftrightarrow 3a+7b-168=0 \qquad \cdots(41.4)$$

解(41.3)、(41.4)聯立方程式，即可算出 $a=-28$、$b=36$。這與單元 15 用配方法得到的結果一樣。兩種方法都可以求得 a、b 值，但顯然利用偏微分要比用配方法簡單。**小編補充：** 其實用偏微分的方法也沒有更簡單，主要是偏微分比較容易用系統性的方式來處理，也因此容易用程式來實作。

對向量方程式做偏微分

還記得單元 29 講過用向量來表示線性迴歸嗎？也就是說，圖表 6-1 的 3 筆數據的聯立方程式：

$$y_1=a+bx_1+\varepsilon_1$$
$$y_2=a+bx_2+\varepsilon_2$$
$$y_3=a+bx_3+\varepsilon_3$$

可以改寫為向量形式：

$$\begin{pmatrix} y_1 \\ y_2 \\ y_3 \end{pmatrix}=a\cdot\begin{pmatrix} 1 \\ 1 \\ 1 \end{pmatrix}+b\cdot\begin{pmatrix} x_1 \\ x_2 \\ x_3 \end{pmatrix}+\begin{pmatrix} \varepsilon_1 \\ \varepsilon_2 \\ \varepsilon_3 \end{pmatrix}$$

其中

$$\boldsymbol{y}=\begin{pmatrix} y_1 \\ y_2 \\ y_3 \end{pmatrix}、\boldsymbol{a}=\begin{pmatrix} a \\ a \\ a \end{pmatrix}=a\begin{pmatrix} 1 \\ 1 \\ 1 \end{pmatrix}、\boldsymbol{x}=\begin{pmatrix} x_1 \\ x_2 \\ x_3 \end{pmatrix}、\boldsymbol{\varepsilon}=\begin{pmatrix} \varepsilon_1 \\ \varepsilon_2 \\ \varepsilon_3 \end{pmatrix}$$

用向量方程式來表示就是 $\boldsymbol{y}=\boldsymbol{a}+b\boldsymbol{x}+\boldsymbol{\varepsilon}$ **或** $\boldsymbol{\varepsilon}=\boldsymbol{y}-\boldsymbol{a}-b\boldsymbol{x}$。進而誤差平方和也可寫為：

$$\sum_{i=1}^{3}\varepsilon_i^2=\boldsymbol{\varepsilon}^T\boldsymbol{\varepsilon}=(\boldsymbol{y}-\boldsymbol{a}-b\boldsymbol{x})^T(\boldsymbol{y}-\boldsymbol{a}-b\boldsymbol{x}) \qquad \cdots(41.5)$$

根據第 4 篇單元 26、31 學過的向量運算、轉置的規則，可將 (41.5) 式簡化：

$$\sum_{i=1}^{3}\varepsilon_i^2=(\boldsymbol{y}-\boldsymbol{a}-b\boldsymbol{x})^T(\boldsymbol{y}-\boldsymbol{a}-b\boldsymbol{x})$$
$$=(\boldsymbol{y}^T-\boldsymbol{a}^T-b\boldsymbol{x}^T)(\boldsymbol{y}-\boldsymbol{a}-b\boldsymbol{x})$$

然後將括號乘開後，得到：

$$=\boldsymbol{y}^T\boldsymbol{y}-\boldsymbol{y}^T\boldsymbol{a}-b\boldsymbol{y}^T\boldsymbol{x}-\boldsymbol{a}^T\boldsymbol{y}+\boldsymbol{a}^T\boldsymbol{a}+b\boldsymbol{a}^T\boldsymbol{x}-b\boldsymbol{x}^T\boldsymbol{y}+b\boldsymbol{x}^T\boldsymbol{a}+b^2\boldsymbol{x}^T\boldsymbol{x}$$

因為 $\boldsymbol{a}^T\boldsymbol{y}$ 乘出來是一個純量，所以 $(\boldsymbol{a}^T\boldsymbol{y})^T=\boldsymbol{y}^T\boldsymbol{a}$ 仍然是相同的純量，可得 $\boldsymbol{a}^T\boldsymbol{y}=\boldsymbol{y}^T\boldsymbol{a}$。同理可得：

$$\boldsymbol{a}^T\boldsymbol{y}=\boldsymbol{y}^T\boldsymbol{a}，\boldsymbol{x}^T\boldsymbol{y}=\boldsymbol{y}^T\boldsymbol{x}，\boldsymbol{a}^T\boldsymbol{x}=\boldsymbol{x}^T\boldsymbol{a}$$

所以，上式經過整理後變成：

$$\boldsymbol{\varepsilon}^T\boldsymbol{\varepsilon}=\boldsymbol{y}^T\boldsymbol{y}+\boldsymbol{a}^T\boldsymbol{a}+b^2\boldsymbol{x}^T\boldsymbol{x}-2\boldsymbol{a}^T\boldsymbol{y}-2b\boldsymbol{x}^T\boldsymbol{y}+2b\boldsymbol{a}^T\boldsymbol{x} \qquad \cdots(41.6)$$

接下來 (41.6) 式要分別對 a 與 b 做偏微分。

$\boldsymbol{\varepsilon}^T\boldsymbol{\varepsilon}$ 對 b 做偏微分

首先對 b 進行偏微分，並令偏微分的值等於 0，可得：

$$\frac{\partial}{\partial b}\boldsymbol{\varepsilon}^T\boldsymbol{\varepsilon}=2b\boldsymbol{x}^T\boldsymbol{x}-2\boldsymbol{x}^T\boldsymbol{y}+2\boldsymbol{a}^T\boldsymbol{x}=0$$
$$\Leftrightarrow b\boldsymbol{x}^T\boldsymbol{x}-\boldsymbol{x}^T\boldsymbol{y}+\boldsymbol{a}^T\boldsymbol{x}=0$$

然後將上式向量的各分量乘開，可得：

$$\Leftrightarrow b\sum_{i=1}^{3}x_i^2-\sum_{i=1}^{3}x_iy_i+a\sum_{i=1}^{3}x_i=0 \qquad \cdots(41.7)$$

然後我們將圖表 6-1 的 3 組數據代入 (41.7) 式，可得到：

$$\sum_{i=1}^{3}x_i^2=1^2+2^2+3^2=14$$

$$\sum_{i=1}^{3}x_iy_i=1\times10+2\times40+3\times82=336$$

$$\sum_{i=1}^{3}x_i=1+2+3=6$$

於是 (41.7) 式可簡化為下式，這與前面的 (41.4) 式吻合：

$$14b-336+6a=0 \Leftrightarrow 7b-168+3a=0$$

$\boldsymbol{\varepsilon}^T\boldsymbol{\varepsilon}$ 對 $\boldsymbol{a}$ 做偏微分

接下來 (41.6) 式要對 $\boldsymbol{a}$ 進行偏微分，因為 $\boldsymbol{a}=a\begin{pmatrix}1\\1\\1\end{pmatrix}$，且 (41.6) 式中與 $\boldsymbol{a}$ 有關的項只有 $\boldsymbol{a}^T\boldsymbol{a}$、$-2\boldsymbol{a}^T\boldsymbol{y}$、$2b\boldsymbol{a}^T\boldsymbol{x}$ 這三項，其它項都會變成 0。因此 $\boldsymbol{\varepsilon}^T\boldsymbol{\varepsilon}$ 對 a 偏微分只要針對這 3 項即可：

$$\frac{\partial}{\partial a}\boldsymbol{\varepsilon}^T\boldsymbol{\varepsilon}=\frac{\partial}{\partial a}(\boldsymbol{a}^T\boldsymbol{a}-2\boldsymbol{a}^T\boldsymbol{y}+2b\boldsymbol{a}^T\boldsymbol{x})$$

$$=\frac{\partial}{\partial a}\left(a^2(1\ \ 1\ \ 1)\begin{pmatrix}1\\1\\1\end{pmatrix}-2a(1\ \ 1\ \ 1)\begin{pmatrix}y_1\\y_2\\y_3\end{pmatrix}+2ab(1\ \ 1\ \ 1)\begin{pmatrix}x_1\\x_2\\x_3\end{pmatrix}\right)$$

$$=\frac{\partial}{\partial a}\left(3a^2-2a\sum_{i=1}^{3}y_i+2ab\sum_{i=1}^{3}x_i\right)$$

$$=3\cdot 2a-2\sum_{i=1}^{3}y_i+2b\sum_{i=1}^{3}x_i=0$$

$$\Leftrightarrow 3a-\sum_{i=1}^{3}y_i+b\sum_{i=1}^{3}x_i=0 \qquad \cdots(41.8)$$

然後我們將圖表 6-1 的 3 組數據代入 (41.8) 式，可得到：

$$\sum_{i=1}^{3}y_i=10+40+82=132$$

$$\sum_{i=1}^{3}x_i=1+2+3=6$$

於是 (41.8) 式可簡化為下式，這與前面的 (41.3) 式吻合：

$$3a-132+6b=0 \Leftrightarrow a-44+2b=0$$

所以向量表示式同樣可以得到 $a=-28$、$b=36$，與前面對多變數函數做偏微分的結果相同。但其實它們細部的運算實作是一樣的，也就是對參數 a 與 b 分別做偏微分，並讓偏微分之值等於 0，然後再解聯立方程式就可以得到最佳的參數 a 與 b。

向量式的優點在於用一行公式就能代表數十、數百、數千行的多參數聯立方程式。

雖然前面的運算看起來有點複雜，請不要被偏微分運算弄昏頭了！抓住方向，弄清楚我們的目的是找出能讓誤差平方和最小的參數 a、b，如此即可得到最佳數據的函數，也就是圖表 6-2 的 $y=-28+36x$ 函數，偏微分只是我們達到目的的一種方法。

回顧一下：

(1) 目的是要讓誤差平方和 $\sum \varepsilon_i$ 最小化

(2) 偏微分：當只對單一變數微分時，可將其它變數視為常數

(3) 分別對 n 個參數做偏微分，令其值為 0，可得出 n 個方程式，再解聯立方程式，得到各參數值

(4) 得到的參數值，能讓誤差平方和最小

(5) 向量式可以大幅簡化多參數的聯立方程式

單元 42

矩陣形式的偏微分運算

前個單元對向量方程式進行偏微分，求出簡單線性迴歸係數 a 與 b，你可能一時之間有點腦筋打結，不過因為向量內積的結果是純量，只要一項一項乘開之後，再對每一項進行偏微分，其實也還算容易。

然而在多元迴歸分析中，因為變數的數量增加，而其向量關係式中也不只有純量乘積。如果像前面一項一項乘開，恐怕項數太多會造成後續計算的困難。因此，我們必須推導出矩陣形式的偏微分運算規則，做為爾後運算時的依據。運用這些規則，就不用一項一項乘開去做大量的運算了。

將線性迴歸改寫為矩陣形式

我們在單元 29 學會將多元線性迴歸改用矩陣形式表達，而且簡單線性迴歸也一樣可以寫成相同的矩陣形式（請回顧單元 29 最後的式子）。因此我們將前一個單元的例子改為矩陣形式：

$$\boldsymbol{y}=\boldsymbol{X\beta}+\boldsymbol{\varepsilon} \Leftrightarrow \boldsymbol{\varepsilon}=\boldsymbol{y}-\boldsymbol{X\beta} \qquad \cdots(42.1)$$

其中 $\boldsymbol{X}$ 是 $n\times2$ 階矩陣，$\boldsymbol{\beta}$ 是行向量（2×1 階矩陣），所以 $\boldsymbol{X\beta}$ 會是行向量（可看成是 $n\times1$ 階矩陣）。$\boldsymbol{y}$ 和誤差 $\boldsymbol{\varepsilon}$ 也同樣都是行向量（$n\times1$ 階矩陣）：

$$\boldsymbol{X}=\begin{pmatrix} 1 & x_1 \\ 1 & x_2 \\ \vdots & \vdots \\ 1 & x_n \end{pmatrix}、\boldsymbol{y}=\begin{pmatrix} y_1 \\ y_2 \\ \vdots \\ y_n \end{pmatrix}、\boldsymbol{\beta}=\begin{pmatrix} a \\ b \end{pmatrix}、\boldsymbol{\varepsilon}=\begin{pmatrix} \varepsilon_1 \\ \varepsilon_2 \\ \vdots \\ \varepsilon_n \end{pmatrix}$$

接著用最小平方法，計算誤差平方和的最小值，亦即用 (42.1) 式計算 $\boldsymbol{\varepsilon}^T\boldsymbol{\varepsilon}$：

$$\boldsymbol{\varepsilon}^T\boldsymbol{\varepsilon}=(\boldsymbol{y}-\boldsymbol{X\beta})^T(\boldsymbol{y}-\boldsymbol{X\beta})$$

然後針對 β(元素為 a、b) 做偏微分，並讓結果等於 0：

$$\frac{\partial}{\partial\boldsymbol{\beta}}\boldsymbol{\varepsilon}^T\boldsymbol{\varepsilon}=\frac{\partial}{\partial\boldsymbol{\beta}}(\boldsymbol{y}-\boldsymbol{X\beta})^T(\boldsymbol{y}-\boldsymbol{X\beta})=\boldsymbol{0} \qquad \cdots(42.2)$$

請注意！(42.2) 式等號右側的 $\boldsymbol{0}$ 是 2×1 的零向量，也就是 $\begin{pmatrix}0\\0\end{pmatrix}$。而對 $\boldsymbol{\beta}$ 進行偏微分，其實就是對 $\boldsymbol{\beta}$ 中的元素 (向量的分量) 做偏微分，因此 (42.2) 式 $\frac{\partial}{\partial\boldsymbol{\beta}}$ 可視為對 a、b 的偏微分：

$$\text{就是這樣 } \frac{\partial}{\partial\boldsymbol{\beta}}\boldsymbol{\varepsilon}^T\boldsymbol{\varepsilon}=\begin{pmatrix}\frac{\partial}{\partial a}\boldsymbol{\varepsilon}^T\boldsymbol{\varepsilon}\\ \frac{\partial}{\partial b}\boldsymbol{\varepsilon}^T\boldsymbol{\varepsilon}\end{pmatrix}$$

然後將 (42.2) 式代入：

$$\begin{pmatrix}\frac{\partial}{\partial a}\boldsymbol{\varepsilon}^T\boldsymbol{\varepsilon}\\ \frac{\partial}{\partial b}\boldsymbol{\varepsilon}^T\boldsymbol{\varepsilon}\end{pmatrix}=\begin{pmatrix}\frac{\partial}{\partial a}(\boldsymbol{y}-\boldsymbol{X\beta})^T(\boldsymbol{y}-\boldsymbol{X\beta})\\ \frac{\partial}{\partial b}(\boldsymbol{y}-\boldsymbol{X\beta})^T(\boldsymbol{y}-\boldsymbol{X\beta})\end{pmatrix}=\begin{pmatrix}0\\0\end{pmatrix}$$

如此即可看出，對矩陣形式的向量或矩陣做偏微分，就可以用這種形式來處理。

小編補充： 講到這裏，你可以先自我練習，將前一個單元圖表 6-1 的 3 組數據套入 $\boldsymbol{X}$ 與 $\boldsymbol{y}$，轉換成矩陣形式做驗證。利用矩陣的運算規則可得到 $(10-a-b)^2+(40-a-2b)^2+(82-a-3b)^2$，全部乘開並整理後再分別對 a 與 b 偏微分，最後會得到一個 2×1 階矩陣要等於 $\boldsymbol{0}$，即 $\begin{pmatrix}0\\0\end{pmatrix}$。最後解聯立方程式就可得到 a、b 值。本單元最後會實際將運算步驟一一列出。

矩陣偏微分推廣到一般式

前面用到的 $\boldsymbol{\beta}$ 只有 a、b 兩個元素，如果有更多的元素呢？我們可繼續將上面矩陣形式的偏微分推廣到一般情形。假設可微分函數 f（其中 $\boldsymbol{b}$ 是一個 k 維向量）：

$$f(b_1, b_2, \cdots b_k) = f(\boldsymbol{b})$$

將 f 函數對 $\boldsymbol{b}$ 的偏微分定義為 (42.3) 式，表示對每一個元素單獨做偏微分而得到一個 $k \times 1$ 階矩陣：

$$\frac{\partial}{\partial \boldsymbol{b}} f(\boldsymbol{b}) = \begin{pmatrix} \frac{\partial}{\partial b_1} f(\boldsymbol{b}) \\ \frac{\partial}{\partial b_2} f(\boldsymbol{b}) \\ \vdots \\ \frac{\partial}{\partial b_k} f(\boldsymbol{b}) \end{pmatrix} \qquad \cdots (42.3)$$

在機器學習裡基本上是為了推估迴歸係數 $\boldsymbol{b}$，所以利用誤差函數或概似函數（見單元 38）表示成上面的 $f(\boldsymbol{b})$，然後再對每一個元素偏微分，即可解出可能的係數組合。

向量對向量偏微分

假設 $\boldsymbol{y}$ 是一個 q 維向量 $(y_1, y_2, \cdots, y_q)$，其中每個元素（向量的分量）又包含 p 個變數，亦即 $y_j = f_j(x_1, x_2, \cdots, x_p)$ 是向量函數：

每個分量又包含 p 個元素

$$\boldsymbol{x} = \begin{pmatrix} x_1 \\ x_2 \\ \vdots \\ x_p \end{pmatrix} \text{、} \boldsymbol{y} = \begin{pmatrix} f_1(x_1, x_2, \ldots, x_p) \\ f_2(x_1, x_2, \ldots, x_p) \\ \vdots \\ f_q(x_1, x_2, \ldots, x_p) \end{pmatrix} = \begin{pmatrix} f_1(\boldsymbol{x}) \\ f_2(\boldsymbol{x}) \\ \vdots \\ f_q(\boldsymbol{x}) \end{pmatrix}$$

然後 $\boldsymbol{y}$ 對 $\boldsymbol{x}$ 微分，即 $\boldsymbol{y}$ 中的每一個元素（向量函數）依序對 x_1、x_2、⋯、x_p 微分，因此會得到下面的 $p \times q$ 階矩陣：

$$\frac{\partial \boldsymbol{y}}{\partial \boldsymbol{x}} = \begin{pmatrix} \frac{\partial f_1(\boldsymbol{x})}{\partial x_1} & \cdots & \frac{\partial f_q(\boldsymbol{x})}{\partial x_1} \\ \vdots & \ddots & \vdots \\ \frac{\partial f_1(\boldsymbol{x})}{\partial x_p} & \cdots & \frac{\partial f_q(\boldsymbol{x})}{\partial x_p} \end{pmatrix} \quad \cdots (42.4)$$

Nabla 向量微分算符

向量偏微分也可以使用倒三角 ∇ 算符來表示，唸做 *nabla* 算符或 *del* 算符。例如單元 38 講到的概似函數，假設迴歸係數的向量是 $\boldsymbol{\beta}$，概似函數是 $L(\boldsymbol{\beta})$。此概似函數對 $\boldsymbol{\beta}$ 進行偏微分，即可用 $\nabla L(\boldsymbol{\beta})$ 來表示：

$$\nabla L(\boldsymbol{\beta}) = \frac{\partial}{\partial \boldsymbol{\beta}} L(\boldsymbol{\beta})$$

這種表示法在一些專業書籍中常見，遇到時要知道它代表的意義就是對向量偏微分。而像 L 這種純量函數對 $\boldsymbol{\beta}$ 向量的偏微分，又稱為 L 對 $\boldsymbol{\beta}$ 的梯度（*gradient*），這在數學的向量分析（*vector analysis*）和機器學習的權重參數最佳化（*optimization*）相當重要。

最小平方法的矩陣形式偏微分方程式

我們再將話題轉回最小平方法的簡單線性迴歸分析，思考 (42.2) 式展開後會是什麼樣子。根據單元 30、31 學會的矩陣運算與轉置的規則，以及矩陣乘法分配律，可得：

$$\begin{aligned} \frac{\partial}{\partial \boldsymbol{\beta}} \boldsymbol{\varepsilon}^T \boldsymbol{\varepsilon} &= \frac{\partial}{\partial \boldsymbol{\beta}} (\boldsymbol{y} - \boldsymbol{X\beta})^T (\boldsymbol{y} - \boldsymbol{X\beta}) \\ &= \frac{\partial}{\partial \boldsymbol{\beta}} (\boldsymbol{y}^T - (\boldsymbol{X\beta})^T)(\boldsymbol{y} - \boldsymbol{X\beta}) \\ &= \frac{\partial}{\partial \boldsymbol{\beta}} (\boldsymbol{y}^T \boldsymbol{y} - (\boldsymbol{X\beta})^T \boldsymbol{y} - \boldsymbol{y}^T \boldsymbol{X\beta} + (\boldsymbol{X\beta})^T \boldsymbol{X\beta}) \end{aligned}$$

其中 $\boldsymbol{X}$ 是 $n\times2$ 階矩陣（**小編補充：** 因為是簡單線性迴歸，$\boldsymbol{\beta}=\begin{pmatrix} a \\ b \end{pmatrix}$，$k=2$）：

$$\boldsymbol{X}=\begin{pmatrix} 1 & x_1 \\ 1 & x_2 \\ \vdots & \vdots \\ 1 & x_n \end{pmatrix} \text{ 此為 } n\times2 \text{ 階矩陣}$$

接下來對前頁式子逐項來看。第 1 項，因為 $\boldsymbol{y}^T\boldsymbol{y}$ 與 $\boldsymbol{\beta}$ 無關，所以偏微分後等於 0。然後，因為 $\boldsymbol{X}$ 是 $n\times2$ 階矩陣，$\boldsymbol{\beta}$ 是 2×1 階矩陣，所以 $\boldsymbol{X\beta}$ 會是 $n\times1$ 階矩陣，因此 $\boldsymbol{y}^T(\boldsymbol{X\beta})$ 可視為 $n\times1$ 向量與 $n\times1$ 向量的內積。同理，$(\boldsymbol{X\beta})^T\boldsymbol{y}$ 亦同，故兩者之值相同。

最後，再利用矩陣相乘再轉置 $(\boldsymbol{X\beta})^T=\boldsymbol{\beta}^T\boldsymbol{X}^T$ 的性質，可得誤差平方和對向量 $\boldsymbol{\beta}$ 的偏微分如下：

$$=\frac{\partial}{\partial\boldsymbol{\beta}}(-2(\boldsymbol{X\beta})^T\boldsymbol{y}+(\boldsymbol{X\beta})^T\boldsymbol{X\beta})$$

$$=\frac{\partial}{\partial\boldsymbol{\beta}}(-2\boldsymbol{\beta}^T\boldsymbol{X}^T\boldsymbol{y}+\boldsymbol{\beta}^T\boldsymbol{X}^T\boldsymbol{X\beta}) \qquad \cdots(42.5)$$

矩陣形式偏微分的性質

因為矩陣乘積 $\boldsymbol{\beta}^T\boldsymbol{X}^T\boldsymbol{y}$ 以及 $\boldsymbol{\beta}^T\boldsymbol{X}^T\boldsymbol{X\beta}$ 最後都會變成 1×1 的純量（可以用矩陣相乘的接龍法則得出），要如何對它們進行向量偏微分呢？底下整理出 3 個性質供參考。瞭解此性質之後，後面才知道如何將 (42.5) 式做偏微分。

假設 $\boldsymbol{x}$ 是 $k\times1$ 的向量，$\boldsymbol{a}$ 是與 $\boldsymbol{x}$ 無關的 $k\times1$ 向量，$\boldsymbol{A}$ 是 $k\times k$ 方陣。

性質 1：向量 $\boldsymbol{x}$ 與常數向量 $\boldsymbol{a}$ 之乘積，進行向量 $\boldsymbol{x}$ 之偏微分可得：

$$\frac{\partial}{\partial \boldsymbol{x}}\boldsymbol{a}^T\boldsymbol{x} = \frac{\partial}{\partial \boldsymbol{x}}\boldsymbol{x}^T\boldsymbol{a} = \boldsymbol{a}$$

性質 2：若 $\boldsymbol{A}$ 為對稱方陣（*symmetric matrix*，表示對角線兩側的元素是對稱的，即 $a_{ij}=a_{ji}$），亦即 $\boldsymbol{A}^T=\boldsymbol{A}$，則：

$$\frac{\partial}{\partial \boldsymbol{x}}\boldsymbol{x}^T\boldsymbol{A}\boldsymbol{x} = 2\boldsymbol{A}\boldsymbol{x}$$

性質 3：若 $\boldsymbol{u}=f(x)$、$\boldsymbol{v}=g(x)$，其中 $\boldsymbol{u}$ 與 $\boldsymbol{v}$ 均為 $m\times 1$ 向量，則：

$$\frac{\partial}{\partial \boldsymbol{x}}\boldsymbol{u}^T\boldsymbol{v} = \frac{\partial}{\partial \boldsymbol{x}}\boldsymbol{v}^T\boldsymbol{u} = \frac{\partial \boldsymbol{u}}{\partial \boldsymbol{x}}\boldsymbol{v} + \frac{\partial \boldsymbol{v}}{\partial \boldsymbol{x}}\boldsymbol{u}$$

上面 3 個性質的證明都不難，只要依據 (42.3) 或 (42.4) 式的向量微分定義，逐一計算各個元素 (分量) 即可。但為了慎重起見，以下我們就來一一證明出來。

矩陣偏微分性質 1 的證明

首先是性質 1，分別將向量 $\boldsymbol{x}$ 與 $\boldsymbol{a}$ 的分量表達出來，可得：

$$\boldsymbol{a}^T\boldsymbol{x} = \boldsymbol{x}^T\boldsymbol{a} = \sum_{i=1}^{k} a_i x_i$$

上式等號最右邊算出來是一個純量，所以根據 (42.3) 式向量偏微分定義，可視為對每一個 x_i 微分，而微分時與該 x_i 無關的其它 x_j 均視為常數，一經偏微分，這些 x_j 項皆可消去，故對每一個 $a_i x_i$ 微分都只會留下 a_i，故可得：

$$\frac{\partial}{\partial \boldsymbol{x}}\sum_{i=1}^{k} a_i x_i = \begin{pmatrix} \frac{\partial}{\partial x_1}\sum_{i=1}^{k} a_i x_i \\ \frac{\partial}{\partial x_2}\sum_{i=1}^{k} a_i x_i \\ \vdots \\ \frac{\partial}{\partial x_k}\sum_{i=1}^{k} a_i x_i \end{pmatrix} = \begin{pmatrix} \frac{\partial}{\partial x_1} a_1 x_1 \\ \frac{\partial}{\partial x_2} a_2 x_2 \\ \vdots \\ \frac{\partial}{\partial x_k} a_k x_k \end{pmatrix} = \begin{pmatrix} a_1 \\ a_2 \\ \vdots \\ a_k \end{pmatrix} = \boldsymbol{a}$$

矩陣偏微分性質 2 的證明

性質 2 所謂的對稱方陣(即元素是斜對角對稱),在經過轉置之後仍然會等同於原方陣。不是方陣的矩陣並無對稱的概念。以下舉 3×3 對稱方陣的例子:

$$\begin{pmatrix} a & b & c \\ b & d & e \\ c & e & f \end{pmatrix}^T = \begin{pmatrix} a & b & c \\ b & d & e \\ c & e & f \end{pmatrix}$$

← 對稱矩陣經過轉置後,結果不變

此方陣以對角線 a、d、f 為軸,將方陣分出右上與左下兩塊,這兩塊對稱於軸的值相等。使用對稱方陣 $\boldsymbol{A}$ 與向量 $\boldsymbol{x}$ 乘出 $\boldsymbol{x}^T\boldsymbol{A}\boldsymbol{x}$ 之值,會是一個「二次型」多項式(**小編補充:** 二次型是指多項式中每一項變數之次方加總皆等於 2,例如 $x^2+2y^2+3z^2+4xy+2xz+yz$)。依照之前學過對一個 2 次方程式 ax^2 微分可得 $2ax$,所以 $\boldsymbol{x}^T\boldsymbol{A}\boldsymbol{x}$ 對向量 x 的偏微分,亦可期待結果為 $2\boldsymbol{A}\boldsymbol{x}$。

底下以 $k=3$ 為例,根據方陣與向量的分量乘開後,得到一個 3 元 2 次方程式,來驗證性質 2,假設:

$$\boldsymbol{A} = \begin{pmatrix} a_{11} & a_{12} & a_{13} \\ a_{12} & a_{22} & a_{23} \\ a_{13} & a_{23} & a_{33} \end{pmatrix}$$

所以性質 2 中的 $\boldsymbol{x}^T\boldsymbol{Ax}$ 可以如下乘開：

$$\boldsymbol{x}^T\boldsymbol{A}\boldsymbol{x}=(x_1 \quad x_2 \quad x_3)\begin{pmatrix} a_{11} & a_{12} & a_{13} \\ a_{12} & a_{22} & a_{23} \\ a_{13} & a_{23} & a_{33} \end{pmatrix}\begin{pmatrix} x_1 \\ x_2 \\ x_3 \end{pmatrix}$$

$$=(a_{11}x_1+a_{12}x_2+a_{13}x_3 \quad a_{12}x_1+a_{22}x_2+a_{23}x_3 \quad a_{13}x_1+a_{23}x_2+a_{33}x_3)\begin{pmatrix} x_1 \\ x_2 \\ x_3 \end{pmatrix}$$

$$\begin{aligned} &=a_{11}x_1^2+a_{12}x_1x_2+a_{13}x_1x_3 \\ &\quad +a_{12}x_1x_2+a_{22}x_2^2+a_{23}x_2x_3 \\ &\quad +a_{13}x_1x_3+a_{23}x_2x_3+a_{33}x_3^2 \qquad \cdots (42.6) \end{aligned}$$

接下來，$\boldsymbol{x}^T\boldsymbol{Ax}$ 對向量 $\boldsymbol{x}$ 偏微分時，先針對 x_1 偏微分：

$$\begin{aligned} \frac{\partial}{\partial x_1}\boldsymbol{x}^T\boldsymbol{A}\boldsymbol{x} &=2a_{11}x_1+a_{12}x_2+a_{13}x_3+a_{12}x_2+a_{13}x_3 \\ &=2a_{11}x_1+2a_{12}x_2+2a_{13}x_3 \end{aligned}$$

同理，針對 x_2 與 x_3 分量偏微分，可得：

$$\frac{\partial}{\partial x_2}\boldsymbol{x}^T\boldsymbol{A}\boldsymbol{x}=2a_{12}x_1+2a_{22}x_2+2a_{23}x_3$$

$$\frac{\partial}{\partial x_3}\boldsymbol{x}^T\boldsymbol{A}\boldsymbol{x}=2a_{13}x_1+2a_{23}x_2+2a_{33}x_3$$

因此整個寫出來：

$$\frac{\partial}{\partial \boldsymbol{x}}\boldsymbol{x}^T\boldsymbol{A}\boldsymbol{x}=\begin{pmatrix}\frac{\partial}{\partial x_1}\boldsymbol{x}^T\boldsymbol{A}\boldsymbol{x}\\ \frac{\partial}{\partial x_2}\boldsymbol{x}^T\boldsymbol{A}\boldsymbol{x}\\ \frac{\partial}{\partial x_3}\boldsymbol{x}^T\boldsymbol{A}\boldsymbol{x}\end{pmatrix}=\begin{pmatrix}2a_{11}x_1+2a_{12}x_2+2a_{13}x_3\\ 2a_{12}x_1+2a_{22}x_2+2a_{23}x_3\\ 2a_{13}x_1+2a_{23}x_2+2a_{33}x_3\end{pmatrix}$$

$$=2\begin{pmatrix}a_{11}x_1+a_{12}x_2+a_{13}x_3\\ a_{12}x_1+a_{22}x_2+a_{23}x_3\\ a_{13}x_1+a_{23}x_2+a_{33}x_3\end{pmatrix}$$

$$=2\begin{pmatrix}a_{11}&a_{12}&a_{13}\\ a_{12}&a_{22}&a_{23}\\ a_{13}&a_{23}&a_{33}\end{pmatrix}\begin{pmatrix}x_1\\ x_2\\ x_3\end{pmatrix}$$

$$=2\boldsymbol{A}\boldsymbol{x}$$

因此，$k=3$ 時 $\frac{\partial}{\partial \boldsymbol{x}}\boldsymbol{x}^T\boldsymbol{A}\boldsymbol{x}=2\boldsymbol{A}\boldsymbol{x}$ 是正確的。

方陣的跡 (trace) 的概念

方陣的跡是指對角線各元素相加的值（即 $a_{11}+a_{22}+\cdots+a_{kk}$），經過轉置之後，跡也不會變。本書將方陣的跡用 $tr(A)$ 來表示。

假設 A 是上述的 3×3 方陣，則方陣的跡是：

$$tr(\boldsymbol{A})=tr\begin{pmatrix}a_{11}&a_{12}&a_{13}\\ a_{21}&a_{22}&a_{23}\\ a_{31}&a_{23}&a_{33}\end{pmatrix}=a_{11}+a_{22}+a_{33}=\sum_{i=1}^{3}a_{ii}$$

利用方陣的跡與對稱性質，方陣的二次型可以表示成：

$$\boldsymbol{x}^T\boldsymbol{A}\boldsymbol{x}=tr(\boldsymbol{A}\boldsymbol{x}\boldsymbol{x}^T)$$

結果是一個純量

有關上式之證明，有興趣的讀者可針對 $k=3$，利用 (42.6) 式來驗證。

矩陣偏微分性質 3 的證明

接著證明性質 3。這裡留意 $\boldsymbol{u}$ 與 $\boldsymbol{v}$ 均為 $m\times 1$ 向量函數，但 $\boldsymbol{x}$ 是 $k\times 1$ 向量。假設：

$$\boldsymbol{u}=\begin{pmatrix} u_1 \\ u_2 \\ \cdots \\ u_m \end{pmatrix}=\begin{pmatrix} f_1(\boldsymbol{x}) \\ f_2(\boldsymbol{x}) \\ \cdots \\ f_m(\boldsymbol{x}) \end{pmatrix}、\boldsymbol{v}=\begin{pmatrix} v_1 \\ v_2 \\ \cdots \\ v_m \end{pmatrix}=\begin{pmatrix} g_1(\boldsymbol{x}) \\ g_2(\boldsymbol{x}) \\ \cdots \\ g_m(\boldsymbol{x}) \end{pmatrix}$$

設 $\boldsymbol{x}$ 是 $k\times 1$ 向量，將 $\boldsymbol{u}$ 與 $\boldsymbol{v}^T$ 向量乘開並對 $\boldsymbol{x}$ 微分，可得：

$$\frac{\partial}{\partial \boldsymbol{x}}\boldsymbol{u}^T\boldsymbol{v}=\frac{\partial}{\partial \boldsymbol{x}}\boldsymbol{v}^T\boldsymbol{u}=\frac{\partial}{\partial \boldsymbol{x}}\sum_{i=1}^{m}u_iv_i=\frac{\partial}{\partial \boldsymbol{x}}\sum_{i=1}^{m}f_i(\boldsymbol{x})g_i(\boldsymbol{x})$$

$$=\begin{pmatrix} \frac{\partial}{\partial \boldsymbol{x}_1}\sum_{i=1}^{m}f_i(\boldsymbol{x})g_i(\boldsymbol{x}) \\ \frac{\partial}{\partial \boldsymbol{x}_2}\sum_{i=1}^{m}f_i(\boldsymbol{x})g_i(\boldsymbol{x}) \\ \vdots \\ \frac{\partial}{\partial \boldsymbol{x}_k}\sum_{i=1}^{m}f_i(\boldsymbol{x})g_i(\boldsymbol{x}) \end{pmatrix} \quad \cdots(42.7)$$

小編補充： 記得嗎？對 $\boldsymbol{x}$ 微分就是 ∇ 算符，也就是

$$\begin{pmatrix} \frac{\partial}{\partial \boldsymbol{x}_1} \\ \frac{\partial}{\partial \boldsymbol{x}_2} \\ \vdots \\ \frac{\partial}{\partial \boldsymbol{x}_k} \end{pmatrix}$$

接著，根據「先相加再偏微分」等於「個別偏微分再相加」的性質，以及「兩個函數相乘的微分」性質 (請回顧單元 33)，我們來看 (42.7) 式的第 1 個元素可如下推導：

$$\frac{\partial}{\partial \boldsymbol{x}_1}\sum_{i=1}^{m} f_i(\boldsymbol{x})g_i(\boldsymbol{x}) = \sum_{i=1}^{m}\frac{\partial}{\partial \boldsymbol{x}_1} f_i(\boldsymbol{x})g_i(\boldsymbol{x})$$

$$= \sum_{i=1}^{m}\left(\frac{\partial f_i(\boldsymbol{x})}{\partial x_1} g_i(\boldsymbol{x}) + f_i(\boldsymbol{x})\frac{\partial g_i(\boldsymbol{x})}{\partial x_1}\right)$$

啊！有點頭昏了！
還是要耐心一項一
項比對看懂才行。

因此，(42.7) 式可寫為：

$$\frac{\partial}{\partial \boldsymbol{x}}\boldsymbol{u}^T\boldsymbol{v} = \begin{pmatrix} \sum_{i=1}^{m}\left(\frac{\partial f_i(\boldsymbol{x})}{\partial x_1} g_i(\boldsymbol{x}) + f_i(\boldsymbol{x})\frac{\partial g_i(\boldsymbol{x})}{\partial x_1}\right) \\ \sum_{i=1}^{m}\left(\frac{\partial f_i(\boldsymbol{x})}{\partial x_2} g_i(\boldsymbol{x}) + f_i(\boldsymbol{x})\frac{\partial g_i(\boldsymbol{x})}{\partial x_2}\right) \\ \vdots \\ \sum_{i=1}^{m}\left(\frac{\partial f_i(\boldsymbol{x})}{\partial x_k} g_i(\boldsymbol{x}) + f_i(\boldsymbol{x})\frac{\partial g_i(\boldsymbol{x})}{\partial x_k}\right) \end{pmatrix} \qquad \cdots(42.8)$$

根據 (42.4) 式，向量偏微分定義可得：

$$\frac{\partial \boldsymbol{u}}{\partial \boldsymbol{x}}\boldsymbol{v} = \begin{pmatrix} \frac{\partial f_1(\boldsymbol{x})}{\partial x_1} & \frac{\partial f_2(\boldsymbol{x})}{\partial x_1} & \cdots & \frac{\partial f_m(\boldsymbol{x})}{\partial x_1} \\ \frac{\partial f_1(\boldsymbol{x})}{\partial x_2} & \frac{\partial f_2(\boldsymbol{x})}{\partial x_2} & \cdots & \frac{\partial f_m(\boldsymbol{x})}{\partial x_2} \\ \vdots & \vdots & \ddots & \vdots \\ \frac{\partial f_1(\boldsymbol{x})}{\partial x_k} & \frac{\partial f_2(\boldsymbol{x})}{\partial x_k} & \cdots & \frac{\partial f_m(\boldsymbol{x})}{\partial x_k} \end{pmatrix} \begin{pmatrix} g_1(\boldsymbol{x}) \\ g_2(\boldsymbol{x}) \\ \vdots \\ g_m(\boldsymbol{x}) \end{pmatrix}$$

$$= \begin{pmatrix} \sum_{i=1}^{m}\frac{\partial f_i(\boldsymbol{x})}{\partial x_1} g_i(\boldsymbol{x}) \\ \sum_{i=1}^{m}\frac{\partial f_i(\boldsymbol{x})}{\partial x_2} g_i(\boldsymbol{x}) \\ \vdots \\ \sum_{i=1}^{m}\frac{\partial f_i(\boldsymbol{x})}{\partial x_k} g_i(\boldsymbol{x}) \end{pmatrix}$$

依照同樣的作法，將 $\boldsymbol{u}$ 與 $\boldsymbol{v}$ 、 $\boldsymbol{f}$ 與 $\boldsymbol{g}$ 的角色互換即可得到下式：

$$\frac{\partial \boldsymbol{v}}{\partial \boldsymbol{x}}\boldsymbol{u}=\begin{pmatrix} \displaystyle\sum_{i=1}^{m}\frac{\partial g_i(\boldsymbol{x})}{\partial x_1}f_i(\boldsymbol{x}) \\ \displaystyle\sum_{i=1}^{m}\frac{\partial g_i(\boldsymbol{x})}{\partial x_2}f_i(\boldsymbol{x}) \\ \vdots \\ \displaystyle\sum_{i=1}^{m}\frac{\partial g_i(\boldsymbol{x})}{\partial x_k}f_i(\boldsymbol{x}) \end{pmatrix}$$

因此，(42.8) 式就等於上面兩式相加，即得到：

$$\frac{\partial}{\partial \boldsymbol{x}}\boldsymbol{u}^T\boldsymbol{v}=\frac{\partial \boldsymbol{u}}{\partial \boldsymbol{x}}\boldsymbol{v}+\frac{\partial \boldsymbol{v}}{\partial \boldsymbol{x}}\boldsymbol{u}$$

因此性質 3 得證。

最小平方法的矩陣形式偏微分拆解

只要能瞭解以上 3 個性質，爾後在機器學習領域中遇到向量偏微分，就能得心應手了。其中特別是性質 1 與 2，僅用這兩個性質，就足夠將前面的 (42.5) 式繼續推導下去。我們回到 (42.5) 式：

$$\frac{\partial}{\partial \boldsymbol{\beta}}\boldsymbol{\varepsilon}^T\boldsymbol{\varepsilon}=\frac{\partial}{\partial \boldsymbol{\beta}}(-2\boldsymbol{\beta}^T\boldsymbol{X}^T\boldsymbol{y}+\boldsymbol{\beta}^T\boldsymbol{X}^T\boldsymbol{X}\boldsymbol{\beta}) \qquad \cdots(42.5)$$

首先來看 $-2\boldsymbol{\beta}^T\boldsymbol{X}^T\boldsymbol{y}$ 這一項，因為 $\boldsymbol{X}^T$ 是 $2\times n$ 階矩陣，$\boldsymbol{y}$ 是 $n\times 1$ 階矩陣，所以 $\boldsymbol{X}^T\boldsymbol{y}$ 變成 2×1 階矩陣。又因為 $\boldsymbol{X}^T\boldsymbol{y}$ 與向量 $\boldsymbol{\beta}$ 無關，所以根據性質 1，$-2\boldsymbol{\beta}^T\boldsymbol{X}^T\boldsymbol{y}$ 對向量 $\boldsymbol{\beta}$ 偏微分時，可得 $-2\boldsymbol{X}^T\boldsymbol{y}$。

其次是另一項 $\boldsymbol{\beta}^T\boldsymbol{X}^T\boldsymbol{X}\boldsymbol{\beta}$。依據矩陣轉置的性質可知：

$$(\boldsymbol{X}^T\boldsymbol{X})^T=\boldsymbol{X}^T(\boldsymbol{X}^T)^T=\boldsymbol{X}^T\boldsymbol{X}$$

矩陣轉置後仍然等於原矩陣，表示 $\boldsymbol{X}^T\boldsymbol{X}$ 是對稱方陣，因此 $\boldsymbol{\beta}^T\boldsymbol{X}^T\boldsymbol{X}\boldsymbol{\beta}$ 就是所謂的二次型。此時根據性質 2，可得偏微分的結果是 $2\boldsymbol{X}^T\boldsymbol{X}\boldsymbol{\beta}$，因此：

$$\begin{aligned}\frac{\partial}{\partial\boldsymbol{\beta}}\boldsymbol{\varepsilon}^T\boldsymbol{\varepsilon}&=\frac{\partial}{\partial\boldsymbol{\beta}}(-2\boldsymbol{\beta}^T\boldsymbol{X}^T\boldsymbol{y}+\boldsymbol{\beta}^T\boldsymbol{X}^T\boldsymbol{X}\boldsymbol{\beta})\\&=-2\boldsymbol{X}^T\boldsymbol{y}+2\boldsymbol{X}^T\boldsymbol{X}\boldsymbol{\beta}\end{aligned}$$

接下來，讓 $-2\boldsymbol{X}^T\boldsymbol{y}+2\boldsymbol{X}^T\boldsymbol{X}\boldsymbol{\beta}$ 等於 $\boldsymbol{0}$ 矩陣，然後解出向量 $\boldsymbol{\beta}$，亦即：

$$\begin{aligned}&-2\boldsymbol{X}^T\boldsymbol{y}+2\boldsymbol{X}^T\boldsymbol{X}\boldsymbol{\beta}=0\\\Leftrightarrow\quad&2\boldsymbol{X}^T\boldsymbol{X}\boldsymbol{\beta}=2\boldsymbol{X}^T\boldsymbol{y}\\\Leftrightarrow\quad&\boldsymbol{X}^T\boldsymbol{X}\boldsymbol{\beta}=\boldsymbol{X}^T\boldsymbol{y}\qquad\cdots(42.9)\end{aligned}$$

進而，若對稱方陣 $\boldsymbol{X}^T\boldsymbol{X}$ 存在反方陣 $(\boldsymbol{X}^T\boldsymbol{X})^{-1}$，則在 (42.9) 式等號兩邊的前面同時乘上此反方陣，即可得出：

$$\Leftrightarrow\boldsymbol{\beta}=(\boldsymbol{X}^T\boldsymbol{X})^{-1}\boldsymbol{X}^T\boldsymbol{y}\qquad\cdots(42.10)$$

反應快的讀者，也許已經發現上面兩式的結果與單元 31 最後面多元迴歸分析的 (31.7)、(31.8) 式完全相同。其實多元迴歸的推導方式與簡單迴歸分析類似，**其中的差別只在於多元迴歸中的 $\boldsymbol{X}$ 是一個矩陣，$\boldsymbol{\beta}$ 是向量，如此而已**。

若可以用電腦求解，很容易就能算出 (42.10) 式的 $\boldsymbol{\beta}$。但若要用手算，則選擇 (42.9) 式比較適合，因為 (42.9) 式只需要解聯立方程式，而不用像 (42.10) 式還需要算出反方陣。

我們以下就將單元 41 關於「3 年中拜訪客戶次數與簽約數」的例子，來檢視 (42.9) 式。

圖表 6-3

	拜訪次數（單位：100 次）	簽約件數（單位：1 件）
第 1 年	1	10
第 2 年	2	40
第 3 年	3	82

根據圖表 6-3 的 3 組數據，分別對應到 (42.9) 式的矩陣如下：

$$\boldsymbol{X}^T \quad \boldsymbol{X} \quad \boldsymbol{\beta} = \boldsymbol{X}^T \quad \boldsymbol{y}$$

$$= \left(\begin{pmatrix}1 & 1\\1 & 2\\1 & 3\end{pmatrix}^T \begin{pmatrix}1 & 1\\1 & 2\\1 & 3\end{pmatrix}\right)\begin{pmatrix}a\\b\end{pmatrix} = \begin{pmatrix}1 & 1\\1 & 2\\1 & 3\end{pmatrix}^T \begin{pmatrix}10\\40\\82\end{pmatrix}$$

$$\Leftrightarrow \left(\begin{pmatrix}1 & 1 & 1\\1 & 2 & 3\end{pmatrix}\begin{pmatrix}1 & 1\\1 & 2\\1 & 3\end{pmatrix}\right)\begin{pmatrix}a\\b\end{pmatrix} = \begin{pmatrix}1 & 1 & 1\\1 & 2 & 3\end{pmatrix}\begin{pmatrix}10\\40\\82\end{pmatrix}$$

$$\Leftrightarrow \begin{pmatrix}1\cdot1+1\cdot1+1\cdot1 & 1\cdot1+1\cdot2+1\cdot3\\1\cdot1+2\cdot1+3\cdot1 & 1\cdot1+2\cdot2+3\cdot3\end{pmatrix}\begin{pmatrix}a\\b\end{pmatrix} = \begin{pmatrix}1\cdot10+1\cdot40+1\cdot82\\1\cdot10+2\cdot40+3\cdot82\end{pmatrix}$$

$$\Leftrightarrow \begin{pmatrix}3 & 6\\6 & 14\end{pmatrix}\begin{pmatrix}a\\b\end{pmatrix} = \begin{pmatrix}132\\336\end{pmatrix}$$

$$\Leftrightarrow \begin{pmatrix}3a+6b\\6a+14b\end{pmatrix} = \begin{pmatrix}132\\336\end{pmatrix}$$

$$\Leftrightarrow \begin{cases}3a+6b=132\\6a+14b=336\end{cases}$$

進一步將聯立方程式解出來，即可得到與前一個單元完全相同的答案，即迴歸係數 $a=-28$、$b=36$。因為多元迴歸分析中的係數個數增加，聯立方程式的數量也會跟著增加，但只要能求出聯立方程式的解，就能得到適合的一組係數。即使這裏舉的例子是一個簡單線性迴歸，一樣可以透過上面多元迴歸的方法得到答案。

小編補充： 向量與矩陣運算有利於用電腦程式處理，在 *Python* 語言的 *Numpy* 程式庫中，就提供矩陣運算的函式，便於解決大量迴歸係數的問題。

單元 43

多元迴歸分析的最大概似估計法與梯度下降

機器學習的主要目的，是依據實際收集到的資料找出最佳的模型參數。前面介紹過的最大概似估計法就是推估參數的有效方法。事實上，不論最小平方法或最大概似估計法，都是找出最佳參數的工具，兩者的最終目的相同。

目前許多求解的過程可以透過電腦執行，甚至利用複雜的演算法，已經可以解出以往許多難以解決的問題。

首先，我們來說明**最小平方法**和**最大概似估計法**，在簡單迴歸或多元迴歸分析中的關係與意義。還記得單元 29 將 n 個業務員的資料組成 k 個自變數的例子中，我們將多元迴歸寫成下面的向量方程式：

$$\boldsymbol{y}=\boldsymbol{X\beta}+\boldsymbol{\varepsilon}$$

其中 $\boldsymbol{X}$ 為公式 (29.8) 的矩陣，並將 $\boldsymbol{x}_i$ 寫為：

$$\boldsymbol{x}_i=\begin{pmatrix} 1 \\ x_{i1} \\ x_{i2} \\ \cdots \\ x_{ik} \end{pmatrix}$$

第 i 位業務的資料為 y_i，誤差值 $\boldsymbol{\varepsilon}_i$ 服從常態分佈。如此可將上面向量方程式 $\boldsymbol{y}$ 向量的 y_i 元素表示成：

$$y_i=\boldsymbol{x}_i^T\boldsymbol{\beta}+\varepsilon_i \Leftrightarrow \varepsilon_i=y_i-\boldsymbol{x}_i^T\boldsymbol{\beta} \qquad \cdots(43.1)$$

小編補充： 其實將 (43.1) 式乘開就會等於 (29.9) 式的其中一個 y_i，只是在此處將 $\boldsymbol{x}_i$ 寫成行向量，先轉置成列向量再與 $\boldsymbol{\beta}$ 相乘，才會得到純量。

誤差的機率密度函數

再來，因為誤差值服從常態分佈，因此將誤差 $\boldsymbol{\varepsilon}_i$ 代入平均數 μ 是 0、標準差是 σ 的常態分佈機率密度函數 $f(x)$ 中（**小編補充：** 請看 (40.9) 式，將 μ 用 0 代入，x 用 ε_i 代入），可得 ε_i 誤差的機率密度：

$$f(\varepsilon_i)=\frac{1}{\sqrt{2\pi\sigma^2}}\exp\left(-\frac{\varepsilon_i^2}{2\sigma^2}\right)$$

然後，將 ε_i 以 (43.1) 式最右邊代入上式，可得到誤差的機率密度函數：

$$\Leftrightarrow f(\varepsilon_i)=\frac{1}{\sqrt{2\pi\sigma^2}}\exp\left(-\frac{(y_i-\boldsymbol{x}_i^T\boldsymbol{\beta})^2}{2\sigma^2}\right)\qquad\cdots(43.2)$$

最大概似估計法與最小平方法的關係

然後，我們想知道 $\boldsymbol{\beta}$ 等於多少的時候會讓誤差值最小。因此可利用單元 38 學過的最大概似估計法。假設概似函數 $L(\boldsymbol{\beta})$ 為 n 個 $f(\varepsilon_1)$、$f(\varepsilon_2)$、$\cdots$、$f(\varepsilon_n)$ 相乘，最後要求出 $L(\boldsymbol{\beta})$ 的最大值：

$$L(\boldsymbol{\beta})=\prod_{i=1}^{n}f(\varepsilon_i)=\prod_{i=1}^{n}\frac{1}{\sqrt{2\pi\sigma^2}}\exp\left(-\frac{(y_i-\boldsymbol{x}_i^T\boldsymbol{\beta})^2}{2\sigma^2}\right)$$

要從上式連乘中算出最大值並不容易，我們可將概似函數取對數，即可將連乘轉變為連加，可得：

$$\ln(L(\boldsymbol{\beta}))=\sum_{i=1}^{n}\ln\left(\underbrace{\frac{1}{\sqrt{2\pi\sigma^2}}}\cdot\underbrace{\exp\left(-\frac{(y_i-\boldsymbol{x}_i^T\boldsymbol{\beta})^2}{2\sigma^2}\right)}\right)$$

取對數後，這兩項
可以變成對數相加

我們先整理上式等號的右側，利用「兩式相乘後取對數，等於兩式個別取對數後相加」的性質，可得：

變成對數相加

$$=\sum_{i=1}^{n}\left(\ln\frac{1}{\sqrt{2\pi\sigma^2}}+\ln\left(\exp\left(-\frac{(y_i-\boldsymbol{x}_i^T\boldsymbol{\beta})^2}{2\sigma^2}\right)\right)\right)$$

互為反函數，可相消

$$=\sum_{i=1}^{n}\left(\ln\frac{1}{\sqrt{2\pi\sigma^2}}-\frac{(y_i-\boldsymbol{x}_i^T\boldsymbol{\beta})^2}{2\sigma^2}\right)$$

然後將 $\sum_{i=1}^{n}$ 分別移入兩項，得到：

$$\ln(L(\boldsymbol{\beta}))=\sum_{i=1}^{n}\ln\frac{1}{\sqrt{2\pi\sigma^2}}-\frac{1}{2\sigma^2}\sum_{i=1}^{n}(y_i-\boldsymbol{x}_i^T\boldsymbol{\beta})^2 \qquad \cdots(43.3)$$

我們想知道 $\ln(L(\boldsymbol{\beta}))$ 在 $\boldsymbol{\beta}$ 等於多少的時候有最大值。仔細觀察 (43.3) 式，發現等號右邊的第一項與 $\boldsymbol{\beta}$ 完全無關，而第二項其中 $\sum_{i=1}^{n}(y_i-\boldsymbol{x}_i^T\boldsymbol{\beta})^2$ 的值其實就是誤差平方和 (請回顧最小平方法)，亦即 $\sum_{i=1}^{n}\boldsymbol{\varepsilon}_i^2$，但因為前面乘上負數 $-\frac{1}{2\sigma^2}$，所以當 $\sum_{i=1}^{n}(y_i-\boldsymbol{x}_i^T\boldsymbol{\beta})^2$ 的值越小，則 $\ln(L(\boldsymbol{\beta}))$ 的值就越大。而對數概似函數 $\ln(L(\boldsymbol{\beta}))$ 值越大，則概似函數 $L(\boldsymbol{\beta})$ 就越大。這也表示 $\ln(L(\boldsymbol{\beta}))$ 有最大值的 $\boldsymbol{\beta}$，就是最小平方法有最小值的 $\boldsymbol{\beta}$。

雖然最小平方法與最大概似估計法兩者殊途同歸，但在實務上遇到資料量相當大的情況，兩者的效率會有很大的差異。如果讓電腦用最小平方法計算，就必須解決大量的聯立方程式與計算高階反矩陣，雖然電腦仍然能計算得出來，但時間成本高，使得效率不彰。因此，會有比較好的演算法來解決電腦效率問題 (在本單元後面會介紹「梯度下降法」)。

最大概似估計法演練

在單元 34 的例子中，主管要求工程師評估的作業時間，是服從三角分佈的機率密度函數。對於例行性的事務，確實可以依據三角分佈來估計作業時間，然而如果交辦的是以前沒做過的全新工作，部屬通常因為缺乏經驗，而需要較長的時間才能完成，恐怕就不會符合三角分佈。

假設主管有 5 位部屬，在交辦全新工作時，每個人依據自己過往經驗來評估新工作的完成時間，可能會出現一些差異，列於圖表 6-4。我們假設每個人評估作業時間的誤差，是呈現平均數為 0、標準差為 σ 的常態分佈：

圖表 6-4

部屬	預估時間
第 1 位	104 日
第 2 位	137 日
第 3 位	86 日
第 4 位	60 日
第 5 位	113 日

雖然我們直覺上會想用 5 位部屬的預估時間取平均值，但是直接取平均值是否合理？我們還是希望能有數學根據比較放心。這個問題即可用上常態分佈的最大概似估計法。假設第 i 位部屬評估的作業時間為 y_i，實際完成的作業時間為 θ，誤差為 ε_i，因此根據題意可得：

$$y_i = \theta + \varepsilon_i \Leftrightarrow \varepsilon_i = y_i - \theta \qquad \cdots(43.4)$$

套用常態分佈機率密度函數，可得概似函數 $L(\theta)$ 為：

$$L(\theta) = \prod_{i=1}^{n} \frac{1}{\sqrt{2\pi\sigma^2}} \exp\left(-\frac{(y_i-\theta)^2}{2\sigma^2}\right)$$

等號兩邊取對數可得對數概似函數：

$$\ln(L(\theta))=n\cdot\ln\frac{1}{\sqrt{2\pi\sigma^2}}-\frac{1}{2\sigma^2}\sum_{i=1}^{n}(y_i-\theta)^2 \qquad \cdots(43.5)$$

接著，為了求上式 θ 等於多少的時候，能讓 $\ln(L(\theta))$ 的值為最大，所以用 (43.5) 式對 θ 偏微分 (即計算斜率)，因為 (43.5) 式第 1 項對 θ 而言為常數項，偏微分後等於 0，所以只要對第 2 項偏微分就好。並且 $-\frac{1}{2\sigma^2}$ 只是一個乘數，所以對 $\sum_{i=1}^{n}$ 裏面做偏微分即可：

$$\begin{aligned}\frac{\partial}{\partial\theta}\sum_{i=1}^{n}(y_i-\theta)^2&=\frac{\partial}{\partial\theta}\sum_{i=1}^{n}(y_i^2-2y_i\theta+\theta^2)\\&=\frac{\partial}{\partial\theta}\left(\sum_{i=1}^{n}y_i^2-2\sum_{i=1}^{n}y_i\theta+\sum_{i=1}^{n}\theta^2\right)\\&=\frac{\partial}{\partial\theta}\sum_{i=1}^{n}y_i^2-\frac{\partial}{\partial\theta}2\theta\sum_{i=1}^{n}y_i+\frac{\partial}{\partial\theta}n\theta^2\\&=0-2\sum_{i=1}^{n}y_i+2n\theta\end{aligned}$$

然後令上式等於 0 (斜率等於 0 表示有極值)，可得：

$$\Leftrightarrow 2n\theta=2\sum_{i=1}^{n}y_i$$

$$\Leftrightarrow \theta=\frac{1}{n}\sum_{i=1}^{n}y_i \qquad \cdots(43.6)$$

y_i 加總再除以 n，就是平均值

我們發現 (43.6) 式的結果就是所有 y_i 加總的平均值，這是因為我們前面假設誤差值服從常態分佈，因此吻合單元 39 中高斯的第 3 個假設：「正確值是觀測值全體的平均數」。因此，根據 (43.6) 式的結果，主管對部屬要求完成的時間，就可設為 104、137、86、60、113 的平均數 100 日。

上面的例子可以用手算偏微分方式推導出 θ 的結果，但電腦並不是這麼計算的，而是會依序將 θ 等於 0、1、2、…、200（**小編補充：**依常理來看，我們預期 θ 應該介於 5 組預估日數中最小的 60 與最大的 137 之間，不過此處將範圍放寬到 0～200）逐一代入誤差平方和公式 $\sum_{i=1}^{n}(y_i-\theta)^2$，得到 201 個結果，再從這些結果中找出最小值的那一個 θ。

將這些點連起來就會像下圖：

圖表 6-5

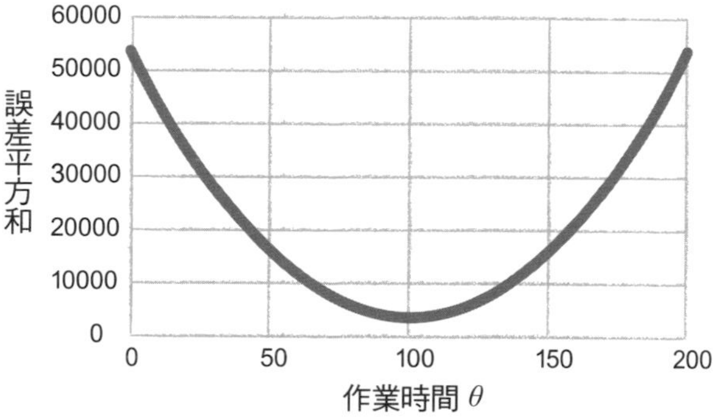

可知 $\theta=100$ 時的誤差平方和最小，即便將 x 軸的刻度放大，提高小數位數精度，會發現畫出來的圖形仍然一樣，$\theta=100$ 時會產生最小值的事實不變。

上面這個例子只有一個變數 θ，簡單就可以求得答案，但在統計學與機器學習中就不會只有一個變數，而會有很多變數（假設是 10 維向量），如果一樣是從 0～200 逐一代入，那麼計算量就變成 200^{10} 那麼大，這樣的計算量對電腦也是一大負擔。可見將值逐一代入求誤差平方和，並不是有效率的作法，因此我們需要有更好的演算法來解決效率問題。

梯度下降法：求誤差平方和最小值的演算法

為了讓電腦計算起來更有效率，此處要介紹「梯度下降法（*Gradient descent* 或稱為 *Steepest descent*）」演算法。因為「不需要逐一代入所有的數值」去找誤差平方和的最小值，可以提高計算的效率。步驟如下：

步驟 1：在合理範圍內取最初的參數值 θ。

步驟 2：計算誤差函數 C 的斜率 $\dfrac{\partial C}{\partial \theta}$。

步驟 3：將原本的參數值減去「步驟 2 的斜率乘以學習率 η」，調整出新的參數值。

步驟 4：將新參數值代回步驟 2 計算新的斜率。

步驟 5：反覆迭代步驟 2～4，直到新參數值與前一回參數值非常接近時（表示收斂到一個趨近值），就停止。

圖表 6-6

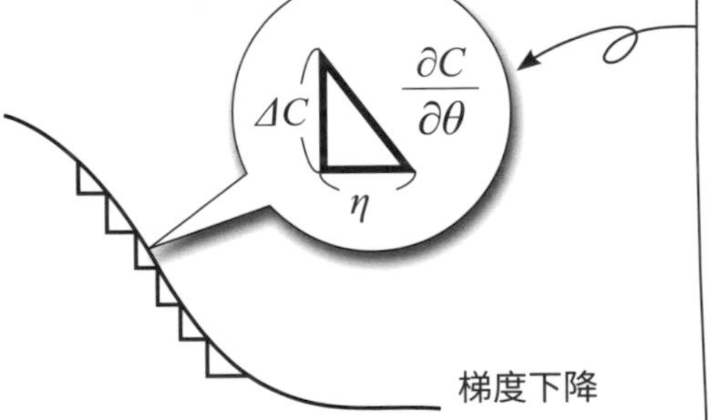

所謂斜率是指 $\dfrac{\Delta y}{\Delta x}$，亦即圖中的：

$$\frac{\Delta C}{\eta}=\frac{\partial C}{\partial \theta}$$

因此，只要算出 $\dfrac{\partial C}{\partial \theta}$，就可以得到：

$$\Delta C=\eta \cdot \frac{\partial C}{\partial \theta}$$

表示誤差函數的誤差值會下降 ΔC 的量。

此處我們以圖表 6-4 的數據為例，來試試看梯度下降法如何進行。

步驟 1－在合理範圍內取最初的參數值 θ

首先步驟 1，由圖表 6-4 我們還不知道能讓誤差平方和最小的作業天數 θ(即參數)是多少，只知道 θ 的範圍是介於 0～200 之間，因此我們就隨意取 $\theta=10$ 作為最初的參數值。

步驟 2－計算誤差函數 C 的斜率 $\frac{\partial C}{\partial \theta}$

誤差函數也可稱為「損失函數(*loss function*)」或「成本函數(*cost function*)」。因為誤差函數的英文字首 E 與統計學的期望值(*expectation*)的 E 相同，損失函數的英文字首 L 又與概似函數(*likelihood function*)的 L 相同，為了避免誤解，我們用成本函數的字首 C 作為誤差函數符號，此處的誤差函數即為最小平方和：

$$C(\theta)=\sum_{i=1}^{n}(y_i-\theta)^2 \qquad \cdots(43.7)$$

接下來我們要取誤差函數的斜率，也就是誤差函數對 θ 做偏微分。在此我們要將參數 $\theta=10$ 代入 $C(\theta)$ 參與偏微分，即計算 $\frac{\partial}{\partial \theta}C(10)$的值，可利用微分定義計算：

取 $\Delta\theta = 0.0001$

$$\frac{\partial}{\partial \theta}C(10)=\lim_{\Delta\theta\to 0}\frac{C(10+\Delta\theta)-C(10)}{\Delta\theta}$$

$$\fallingdotseq\frac{C(10.0001)-C(10)}{0.0001} \qquad \cdots(43.8)$$

微分定義取極限時，分母的 $\Delta\theta$ 取越小越好，這裡取 $\Delta\theta=0.0001$ 代入(43.8)式的微分定義中，然後會得到一個概略的近似值。因為電腦會不斷重複執行演算法，所以最後的結果就會趨近於真正的值。

接下來要將實際資料 $\theta=10$ 與 $\Delta\theta=0.0001$ 代入 (43.8) 式算出 $C(10.0001)$ 與 $C(10)$ 的值。為了讓電腦容易運算，我們將誤差函數 (43.7) 式拆開：

$$C(\theta)=\sum_{i=1}^{n}y_i^2-2\theta\sum_{i=1}^{n}y_i+\sum_{i=1}^{n}\theta^2$$

上式與 θ 無關的部分，可以從圖表 6-4 的實際資料代入，另外因為有 5 筆數據，故 $n=5$，代入後可得：

$$C(\theta)=53350-2\theta\cdot 500+5\theta^2 \qquad \cdots(43.9)$$

因此，分別將 $\theta=10.0001$ 與 $\theta=10$ 代入上式，可得 (43.8) 式的近似值：

$$\frac{\partial}{\partial\theta}C(\theta)\fallingdotseq\frac{C(10.0001)-C(10)}{0.0001}$$

$$\fallingdotseq\frac{43849.91-43850}{0.0001}=-900$$

> **小編補充：** 這邊得出的斜率 −900 就是所謂的梯度。如果梯度是負數，表示誤差函數 $C(\theta)$ 的值會隨 θ 值增大而變小，表示在往最低點靠近；若梯度是正數，表示 $C(\theta)$ 的值會隨 θ 值增大而變大，表示在遠離最低點。我們最後的目的是找到梯度變化趨近於 0 的 θ 值，此 θ 能讓 $C(\theta)$ 的值最小。

你也可以直接利用 (43.9) 式，手算 $\frac{\partial}{\partial\theta}C(10)$，亦可得到相同結果：

$$\frac{\partial}{\partial\theta}C(10)=-1000+10\cdot 10=-900$$

小編補充： 經由 (43.8) 式算出來的 −900 是近似值，而從 (43.9) 式手算出來的 −900 是確定的值，其實只要 $\Delta\theta$ 夠小，前者算出來的近似值會與後者相等，但 (43.8) 式適合交給電腦處理，而 (43.9) 式只適合手工推導。

步驟 3 – 將原本的參數值，調整為新的參數值

接下來要進行步驟 3。其中有一個學習率，其值會影響機器學習的進度，也就是說學習率的值設得大，可用比較短的時間找到斜率最接近 0 的位置（即收斂速度快），但缺點是有跳太快有跳過正確值的風險；若學習率的值取得太小，則收斂速度就慢，也使得機器學習的進度緩慢，也耗費電腦執行的時間。

因此，學習率到底要取多少，往往取決於經驗或嘗試錯誤。以上例來說，我們將學習率取為 0.05，則根據步驟 3 的程序：「從步驟 1 的參數值，減去步驟 2 的斜率值乘以學習率後的值」，可得到新的參數值 $\theta=55$：

$$10-0.05\cdot(-900)=55$$ ← θ 從 10 更新為 55

步驟 4 – 將新參數值代回步驟 2 計算新的斜率

經過前面的步驟，一開始選取的 $\theta=10$ 經過計算之後變成 55。這代表的意思是指 55 比 10 更接近正確的值。然後執行步驟 4，將新的 θ 值代入誤差函數的偏微分：

$$\frac{\partial}{\partial\theta}C(55)=\lim_{\Delta\theta\to 0}\frac{C(55+\Delta\theta)-C(55)}{\Delta\theta}$$

$$\fallingdotseq\frac{C(55.0001)-C(55)}{0.0001}=-450$$ ← 新斜率

然後這一回的參數值用 55 減去學習率(0.05)乘以斜率(−450)，得到新的參數值：

$$55 - 0.05 \cdot (-450) = 77.5$$

（θ 從 55 更新為 77.5）

步驟 5 – 反覆迭代步驟，使參數值趨近真正的值

重複以上步驟後，可得到參數 θ 的值漸漸趨近於 100：

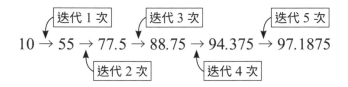

$$10 \rightarrow 55 \rightarrow 77.5 \rightarrow 88.75 \rightarrow 94.375 \rightarrow 97.1875$$

（迭代 1 次、迭代 2 次、迭代 3 次、迭代 4 次、迭代 5 次）

接下來，再執行 5 次左右，就可得到 99.9…，很趨近於真正的值 100 了。請記得！電腦反覆計算的結果是個趨近值，也就是只要達到我們要求的精確度，就可停止計算。

梯度下降法用斜率迭代的意義

梯度下降法使用誤差函數的斜率，重複迭代計算來找到推估的參數值。以直觀的方式來解說，主要是基於以下的想法：

1. 當參數值稍微增加，誤差值就顯著降低，且斜率是較大的負數，表示向下傾斜的幅度大，下一個參數值就可大幅增大。
2. 當參數值稍微增加，誤差值僅稍微降低，且斜率是較小的負數，表示向下傾斜的幅度小，下一個參數值加大的幅度就小一點。

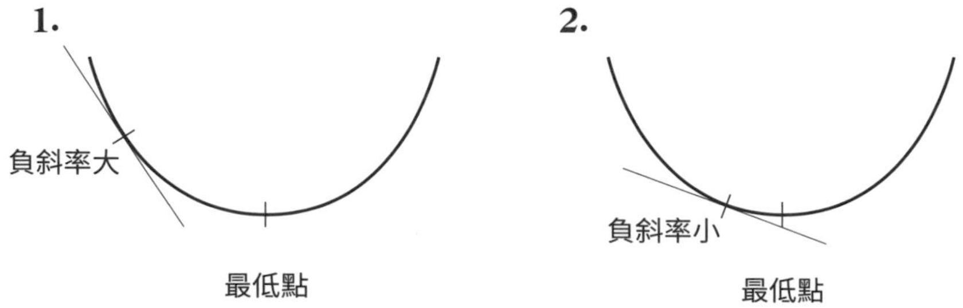

3. 當參數值稍微增加，誤差值就顯著升高，且斜率是較大的正數，表示變成向上傾斜的幅度很大，顯然已經大幅越過最低點，下一個參數可以大幅減少，讓誤差值降低。

4. 當參數值稍微增加，誤差值僅稍微升高，且斜率是較小的正數，表示變成向上傾斜的幅度較小，顯然小幅越過最低點，下一個參數可以小幅減少，讓誤差值降低。

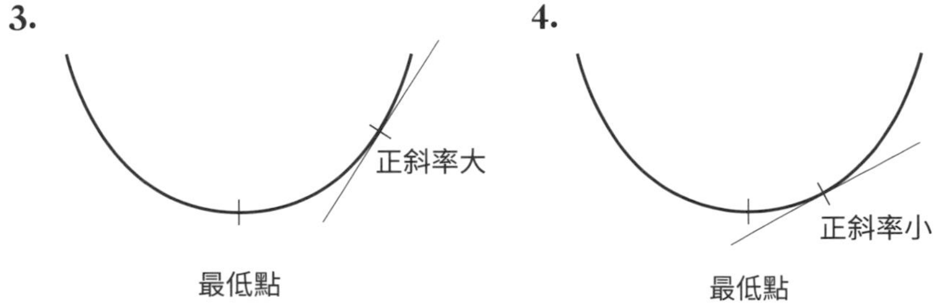

以上 4 個條件，就是在判斷目前的參數值應該如何調整，是往增大的方向調整，或往減小的方向調整，以及調整的幅度如何，就是看斜率與學習率相乘的數值而定。

上例中需要推估的參數只有 1 個，如果是 2 個或更多參數的多元迴歸分析時，只要用前面介紹過的向量偏微分，得到誤差函數的斜率向量，計算的方式則完全相同。

機器學習的數學：演算法的困境與改進

機器學習領域要處理的問題比上例複雜許多，所以使用上例的演算法來執行時，常會發生中途偏差，而達不到收斂的最適解，或是一直重複環繞計算(例如在最適解的周圍反覆跳來跳去)，產生無法收斂的風險。也因為有此現象，在處理多元或複雜的問題時，會有一些比梯度下降法更精進有效的演算法被提出來，但基本上這些演算法的共同核心都是誤差函數的斜率。

有關精進演算法這方面，有興趣的讀者可以學習資訊科學領域的最佳化演算法課程，或者是直接使用專家製作好的軟體，來實際應用到自己的問題上。例如在機器學習與深度學習領域經常使用的 *TensorFlow* 與 *Keras* 開發工具，就包括許多演算法優化器，幫助開發者快速求出參數。

單元 44

由線性迴歸瞭解深度學習的多層關係

前面講到的內容，無論是單一變數的的簡單線性迴歸、多個自變數的多元迴歸，亦或是矩陣偏微分等等，處理的都是自變數與因變數之間的線性關係。那麼，如果自變數與因變數之間不是線性關係時，該如何處理呢？本單元會先從線性關係導入深度學習的觀念，然後到下一個單元再進入非線性關係。

線性關係就像前面多次用到的 $y=a+bx$ 函數，自變數 x 每多一個增量，因變數 y 也會維持一個固定的增量（或減量），如此 x、y 會呈現一直線的關係。而在多元線性迴歸中有 2 個或以上個自變數，也依照各自變數的增量，對應的因變數也會維持一個固定的增量（或減量），同樣也是線性關係。

可是，線性關係在現實世界中反而比較少見，而非線性關係卻佔大多數。對於「深度學習（*Deep learning*）」來說，非線性關係才是核心。深度學習「模仿」人類腦神經的運作模式，利用層層相疊建立如同腦神經的「深度」，來模仿人類認知的機能。這種想法如同發現新世界一樣喚起眾多科學家的興趣。然而，既然是要模仿腦細胞運作，就不會只是線性關係那麼單純，而必須牽涉到較複雜的非線性部分。

小編補充： 上文說「模仿人類腦神經的運作模式」，其實是科學家自己想出來的，因為沒有人知道腦神經真正的運作模式，所以讀者只需要將深度學習「想成」模仿人腦運作即可。

用多元迴歸模擬深度學習的關係

深度學習模型中，在自變數與因變數之間，是由一層一層的神經層（*layers*）來建構神經網路（*neural network*）。如果用多元迴歸來表現，會像下圖的關係：

圖表 6-7

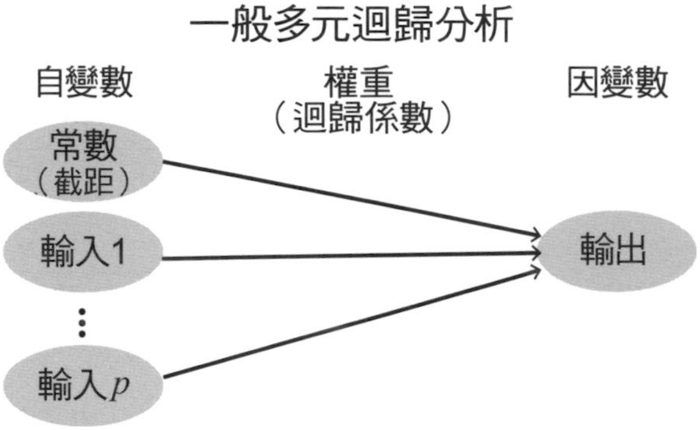

假設模型中有 p 個自變數，以及 1 個常數(截距)(此常數在神經網路中也稱為 *bias*)，共 $p+1$ 個輸入值，然後個別的輸入值與迴歸係數(神經網路中稱為權重)相乘之後，得到輸出的 y 值。

我們接下來仍然以多元線性迴歸來說明所謂的「深度」，請注意！此例與神經網路的差別在於並未將非線性納入，因此我們暫時稱為「深度多元迴歸分析」:

圖表 6-8

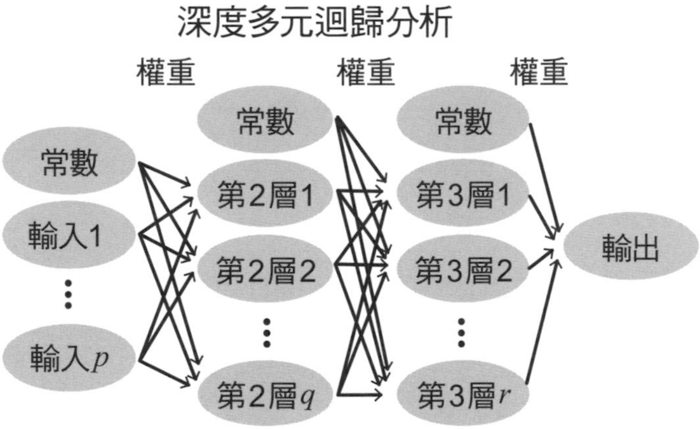

上圖與前面多元迴歸分析相同之處，是最左邊有 $p+1$ 個輸入的資料和常數，但接下來並不是直接輸出結果 y，而是在輸入與輸出的中間多了幾層稱為「中間層」或稱「隱藏層」的東西。

輸出是由第 3 層與權重相乘而來

如上圖有第 2 層和第 3 層。在第 2 層裡，輸入的資料（共 $p+1$ 個）分別乘上適當的權重後，合併出 q 個值。進而再將剛剛第 2 層得出的 q 個值加上常數（共 $q+1$ 個），乘上適當的權重後，合併出 r 個值，然後才輸出 y。

當然，中間要加幾層都無妨，此處僅以 3 層為例，來看看輸出的 y 和實際值之間，如何能得到最小偏差值。

中間層中各單元的表示法

由於每多一層，就會增加一些變數，原本的變數符號恐怕會不夠用，因此在深度學習中表示變數有個習慣，除了輸入和輸出以外的各中間層內的每一項，稱做「單元」(*unit*)，使用 u 來表示，例如第 2 層的第 5 個單元的值，以 $u_5^{(2)}$ 來表示。有些學者專家會將右上角代表層數的括號去掉，但這樣容易誤以為是指數，因此本書採用加上括號的記法。同理，從第 1 層到第 2 層的權重會以矩陣 $\mathbf{w}^{(2)}$ 表示（取權重 *weight* 的 w）。

寫成通則：

第 i 層第 j 個單元的值 → $u_j^{(i)}$（層數：(i)；單元數：j）

我們先看圖表 6-8 右邊第 3 層到輸出的這一段，思考一下輸入、輸出與權重的關係。我們令輸出為 y，第 3 層的第 i 個單元的值為 $u_i^{(3)}$，要相乘的權重為 $w_i^{(4)}$(第 3 層到第 4 層的權重)。因為第 3 層有 r 個單元加上 1 個常數，因此權重也有 $r+1$ 個，可將關係式寫成：

$$y=w_0^{(4)}+w_1^{(4)}u_1^{(3)}+w_2^{(4)}u_2^{(3)}+\cdots+w_r^{(4)}u_r^{(3)} \qquad \cdots(44.1)$$

在 (44.1) 式中的常數 $w_0^{(4)}$，相當於多元迴歸分析中截距 β_0 的角色。然後我們將權重與第 3 層的各個單元改寫為矩陣形式：

$$\boldsymbol{w}^{(4)}=\begin{pmatrix} w_0^{(4)} \\ w_1^{(4)} \\ \vdots \\ w_r^{(4)} \end{pmatrix}、\boldsymbol{u}^{(3)}=\begin{pmatrix} 1 \\ u_1^{(3)} \\ \vdots \\ u_r^{(3)} \end{pmatrix}$$

在此將 $\boldsymbol{u}^{(3)}$ 第 1 個元素定為 1。(44.1) 式可改寫為更簡潔的形式：

$$y=\boldsymbol{w}^{(4)\,T}\boldsymbol{u}^{(3)} \qquad \cdots(44.2)$$

第 3 層各單元的輸入是由第 2 層與權重相乘加總而來

我們往前面一層推。第 3 層的第 i 個單元 $u_i^{(3)}$ 的值可以表示成：

$$u_i^{(3)}=w_{i0}^{(3)}+w_{i1}^{(3)}u_1^{(2)}+w_{i2}^{(3)}u_2^{(2)}+\cdots+w_{iq}^{(3)}u_q^{(2)} \qquad \cdots(44.3)$$

請注意！第 2 層 $\boldsymbol{u}^{(2)}$ 是 $(q+1)$ 階列向量，第 3 層 $\boldsymbol{u}^{(3)}$ 是 $(r+1)$ 階列向量，因此可知第 2 層到第 3 層的權重會是個 $(r+1)\times(q+1)$ 的矩陣。將 $\boldsymbol{u}^{(2)}$ 第 1 個元素定為 1，因此 $\boldsymbol{u}^{(3)}$ 可表示成：

$$\boldsymbol{u}^{(3)}=\begin{pmatrix}1\\u_1^{(3)}\\\vdots\\u_r^{(3)}\end{pmatrix}=\begin{pmatrix}1&0&\cdots&0\\w_{10}^{(3)}&w_{11}^{(3)}&\cdots&w_{1q}^{(3)}\\\vdots&\vdots&\ddots&\vdots\\w_{r0}^{(3)}&w_{r1}^{(3)}&\cdots&w_{rq}^{(3)}\end{pmatrix}\begin{pmatrix}1\\u_1^{(2)}\\\vdots\\u_q^{(2)}\end{pmatrix}$$

> 上式關於各個分量 $u_i^{(3)}$，經由矩陣與向量乘開後，結合 (44.3) 式來比對，可以確認 $u_0^{(3)}=1$。

其中：

$$\boldsymbol{W}^{(3)}=\begin{pmatrix}1&0&\cdots&0\\w_{10}^{(3)}&w_{11}^{(3)}&\cdots&w_{1q}^{(3)}\\\vdots&\vdots&\ddots&\vdots\\w_{r0}^{(3)}&w_{r1}^{(3)}&\cdots&w_{rq}^{(3)}\end{pmatrix}、\boldsymbol{u}^{(2)}=\begin{pmatrix}1\\u_1^{(2)}\\\vdots\\u_q^{(2)}\end{pmatrix}$$

則上面的式子以矩陣與向量來表示，可以簡化如下：

$$\boldsymbol{u}^{(3)}=\boldsymbol{W}^{(3)}\boldsymbol{u}^{(2)} \qquad \cdots(44.4)$$

輸入與第 2 層的關係

第 2 層再往前推就是輸入層了，我們令輸入的數據用 $\boldsymbol{x}$ 向量 (包括 $p+1$ 的元素) 表示，x 和第 2 層單元 $\boldsymbol{u}^{(2)}$ 間的關係，就和 (44.4) 式類似，同樣可得：

$$\boldsymbol{u}^{(2)}=\boldsymbol{W}^{(2)}\boldsymbol{x} \qquad \cdots(44.5)$$

其中：

$$\boldsymbol{W}^{(2)}=\begin{pmatrix}1&0&\cdots&0\\w_{10}^{(2)}&w_{11}^{(2)}&\cdots&w_{1p}^{(2)}\\\vdots&\vdots&\ddots&\vdots\\w_{q0}^{(2)}&w_{q1}^{(2)}&\cdots&w_{qp}^{(2)}\end{pmatrix}、\boldsymbol{x}=\begin{pmatrix}1\\x_1\\\vdots\\x_p\end{pmatrix}$$

串連輸入到輸出各層的關係

從前面一層一層的剖析，得到以下 3 個關係式，整理如下：

輸出與第 3 層的關係：$y=\boldsymbol{w}^{(4)T}\boldsymbol{u}^{(3)}$ ⋯(44.2)

第 3 層與第 2 層的關係：$\boldsymbol{u}^{(3)}=\boldsymbol{W}^{(3)}\boldsymbol{u}^{(2)}$ ⋯(44.4)

第 2 層與輸入的關係：$\boldsymbol{u}^{(2)}=\boldsymbol{W}^{(2)}\boldsymbol{x}$ ⋯(44.5)

接著我們要將上述的關係式連結起來，即可得到輸入向量 $\boldsymbol{x}$ 與輸出純量 y 的關係如下：

$$y=\boldsymbol{w}^{(4)T}\boldsymbol{u}^{(3)}$$

$\boldsymbol{u}^{(3)}$ 代入 (44.4) 式

$$y=\boldsymbol{w}^{(4)T}\boldsymbol{W}^{(3)}\boldsymbol{u}^{(2)}$$

$\boldsymbol{u}^{(2)}$ 代入 (44.5) 式

$$y=\boldsymbol{w}^{(4)T}\boldsymbol{W}^{(3)}\boldsymbol{W}^{(2)}\boldsymbol{x} \quad \cdots(44.6)$$

現在我們想知道 (44.6) 式位於 $\boldsymbol{x}$ 前面的 $(\boldsymbol{w}^{(4)})^T\boldsymbol{W}^{(3)}\boldsymbol{W}^{(2)}$ 是什麼？

已知 $(\boldsymbol{w}^{(4)})^T$ 是 $1\times(r+1)$ 的向量，$\boldsymbol{W}^{(3)}$ 是 $(r+1)\times(q+1)$ 的矩陣，$\boldsymbol{W}^{(2)}$ 是 $(q+1)\times(p+1)$ 的矩陣，所以 $(\boldsymbol{w}^{(4)})^T\boldsymbol{W}^{(3)}\boldsymbol{W}^{(2)}$ 乘出來的結果是 $1\times(p+1)$ 的向量。而且這個向量的各分量皆為與向量 $\boldsymbol{x}$ 無關的係數。

既然是與 x 無關的係數，我們可將 $(\boldsymbol{w}^{(4)})^T\boldsymbol{W}^{(3)}\boldsymbol{W}^{(2)}$ 以向量 $\boldsymbol{\beta}^T$ 來表示，則 (44.6) 式就簡化為：

$$y=\boldsymbol{\beta}^T x$$

由此結果可知，即使讓多元迴歸分析具有看似深度學習的多層次樣貌（像圖表 6-8 的中間層），因為不包括非線性的部分，最終仍是回到多元迴歸分析模型。

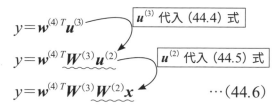

機器學習的數學：非線性部分是深度學習的核心

過去在 1950～60 年間，在人工智慧領域就已經有類似神經網路的作法，在掀起一陣旋風之後仍然消退，背後的原因就在於當時處理的資料都是線性關係。然而現在的神經網路，加入稱為「啟動函數(或稱為激活函數)」的非線性部分，這種新技術開始受到廣泛注目並投入研究。

那麼，加入怎樣的非線性部分比較好呢？你應該已從本書中找到答案，回想第 3 篇介紹過的邏輯斯函數，即機器學習中的 *Sigmoid* 函數，就是在學習深度學習中常見的非線性函數。

單元 45

多變數邏輯斯迴歸與梯度下降法

在前個單元圖表 6-8 的深度學習模型中，如果中間層只做單純乘法或加上常數的運算，不管中間有多少層，最終都只是線性運算。現今的深度學習之所以能有突破性的發展，正因為納入了非線性的啟動函數之故。最早成功推估參數的啟動函數，用的就是邏輯斯迴歸函數（也稱為 *sigmoid* 函數）。

其實在 1980 年代 *AI* 第二次興盛期，就已經出現「神經網路」與「模糊理論（*fuzzy*）」的技術，而且也使用邏輯斯函數進行神經網路研究。如今因為深度學習的突破性發展而迎來 *AI* 第三次興盛期。雖然在實際的應用例子中，已很少看到使用邏輯斯函數，但在許多深度學習的書籍中，仍會以邏輯斯函數為例來介紹，這算是依循神經網路發展歷程而來的習慣。

那麼，使用邏輯斯函數的神經網路究竟長什麼樣子？讓我們回頭看看圖表 6-8 的模型，然後假設拿掉中間層，只留下輸入與輸出的情況。這個單純的模型是理解神經網路的基礎，也是了解邏輯斯迴歸的好方法。

邏輯斯迴歸的非線性模型

到目前為止介紹的多元迴歸分析，去掉誤差項，就是只包括自變數向量 $\boldsymbol{x}$，迴歸係數向量 $\boldsymbol{\beta}$，以及因變數 y 的線性模型：

$$y = \boldsymbol{x}^T\boldsymbol{\beta}$$

這時，如果把 $\boldsymbol{x}^T\boldsymbol{\beta}$ 代入邏輯斯函數中（**小編提醒：** 請復習單元 21），就會轉變成非線性模型，亦即：

$$y=f(\boldsymbol{x}^T\boldsymbol{\beta}) = \frac{1}{1+e^{-\boldsymbol{x}^T\boldsymbol{\beta}}} \qquad \cdots(45.1)$$

上式建立了變數向量 $\boldsymbol{x}$ 與因變數 y 的模型，也可以表示成：

$$\ln\frac{y}{1-y}=\boldsymbol{x}^T\boldsymbol{\beta} \qquad \cdots(45.2)$$

如果我們想從這個非線性模型推估迴歸係數，顯然不像以前用最小平方法那麼簡單。那麼該怎麼做呢？我們會由下面的例子做為引導，先從一般人最直覺的看圖說話開始，進而採用邏輯斯函數，進行最大概似估計法與梯度下降演算法得到迴歸係數。

從意見表找出影響回客率的因素

我們在單元 21 提過的預約制餐廳，店主為了避免因為出包造成客人不願意再來，因此採用幾種補償客人的作法，例如發生糾紛時提供免費飲料，或是贈送下次來店的貴賓券，試圖增加回客的意願。

此處我們要分析過去客人填寫的 1000 份意見表，將用餐時間區分為午餐和晚餐，並記錄服務有沒有出包，以及客人在意見表中反映願意再來的意願，將結果整理如下：

圖表 6-9

用餐時間	出包	願意再來	人數
午餐	無	無	207
午餐	無	有	23
午餐	有	無	18
午餐	有	有	2
晚餐	無	無	435
晚餐	無	有	290
晚餐	有	無	15
晚餐	有	有	10

再根據上表資料來製作長條圖，如下表所示：

圖表 6-10

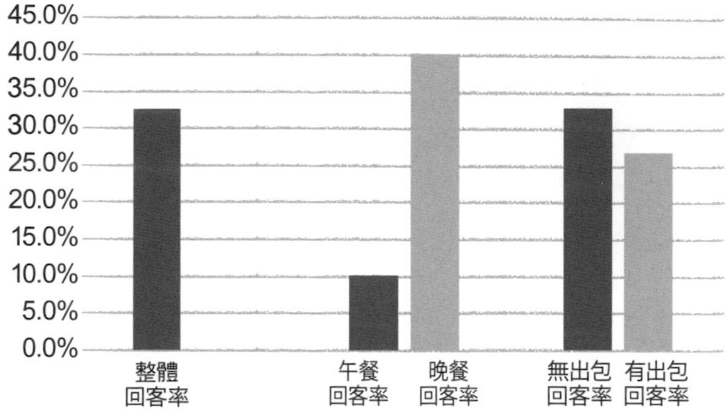

依用餐時段判斷回客率的差異

由上圖可看出整體回客率是 32.5%，但分別從午餐和晚餐來看，午餐回客率遠低於晚餐回客率。另外，即便採取了補償措施，也還是發現只要有出包過，願意再來的回客率就明顯下降。

店主仔細研究圖表 6-9 的資料後，發現出包比率會因用餐時間而有差別。午餐時間有 8% 客人（250 人中有 20 人）發生糾紛，但晚餐時間卻只有 3.3%（750 人中有 25 人），這可以解釋為午餐服務人員大多是為了培訓而採用新手的關係。所以在「午餐和晚餐的回客率有差異」的條件下，有無發生糾紛對於回客率的影響程度為何？

多數做生意的人會使用 *Excel* 軟體，根據不同群組繪製長條圖做比較。可是，這種作法如果不夠謹慎，得到的結果大多只看到資料的表象而容易誤判。實際上，從午餐或晚餐的資料可看出「有無出包與是否願意再來」之間並無關聯，如下圖所示：

圖表 6-11

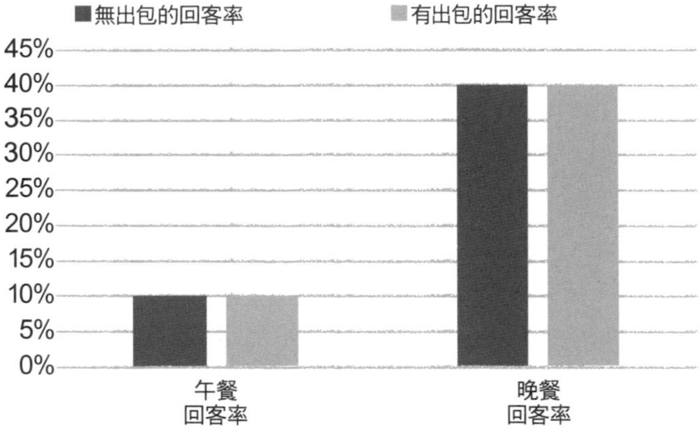

我們用圖表 6-9 的資料分別試算如下：

- 午餐無出包的回客率：23 ÷（207 + 23）= 10%
- 午餐有出包的回客率：2 ÷（18 + 2）= 10%
- 晚餐無出包的回客率：290 ÷（435 + 290）= 40%
- 晚餐有出包的回客率：10 ÷（15 + 10）= 40%

午餐時段來的客人，不論服務有無出包，願意再來的回客率都是 10%。同樣在晚餐時段不論有無出包的回客率都是 40%。原本以為只要有出包就會降低回客率的結論並不明顯。如果從這個誤解出發，可能會讓店主懷疑，怎麼送再多的補償給客人，仍然很難提升回客率。（**小編補充：** 從整體回客意願低落、提供的補償無顯著效果，以及午餐人數偏低這幾點來看，店主或許該思考的是如何提高午餐人數，以及找出客人不願再來的真正原因）

為原始資料分類的次組分析有其限制

像前面這種在「午餐和晚餐的回客率有差異」的條件下，找出某些原因（變數）和結果之間關係的方法，叫做「次組分析（*subgroup analysis*）」。次組是指將一群樣本依照特徵再細分出幾個次組（例如細分出午餐、晚餐時段），若能適當對這些次組進行分析，就可以辨識出原始數據背後隱藏的意義。

然而，次組分析在變數很多的時候就不好分析了，例如性別╳年代╳居住地，如果仍用次組分析的話，會太過複雜，要畫很多圖表出來，因此不建議採用次組分析，而應該要改用多元迴歸或邏輯斯迴歸，因為這樣可以將眾多變數轉變成矩陣形態做運算，有其便利性與實用性。

用意見表轉換為邏輯斯迴歸模型

在統計學或機器學習裡，會將二選一的「選取」或「不選」狀態，分別以 1 或 0 來表示，統計學將此稱為虛擬變數（*dummy variable*），資訊科學領域則稱為旗標（*flag*）。例如考慮「晚餐虛擬變數」、「出包虛擬變數」、「回客虛擬變數」時，將原本圖表 6-9 中的午餐設為 0，晚餐設為 1；無出包設為 0，有出包設為 1；不願意再來設為 0，願意再來設為 1。可得下表：

圖表 6-12

晚餐虛擬變數	出包虛擬變數	回客虛擬變數	人數
0	0	0	207
0	0	1	23
0	1	0	18
0	1	1	2
1	0	0	435
1	0	1	290
1	1	0	15
1	1	1	10

我們進一步考慮如何將此圖表轉換為矩陣形式。首先，最上面第 1 列的 207 人，是「晚餐虛擬變數」、「出包虛擬變數」、「回客虛擬變數」值都是 0 的人。同理第 2 列的 23 人則是「回客虛擬變數」值為 1，其它兩項為 0 的人。後面依此類推。

回客虛擬變數是客人綜合整個用餐感受，最後給出的結論，顯然這才是最重要的「結果」，因此我們將「回客虛擬變數」該行(*column*)做為因變數 $\boldsymbol{y}$。而「晚餐虛擬變數」和「出包虛擬變數」這兩行是會影響結果的自變數，因此構成變數矩陣 $\boldsymbol{X}$。

另外，多元迴歸分析的截距也會與迴歸係數放在一起，當成迴歸係數矩陣來處理，因此會把 $\boldsymbol{X}$ 矩陣的第 1 行全部填上數字 1(這種手法在前面就用過)。於是我們就得到多元迴歸的 $\boldsymbol{X}$ 與 $\boldsymbol{y}$。然後，將截距 β_0 和迴歸係數 β_1、β_2 構成的迴歸係數矩陣以 $\boldsymbol{\beta}$ 表示，誤差矩陣以 $\boldsymbol{\varepsilon}$ 表示，如下：

第 1 行的元素都是 1

$$\boldsymbol{X}=\begin{pmatrix} x_{1\,0} & x_{1\,1} & x_{1\,2} \\ \vdots & \vdots & \vdots \\ x_{208\,0} & x_{208\,1} & x_{208\,2} \\ \vdots & \vdots & \vdots \\ x_{231\,0} & x_{231\,1} & x_{231\,2} \\ \vdots & \vdots & \vdots \\ x_{1000\,0} & x_{1000\,1} & x_{1000\,2} \end{pmatrix}=\begin{pmatrix} 1 & 0 & 0 \\ \vdots & \vdots & \vdots \\ 1 & 0 & 0 \\ \vdots & \vdots & \vdots \\ 1 & 0 & 1 \\ \vdots & \vdots & \vdots \\ 1 & 1 & 1 \end{pmatrix}、$$

$$\boldsymbol{y}=\begin{pmatrix} y_1 \\ \vdots \\ y_{208} \\ \vdots \\ y_{231} \\ \vdots \\ y_{1000} \end{pmatrix}=\begin{pmatrix} 0 \\ \vdots \\ 1 \\ \vdots \\ 0 \\ \vdots \\ 1 \end{pmatrix}、\boldsymbol{\beta}=\begin{pmatrix} \beta_0 \\ \beta_1 \\ \beta_2 \end{pmatrix}、\boldsymbol{\varepsilon}=\begin{pmatrix} \varepsilon_1 \\ \varepsilon_2 \\ \vdots \\ \varepsilon_{1000} \end{pmatrix}$$

變數矩陣 $\boldsymbol{X}$ 中，第 1 行是因為截距的關係，所以全部填入 1；第 2 行「晚餐虛擬變數」與第 3 行「出包虛擬變數」從第 1～230（207＋23）列都是 0。從 231～250（18＋2）列中的「晚餐虛擬變數」是 0，「出包虛擬變數」是 1。

同理，$\boldsymbol{y}$ 的「回客虛擬變數」第 1～207 列都是 0，第 208～230 列都是 1，第 231～248 列都是 0，第 249～250 列都是 1，其餘依圖表 6-11 類推。

迴歸係數矩陣 $\boldsymbol{\beta}$ 的截距是 β_0，「晚餐虛擬變數」的迴歸係數是 β_1，「出包虛擬變數」的迴歸係數是 β_2。誤差矩陣是做為迴歸模型校正的誤差，所以依據全部調查客人共 1000 人，故有 1000 列。

我們的目的是想求出 $\boldsymbol{\beta}$ 是多少。利用（45.2）式做多元迴歸分析，例如第 1 列的資料 y_1 可得：

$$\ln\frac{y_1}{1-y_1}=(x_{10}\quad x_{11}\quad x_{12})\begin{pmatrix}\beta_0\\ \beta_1\\ \beta_2\end{pmatrix}+\varepsilon_1 \qquad \cdots(45.3)$$

照理講，只要將數據代入，即可依照前面誤差最小平方法求出 β_0、β_1、β_2 的值，但實際上卻會出問題。例如將矩陣 $\boldsymbol{X}$ 第 1 列的（1　0　0），以及 $y_1=0$ 代入（45.3）式：

$$\ln\frac{0}{1-0}=(1\quad 0\quad 0)\begin{pmatrix}\beta_0\\ \beta_1\\ \beta_2\end{pmatrix}+\varepsilon_1$$

$$\Leftrightarrow\quad \ln 0=\beta_0+\varepsilon_1$$

會發現上式等號左邊 ln 0 的值不存在（x 趨近於 0 時 $\ln x$ 會趨近於無限大）。而且還不只第 1 列會出問題，例如第 208 列的資料也會發生問題。$\boldsymbol{X}$ 的第 208 列是（1　0　0），$y_{208}=1$，代入（45.3）式會出現「$\ln\frac{1}{0}$」無意義的情況：

$$
\begin{aligned}
&\ln\frac{y_{208}}{1-y_{208}}=(x_{208\,0}\quad x_{208\,1}\quad x_{208\,2})\begin{pmatrix}\beta_0\\ \beta_1\\ \beta_2\end{pmatrix}+\varepsilon_{208}\\
\Leftrightarrow\quad&\ln\frac{1}{1-1}=(1\quad 0\quad 0)\begin{pmatrix}\beta_0\\ \beta_1\\ \beta_2\end{pmatrix}+\varepsilon_{208}\\
\Leftrightarrow\quad&\ln\frac{1}{0}=\beta_0+\varepsilon_{208}
\end{aligned}
$$

像這種在數學上無法繼續下去的式子，在電腦上卻可以用最大概似估計法重複執行演算法，仍然能將迴歸係數推估出來。

利用概似函數求迴歸係數

要用最大概似估計法，首先要找出概似函數 $L(\boldsymbol{\beta})$，我們從（45.1）式來考量概似函數會長什麼樣子：

$$y=\frac{1}{1+e^{-\boldsymbol{x}^T\boldsymbol{\beta}}}\qquad\cdots(45.1)$$

從矩陣 $\boldsymbol{X}$ 可看出，即使自變數相同，得到的因變數 y 並不見得會相同。例如 $(x_{10}\ \ x_{11}\ \ x_{12})$ 與 $(x_{208\,0}\ \ x_{208\,1}\ \ x_{208\,2})$ 皆為 $(1\ \ 0\ \ 0)$，但 $y_1=0$，而 $y_{208}=1$，表示 y 是 0 或 1 呈現出回客的結果，而這個結果會由機率決定。

由回客率找出概似函數

假設第 i 位客人願意再來用餐的機率為 p_i，然後將變數矩陣乘開，令矩陣 $\boldsymbol{X}$ 的第 i 列為：

$$\boldsymbol{x}_i^T=(x_{i0}\quad x_{i1}\quad x_{i2})$$

則 p_i 可表示為：

$$p_i=\frac{1}{1+e^{-\boldsymbol{x}_i^T\boldsymbol{\beta}}}\qquad\cdots(45.4)$$

因為第 i 位客人再來的機率為 p_i，其中 $i=1, 2,\cdots, n$。如此將每一位客人 y_i 的機率相乘起來即為概似函數 $L(\boldsymbol{\beta})$。首先，實際資料 $y_i=1$ 時，表示第 i 位客人願意再來的機率為 p_i，反之若 $y_i=0$ 時，表示第 i 位客人不願再來的機率為 $1-p_i$，如此可將 y_i 的機率歸納為：

$$\text{實際 } y_i \text{ 所得之機率} = \begin{cases} p_i & (\text{若 } y_i=1 \text{ 時}) \\ 1-p_i & (\text{若 } y_i=0 \text{ 時}) \end{cases}$$

不過，上式這種依不同條件分開寫的方法有點囉唆，我們可以技巧性的整合為下式：

$$\text{實際 } y_i \text{ 所得之機率} = p_i^{y_i}\cdot(1-p_i)^{1-y_i} \qquad \cdots(45.5)$$

上式中，指數的部分很巧妙地對應到當 $y_i=1$ 時，(45.5) 式等號右邊會等於 $p_i^1\cdot(1-pi)^0=p_i\cdot 1=p_i$；當 $y_i=0$ 時，(45.5) 式等號右邊會等於 $p_i^0(1-p_i)^1=1\cdot(1-p_i)=1-p_i$。

接著根據 (45.5) 式將 n 個 y_i 的機率乘起來，即為概似函數：

$$L(\boldsymbol{\beta})=\prod_{i=1}^{n} p_i^{y_i}\cdot(1-p_i)^{1-y_i}$$

因為 $L(\boldsymbol{\beta})$ 是 n 個機率的連乘，所以將 $L(\boldsymbol{\beta})$ 取對數之後，就可以利用對數的性質將連乘變成連加：

$$\begin{aligned}\ln L(\beta) &= \sum_{i=1}^{n} \ln\left(p_i^{y_i}\cdot(1-p_i)^{1-y_i}\right) \\ &= \sum_{i=1}^{n}\left(y_i \ln p_i+(1-y_i)\ln(1-p_i)\right) \qquad \cdots(45.6)\end{aligned}$$

上式中有一個 $\ln(1-p_i)$ 我們先來解決。回到 (45.4) 式，在等號兩邊都用 1 減掉：

$$p_i=\frac{1}{1+e^{-\boldsymbol{x}_i^T\boldsymbol{\beta}}}$$

$$\Leftrightarrow\quad 1-p_i=1-\frac{1}{1+e^{-\boldsymbol{x}_i^T\boldsymbol{\beta}}}$$

然後等號兩邊取對數，整理簡化如下：

$$\begin{aligned}\ln(1-p_i)&=\ln\left(1-\frac{1}{1+e^{-\boldsymbol{x}_i^T\boldsymbol{\beta}}}\right)\\&=\ln\frac{1+e^{-\boldsymbol{x}_i^T\boldsymbol{\beta}}-1}{1+e^{-\boldsymbol{x}_i^T\boldsymbol{\beta}}}\\&=\ln\frac{e^{-\boldsymbol{x}_i^T\boldsymbol{\beta}}}{1+e^{-\boldsymbol{x}_i^T\boldsymbol{\beta}}}\\&=\ln\left(e^{-\boldsymbol{x}_i^T\boldsymbol{\beta}}\cdot\frac{1}{1+e^{-\boldsymbol{x}_i^T\boldsymbol{\beta}}}\right)\\&=\ln e^{-\boldsymbol{x}_i^T\boldsymbol{\beta}}+\ln\frac{1}{1+e^{-\boldsymbol{x}_i^T\boldsymbol{\beta}}}\\&=-\boldsymbol{x}_i^T\boldsymbol{\beta}+\ln p_i\end{aligned}$$

將上式代入 (45.6) 式，可得：

$$\begin{aligned}\ln L(\boldsymbol{\beta})&=\sum_{i=1}^{n}(y_i\ln p_i+(1-y_i)(-\boldsymbol{x}_i^T\boldsymbol{\beta}+\ln p_i))\\&=\sum_{i=1}^{n}(y_i\ln p_i-\boldsymbol{x}_i^T\boldsymbol{\beta}+\ln p_i+y_i\boldsymbol{x}_i^T\boldsymbol{\beta}-y_i\ln p_i)\\&=\sum_{i=1}^{n}((y_i-1)\boldsymbol{x}_i^T\boldsymbol{\beta}+\ln p_i)\qquad\cdots(45.7)\end{aligned}$$

乘開

再將 (45.4) 式的 p_i 代入 (45.7) 式中，可得：

$$\ln L(\boldsymbol{\beta}) = \sum_{i=1}^{n}\left((y_i-1)\boldsymbol{x}_i^T\boldsymbol{\beta} + \ln\frac{1}{1+e^{-\boldsymbol{x}_i^T\boldsymbol{\beta}}}\right)$$

$$= \sum_{i=1}^{n}\left((y_i-1)\boldsymbol{x}_i^T\boldsymbol{\beta} - \ln(1+e^{-\boldsymbol{x}_i^T\boldsymbol{\beta}})\right) \qquad \cdots(45.8)$$

這就是邏輯斯迴歸的對數概似函數。此式混合了指數函數與對數函數，如果要算出 $L(\boldsymbol{\beta})$ 的最大值，可以用 (45.8) 式對 $\boldsymbol{\beta}$ 做偏微分，再讓偏微分等於 0 來求 $\boldsymbol{\beta}$ 值，但以人工計算恐怕很難求出。但我們可以利用電腦執行梯度下降演算法來做。

用梯度下降法求迴歸係數

在梯度下降法中的誤差函數 (即損失函數) 是越小越好，但概似函數 (或對數概似函數) 則是要求最大值，因此我們可以將對數概似函數乘上 −1 (如此一來，最大值就變成最小值了)，然後把它當作誤差函數來處理。

我們將 $C(\boldsymbol{\beta})$ 誤差函數定義為對數概似函數乘上 −1：

$$C(\boldsymbol{\beta}) = -\ln L(\boldsymbol{\beta})$$

$$= -\sum_{i=1}^{n}\left((y_i-1)\boldsymbol{x}_i^T\boldsymbol{\beta} - \ln(1+e^{-\boldsymbol{x}_i^T\boldsymbol{\beta}})\right) \qquad \cdots(45.9)$$

其中 i 應該是從 1～1000 之中的一個數，不過此處以最前面的 207 人，也就是午餐時段即使沒有出包的情況下也不願意再來的這些人，這 207 人的 $x_i = (1\ \ 0\ \ 0)$，$y_i = 0$ (**小編提醒：** 還記得矩陣 $\boldsymbol{X}$ 與 $\boldsymbol{y}$ 長什麼樣子吧，第 6-51 頁)，計算看看結果為何，將數據代入 (45.9) 式：

$$-\sum_{i=1}^{207}\left((0-1)(\beta_0+0+0)-\ln(1+e^{-(\beta_0+0+0)})\right)$$

$$=-\sum_{i=1}^{207}(-\beta_0-\ln(1+e^{-\beta_0}))$$

這裡假定各迴歸係數 $\boldsymbol{\beta}$ 的初始值均為 1，想求誤差函數 $C(\beta)$ 在 β_0 的斜率時，利用微分定義（請復習 (32.1) 式），假設 β_0（初始值為 1）的增量 $\Delta\beta_0$ 為 0.0001（即 $\beta_0+\Delta\beta_0=1.0001$），則上式加總符號 Σ 內的算式計算斜率的近似值如下：

$$\frac{(-1.0001-\ln(1+e^{-1.0001}))-(-1-\log(1+e^{-1}))}{1.0001-1}$$

$$\fallingdotseq\frac{-1.3133348-(-1.3132617)}{0.0001}=-0.731$$

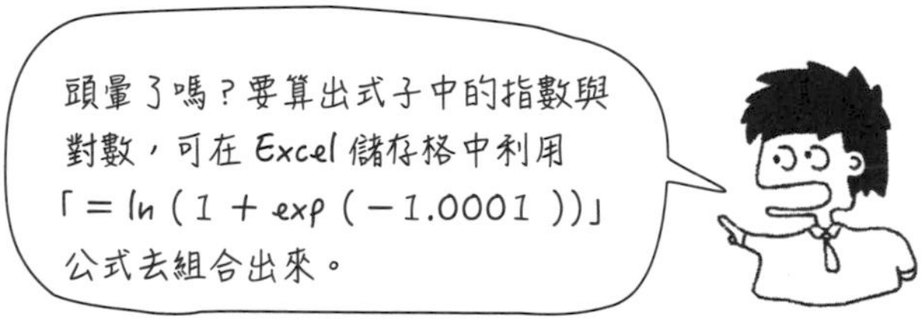
頭暈了嗎？要算出式子中的指數與
對數，可在 Excel 儲存格中利用
「= ln (1 + exp (−1.0001))」
公式去組合出來。

結果求出近似值為 −0.731。因為對這 207 位客人來說，對數概似函數和迴歸係數 β_1、β_2 無關，所以誤差函數 $C(\boldsymbol{\beta})$ 對 β_1，β_2 微分的斜率是 0。

接下來，後面 793 位的數據也仿照前面的 207 位一樣，在加總符號 Σ 裡面，將 β 初始值皆設為 1，再分別依照「只有 β_0 增加為 1.0001 時」、「只有 β_1 增加為 1.0001 時」、「只有 β_2 增加為 1.0001 時」這些情況下，計算誤差函數的斜率為何。

從這些斜率近似值之合計，即可求得每一個區段斜率向量的近似值，之後再將 1000 人的資料合計，前面再乘以 −1，最後就可得到誤差函數在各迴歸係數的微分值：

$$\boldsymbol{\beta}=\begin{pmatrix}1\\1\\1\end{pmatrix}\text{之初始值時，}\frac{\partial}{\partial\boldsymbol{\beta}}C(\boldsymbol{\beta})\fallingdotseq\begin{pmatrix}523.16\\362.40\\29.43\end{pmatrix}$$

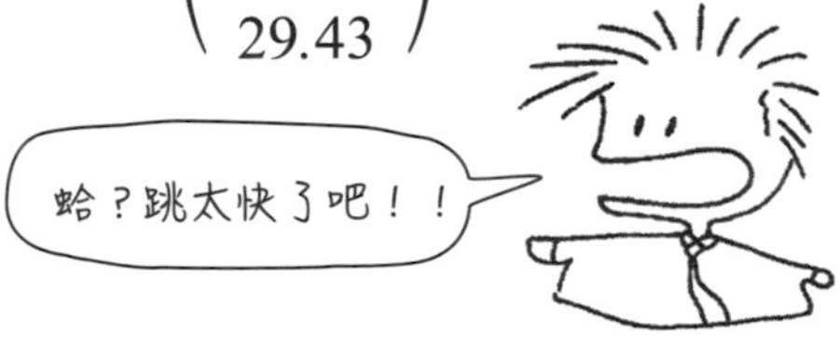
蛤？跳太快了吧！！

小編補充： 誤差函數對 $\boldsymbol{\beta}$ 向量各迴歸係數的微分值（523.16　362.40　29.43）是如何求出來的？以下由圖表 6-12 分別求出。

第 1～207 人已經算出來對 β_0 的微分值是 −0.731，對 β_1、β_2 的微分值是 0。套回前面的式子，將（−0.731　0　0）乘上 207 再乘以 −1，可得前 207 人的迴歸係數微分向量是（151.317　0　0）。

第 208～230 人，誤差函數對 β_0、β_1、β_2 的微分值。將 $x_i=(1\ \ 0\ \ 0)$，$y_i=1$ 代入（45.9）式可得下列式子：

$$=-\sum_{i=208}^{230}\left((1-1)\boldsymbol{\beta}-\ln(1+e^{-\boldsymbol{\beta}_0})\right)$$

$$=-\sum_{i=208}^{230}\left(-\ln(1+e^{-\boldsymbol{\beta}_0})\right)$$

其實並不難，
只是需要耐心
慢慢算出來

因為仍然只有 β_0，且與 β_1、β_2 無關，因此 Σ 裏面的式子同樣用微分定義可求得 β_0 微分值為 0.2689，且 β_1、β_2 的微分值為 0。然後將此微分向量代回上式，乘以 23（23 人）再乘以 −1，即可得（−6.185　0　0）。

▶接下頁

第 231～248 人，誤差函數對 β_0、β_1、β_2 的微分值。將 $x_i = (1 \quad 0 \quad 1)$，$y_i = 0$ 代入 (45.9) 式可得下列式子：

$$= -\sum_{i=231}^{248}\left(-(\beta_0+\beta_2)-\ln(1+e^{-(\beta_0+\beta_2)})\right)$$

此時式子中有 β_0、β_2，而與 β_1 無關，因此 Σ 裏面的式子要分別對 β_0、β_2 用微分定義求得 β_0、β_2 微分值皆為 −0.8808。然後將此微分向量代回上式，乘以 18 (18 人) 再乘以 −1，即可得 (15.854　0　15.854)。

第 249～250 人，誤差函數對 β_0、β_1、β_2 的微分值。將 $x_i = (1 \quad 0 \quad 1)$，$y_i = 1$ 代入 (45.9) 式可得下列式子：

$$= -\sum_{i=249}^{250}\left(-\ln(1+e^{-(\beta_0+\beta_2)})\right)$$

此時式子中有 β_0、β_2，而與 β_1 無關，因此 Σ 裏面的式子要分別對 β_0、β_2 用微分定義求得 β_0、β_2 微分值皆為 0.1192。然後將此微分向量代回上式，乘以 2 (2 人) 再乘以 −1，即可得 (−0.2384　0　−0.2384)。

第 251～685 人，誤差函數對 β_0、β_1、β_2 的微分值。將 $x_i = (1 \quad 1 \quad 0)$，$y_i = 0$ 代入 (45.9) 式可得下列式子：

$$= -\sum_{i=251}^{685}\left(-(\beta_0+\beta_1)-\ln(1+e^{-(\beta_0+\beta_1)})\right)$$

此時式子中有 β_0、β_1，而與 β_2 無關，因此 Σ 裏面的式子要分別對 β_0、β_1 用微分定義求得 β_0、β_1 微分值皆為 −0.8808。然後將此微分向量代回上式，乘以 435 (435 人) 再乘以 −1，即可得 (383.149　383.149　0)。

▶接下頁

第 686～975 人，誤差函數對 β_0、β_1、β_2 的微分值。將 $x_i =$ (1　1　0)，$y_i = 1$ 代入 (45.9) 式可得下列式子：

$$= -\sum_{i=686}^{975}\left(-\ln(1+e^{-(\beta_0+\beta_1)})\right)$$

此時式子中有 β_0、β_1，而與 β_2 無關，因此 Σ 裏面的式子要分別對 β_0、β_1 用微分定義求得 β_0、β_1 微分值皆為 0.1192。然後將此微分向量代回上式，乘以 290 (290 人) 再乘以 −1，即可得 (−34.567　−34.567　0)。

第 976～990 人，誤差函數對 β_0、β_1、β_2 的微分值。將 $x_i =$ (1　1　1)，$y_i = 0$ 代入 (45.9) 式可得下列式子：

$$= -\sum_{i=976}^{990}\left(-(\beta_0+\beta_1+\beta_2) - \ln(1+e^{-(\beta_0+\beta_1+\beta_2)})\right)$$

此時式子中有 β_0、β_1、β_2，因此 Σ 裏面的式子要分別對 β_0、β_1、β_2 用微分定義求得 β_0、β_1、β_2 的微分值皆為 −0.9526。然後將此微分向量代回上式，乘以 15 (15 人)，再乘以 −1，即可得 (14.289　14.289　14.289)。

第 991～1000 人，誤差函數對 β_0、β_1、β_2 的微分值。將 $x_i =$ (1　1　1)，$y_i = 1$ 代入 (45.9) 式可得下列式子：

$$= -\sum_{i=991}^{1000}\left(-\ln(1+e^{-(\beta_0+\beta_1+\beta_2)})\right)$$

此時式子中有 β_0、β_1、β_2，因此 Σ 裏面的式子要分別對 β_0、β_1、β_2 用微分定義求得 β_0、β_1、β_2 的微分值皆為 0.0474。然後將此微分向量代回上式，乘以 10 (10 人)，再乘以 −1，即可得 (−0.474　−0.474　−0.474)。

▶接下頁

最後將所有迴歸係數的微分向量加總起來，就會得到 (523.16 362.40 29.43)。

真正的 β 值是從預設「全部都是 1」，減去誤差函數 $C(\boldsymbol{\beta})$ 對各 β_i 微分的斜率近似值乘以學習率。假設學習率定為 0.005，則可得：

$$\beta_0 = 1 - 523.16 \times 0.005 = -1.616$$
$$\beta_1 = 1 - 362.40 \times 0.005 = 0.812$$
$$\beta_2 = 1 - 29.43 \times 0.005 = 0.853$$

如此一來，$\boldsymbol{\beta}$ 從一開始的 (1 1 1) 更新為 (−1.616 0.812 0.853)。然後將新的 $\boldsymbol{\beta}$ 值代回誤差函數 $C(\boldsymbol{\beta})$，像這樣迭代計算下去，大約 60 次左右，可得：

截距 β_0 會收斂到 −2.2
晚餐虛擬變數的迴歸係數 β_1 會收斂到 1.8
出包虛擬變數的迴歸係數 β_2 會收斂到 0.0

其中迴歸係數 β_2 收斂到 0.0，表示不論午餐或晚餐有沒有發生出包的現象，都與客人是否願意再來沒有關聯。

客人願意再來的勝算比

為了容易理解邏輯斯迴歸分析的迴歸係數代表的意思，我們可用統計學上的「勝算比（*odds ratio*）」做為指標。由單元 21（21.5）式，願意再來用餐的機率設為 p，改為下式來表示：

$$\ln\frac{p}{1-p}=\boldsymbol{x}^T\boldsymbol{\beta}$$

將上式等號兩邊取指數，可得：

$$\frac{p}{1-p}=\exp(\boldsymbol{x}^T\boldsymbol{\beta}) \qquad \cdots(45.10)$$

上式等號左邊是發生機率 p 與不發生機率 $1-p$ 的比值（即 $\frac{p}{1-p}$），這兩個機率的比值稱為「勝算（*odds*）」，而「勝算比（*odds ratio*）」則是兩個「勝算」相比的比值（**編註：** 所以（45.10）式是「客人願意再來」的勝算，而不是勝算比）。

小編補充：

勝算的意思

假設 1 個公正的六面骰子，擲出點數 6 的機率是 $\frac{1}{6}$，不是 6 的機率是 $\frac{5}{6}$，那麼擲出點數 6 的勝算就是 $\frac{1}{6} \div \frac{5}{6} = 0.2$。如果是一個作弊的骰子，擲出點數 6 的機率是 99%，不是 6 的機率是 1%，那麼擲出點數 6 的勝算就是 $0.99 \div 0.01 = 99$。發生機率越接近 0，則勝算就越趨近於 0；若發生機率越接近 1，則勝算就越趨近於無限大。所以遇到老千，你的勝算會趨近於 0。

邏輯斯迴歸在計算勝算比時

從 (45.10) 式可以看出等號左邊勝算是大是小，與等號右邊的迴歸係數 $\boldsymbol{\beta}$ 是指數關係。我們歸納利用梯度下降法最後收斂的結果，如下表所示：

圖表 6-13

	迴歸係數	勝算比 (迴歸係數的指數相比)
截距	−2.2	−
晚餐虛擬變數	1.8	6.0
出包虛擬變數	0.0	1.0

由 (45.10) 式，將上表的迴歸係數代入，可得：

$$\begin{aligned}\text{勝算} &= \exp(\boldsymbol{x}^T\boldsymbol{\beta}) \\ &= \exp\left((x_0 \;\; x_1 \;\; x_2)\begin{pmatrix} -2.2 \\ 1.8 \\ 0.0 \end{pmatrix}\right) \\ &= \exp(-2.2 \cdot x_0 + 1.8 \cdot x_1 + 0.0 \cdot x_2)\end{aligned}$$

我們先看晚餐虛擬變數的勝算比，因為此虛擬變數 x_1 只有 0(午餐) 與 1(晚餐) 兩種情況，並將其它虛擬變數設為 0 (**編註：** 只觀察單一變數的影響，排除其他可能的影響因素。因此上式中的 x_0、x_2 設為 0，只觀察 x_1 是 1(晚餐) 或 0 (午餐) 之間的差別)。因此晚餐虛擬變數的勝算比，就是 $x_1=1$ 的勝算去除以 $x_1=0$ 的勝算：

$$\text{晚餐與午餐的勝算比} = \frac{\exp(1.8 \cdot 1)}{\exp(1.8 \cdot 0)} = e^{1.8} \fallingdotseq 6.0$$

表示晚餐和午餐 (不考慮出包狀況) 的回客率勝算比為 6 倍。

同理，出包虛擬變數 x_2 也只有 0（無出包）與 1（有出包）兩種情況，因此 $x_2=1$ 的勝算去除以 $x_2=0$ 的勝算：

$$出包與未出包的勝算比=\frac{\exp(0.0\cdot 1)}{\exp(0.0\cdot 0)}=\frac{1.0}{1.0}=1.0$$

有出包與無出包的勝算比為 1.0 倍，表示不考慮午餐或晚餐，回客率完全不受出包與否的影響，這與前面用次組（*subgroup*）分析得到的結論相同。

一般統計專業軟體，像是 *SAS*、*R*、*SPSS*、*Stata* 等使用的演算法，可能比上述的梯度下降法來得更有效率且穩定，但我們仍然可以透過上述的邏輯斯迴歸，了解演算法重複執行直到收斂的過程。其實不僅是邏輯斯迴歸，其他很多統計學或機器學習的手法，也都是像上述這樣求誤差函數的最小值，找出最吻合資料的參數。

單元 46

神經網路的基礎－用非線性邏輯斯函數組合出近似函數

深度學習的神經網路，表面上說是「模仿人類腦神經的運作模式」，但就如同說發明飛機是「模仿鳥類的飛行模式」，動物和機器是不一樣的，因為飛機與鳥類擺動翅膀的飛行方式存在極大的差異，神經網路亦然。神經網路實踐家甘利俊一教授，在回顧自己研究歷程的著作中說道：「不管讀再多生理學的書，依然無法理解腦的學習機制。不如假設某個模式，然後研究看看這個模式可以媲美人腦的學習能力到什麼程度」。也就是說，即使深度學習的神經網路概念是源自於人類的腦神經，但仍然大不相同。

前一個單元已經談過，不包含非線性啟動函數（*activation function*，亦稱為激活函數）的神經網路，無論中間層（亦稱為隱藏層）有多少層，結果就只會是多元線性迴歸模型，解決不了現實世界中大多數的非線性問題。那麼，為什麼包含非線性啟動函數的神經網路，就能識別與預測現實世界中的問題呢？這是因為在神經網路早期開始研究時，就已從數學觀點提出了答案，也就是「**不管多麼複雜的函數，都可以在一定精準度的條件下，用非線性函數找出近似值**」。

我們以下面的例子來思考看看：

> 假設你在某大企業的人資單位工作，每年要從數千位應徵者中，錄取幾百人。因為需要審查履歷之後再經過面試，才能決定錄取哪些人，顯然相當耗費人力。所以，徵人問題就成為節省經費的經營課題。如果能更有效率篩選出要錄取的這幾百位人選，即可節省許多經費。
>
> 履歷中的學校成績都是採用 GPA 為評分標準，亦即成績為 A，該科的 GPA 即為 4 分；成績為 B，則 GPA 為 3 分，成績 C 為 2 分，D 為 1 分。

▶接下頁

此分數不僅表示應徵者的知識能力，也能反映出就學時的認真程度或某領域的優秀程度，所以歐美企業在選才時，也很重視 *GPA*。因此公司也要求履歷需附帶成績證明。

但卻發現這一年的徵才過程中，應徵者的 *GPA* 成績完全沒有拿給面試官參考，因此面試官也並未用 *GPA* 做為判斷依據。不過，我們還是試著找出應徵者 *GPA* 成績與最終錄取機率之間的關聯性，以座標來表示：

圖表 6-14

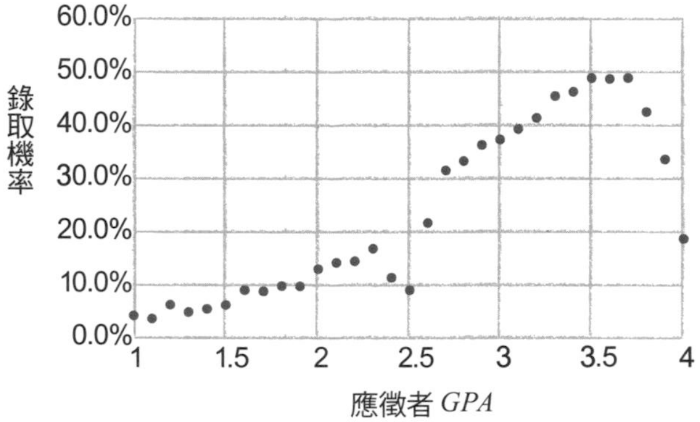

我們發現 *GPA* 成績與錄取機率有明顯的相關性。從上圖可看出，*GPA* 成績越高者，錄取率就越高，但分數在 2.5 分附近的人與接近 4 分極為優秀者的錄取率卻明顯降低。如果想要更有效率的徵才，並納入 *GPA* 分數來考量，應該怎麼做比較好呢？

一個人是否優秀，在面試時即使不看學校成績也可以大致判斷得出來，因此上圖 *GPA* 越高者的錄取機率也越高很合理。成績不好也不壞的人可能太過於平庸，讓面試官興趣缺缺。而太優秀的人，又可能讓人擔心自視甚高而無法融入團隊。或許這些就是上圖不是線性關係的原因，顯然不能靠線性迴歸來解決徵人問題。但，如果納入非線性啟動函數，就能夠找出近似的答案。例如，我們可以使用邏輯斯函數（*Sigmoid* 函數）來試試看。

我們回想單元 44 圖表 6-8 講過的「深度」多元迴歸分析，並以下圖來表示：

圖表 6-15

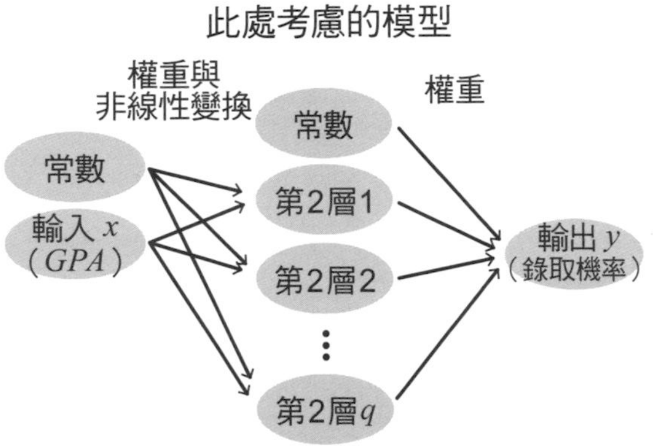

用邏輯斯函數「製作」逼近數據的近似函數

上圖的意思就是從輸入 GPA 變數 x，與常數分別乘上權重，加總後做邏輯斯函數的非線性變換，求得第 2 層的 q 個值。然後，再對第 2 層的常數和 q 個值，分別乘上權重後，加總起來做為輸出的錄取機率。此模型與多層深度學習比起來相對簡單很多，但卻足夠用來在圖表 6-14 GPA 成績與錄取機率之間找出不錯的相關性。

為什麼靠邏輯斯函數可以得到逼近 GPA 與錄取機率之間的關係？讓我們觀察邏輯斯函數的特徵。只有 1 個變數與常數的邏輯斯函數，可以畫出類似像圖表 6-16 的 5 條不同曲線(此處僅以這 4 條為代表，事實上可以畫出無數條曲線)：

圖表 6-16

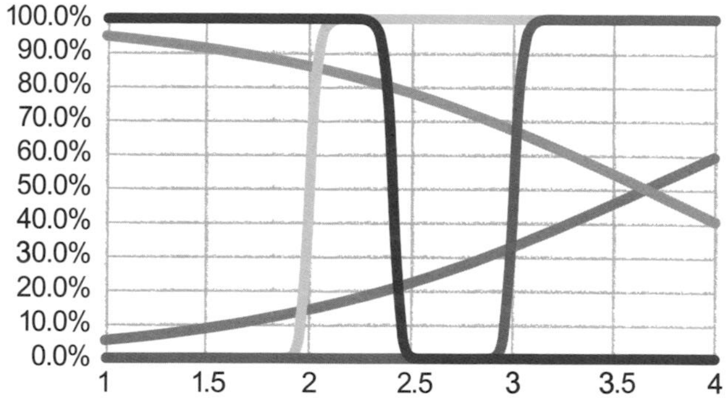

小編補充： 只考慮 1 個變數與常數的情況，邏輯斯函數為：

$$y=\frac{1}{1+e^{-(a+bx)}}$$

上圖中的 5 條曲線是分別取不同的 *a*、*b* 組合（正數或負數，大數或小數）畫出的曲線。本單元稍後就會利用邏輯斯函數的多變性，來找出最符合圖表 6-14 的函數。

由於邏輯斯函數可因不同的係數組合，呈現出不同的曲線，因此我們可以將幾個不同的邏輯斯函數相加，變化出更複雜的曲線。為了找出能近似圖表 6-14 的曲線，就要仔細觀察之。

我們發現此圖有 3 個特徵：(1) 大部分區域的錄取機率是隨著 *GPA* 增加而遞增，(2) *GPA* 在 2.5 附近會呈現山谷的形狀，以及 (3) *GPA* 大於 3.5 時的錄取機率會快速下降。如此一來，只要把握住觀察的特徵，就可以找出逼近圖表 6-14 數據的函數。接下來會分成 3 個部分「手工製作」出符合這 3 個特徵的函數。

找出 GPA 大於 1 主要遞增區段函數

我們先將 *GPA* 從 1 開始遞增的函數與 *GPA* 大於 3.5 快速下降的函數，分別用下圖表示：

圖表 6-17

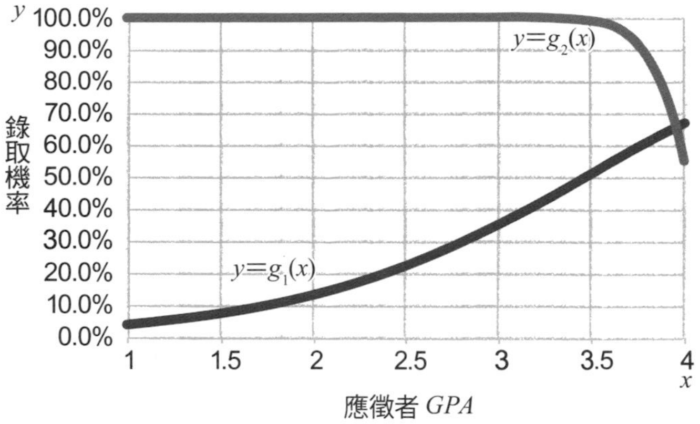

現在看出目的了嗎？我們希望藉由分別找出 $g_1(x)$、$g_2(x)$ 函數，再將兩函數相加，就可以得到同時符合 (1)、(3) 2 項特徵的函數。首先，我們要找的是 $g_1(x)$，假設函數為：

$$y=g_1(x)=\frac{1}{1+e^{-(a_1+b_1x)}} \quad \cdots(46.1)$$

接下來只要求出 (調控) a_1、b_1 的值，就可以得出主要遞增區段的函數了。因為要求的只有 a_1、b_1，我們只要代入兩組數據到 (46.1) 式中就可以解出聯立方程式。我們估且看圖猜數據 (手動調控)，從圖表 6-14 估計 *GPA* 等於 1 的錄取機率是 4%，*GPA* 等於 3.5 的錄取機率是 50%，如此就有 2 組數據。

因為要直接將 2 組數據代入 (46.1) 式處理起來比較麻煩，因此我們可以改用 (46.1) 式的反函數 (**小編提醒：** 此為 (46.1) 式取對數後的函數，也就是單元 21 的 (21.5) 式)，如此要求出 a_1 與 b_1 就容易許多：

$$\ln\frac{y}{1-y}=a_1+b_1x$$

接著分別將 $x=1$、$y=0.04$(即 4%)，以及 $x=3.5$、$y=0.5$(即 50%) 代入上式可得：

$$\begin{cases} \ln\dfrac{0.04}{1-0.04}=a_1+b_1\cdot 1 \\ \ln\dfrac{0.5}{1-0.5}=a_1+b_1\cdot 3.5 \end{cases} \quad \cdots(46.2)$$

利用 *Excel* 的 *ln*() 函數將 (46.2) 聯立方程式等號左邊算出來，就能解出 $a_1 \fallingdotseq -4.5$，$b_1 \fallingdotseq 1.3$。再將這兩個值代回 (46.1) 式，即可得到 $g_1(x)$。它的圖形也就是圖表 6-17 中向右遞增的那一條曲線：

$$y=g_1(x)=\frac{1}{1+e^{-(-4.5+1.3x)}} \quad \cdots(46.3)$$

如此可推算出 $x=4$ 時，$y \fallingdotseq 0.65$(即 65%)，這組數據在找 $g_2(x)$ 時會用到。

找出 GPA 大於 3.5 快速下降區段的函數

接下來要找出符合 *GPA* 介於 3.5～4 之間快速下降特徵的函數 $g_2(x)$。此函數在進入快速下降區段之前，會維持在一個固定的數值，以 *Sigmoid* 函數來說就是非常接近於 1(100%)，因此我們考慮 $x=3.5$ 時，$y=100\%$，但因為 $y=100\%$ 時，代入 *Sigmoid* 函數會出現 $\ln(\frac{1}{0})$ 的情況，因此假設 $x=3.5$ 時，$y=99\%$。

我們查看圖表 6-14 的原始資料後，發現 *GPA* 等於 3.5 時的錄取機率約 50%，*GPA* 等於 4 的錄取機率約 20%，快速下降了 30% 左右。另外，因為 $g_1(x)$ 在同一個區段是從 50% 提高到 65% ，遞增了 15%。為了讓 $g_1(x)+g_2(x)$ 在抵銷 $g_1(x)$ 遞增的 15% 之後，仍然能維持下降 30%，因此 $g_2(x)$ 的下降幅度就必須達到 45%(30%+15%)。

如此一來，$g_2(x)$ 就可得到 2 組數據：$x=3.5$，$y=0.99$ 與 $x=4$，$y=0.55$（100% 減去下降的 45%）。同樣分別代入：

$$\ln\frac{y}{1-y}=a_2+b_2x$$

可得：

$$\begin{cases}\ln\dfrac{0.99}{1-0.99}=a_2+b_2\cdot 3.5 \\ \ln\dfrac{0.55}{1-0.55}=a_2+b_2\cdot 4\end{cases} \quad \cdots(46.4)$$

解聯立方程式之後，可得 $a_2 \fallingdotseq 35.4$，$b_2 \fallingdotseq -8.8$。於是 $g_2(x)$ 為：

$$y=g_2(x)=\frac{1}{1+e^{-(35.4-8.8x)}} \quad \cdots(46.5)$$

將 2 個邏輯斯函數相加，同時符合 2 項特徵

然後，將 $g_1(x)$、$g_2(x)$ 兩函數相加，再減去 1（**小編補充：** 因為這兩個函數的錄取機率相加之後的範圍會落在 100%～200%(即 1～2 之間)，整個圖形會往上位移，因此減掉 1 將圖形往下調整回原本的錄取機率區間 0%～100%)，即可得到下圖：

圖表 6-18

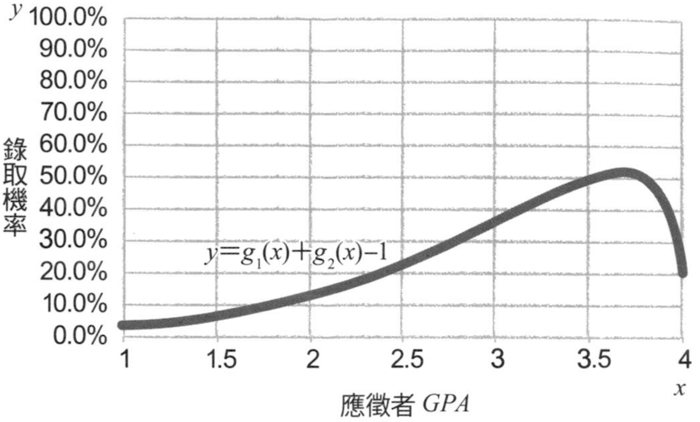

找出 GPA 在 2.5 附近山谷區段的函數

現在還缺特徵 (2)，也就是要找出能符合 *GPA* 在 2.5 附近像山谷一樣的函數。為了達到這個效果，我們接下來考慮如下圖的兩個 *Sigmoid* 函數，一個是快速下降的曲線，另一個是快速上升的曲線，並用這兩個函數來逼近山谷的效果：

圖表 6-19

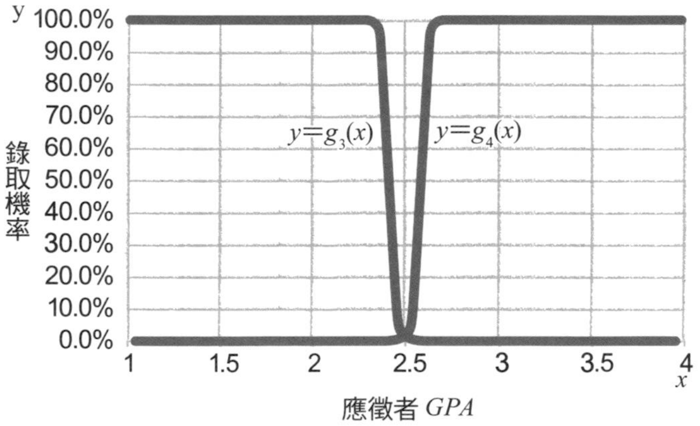

我們先假設 $g_3(x)$ 函數是 *GPA* 在 2.3 的錄取機率是 99%(因為等於 100% 時不能計算)，*GPA* 在 2.5 的錄取機率是 1%(因為等於 0% 時不能計算)。另一個 $g_4(x)$ 函數是 *GPA* 在 2.5 的錄取機率是 1%(原因同上)，*GPA* 在 2.7 的錄取機率是 99%(原因同上)。

依照前面同樣的方式，分別解出聯立方程式，即可得到 $g_3(x)$、$g_4(x)$ 這兩條曲線的函數：

$$y=g_3(x)=\frac{1}{1+e^{-(110.4-46x)}} \qquad \cdots(46.6)$$

$$y=g_4(x)=\frac{1}{1+e^{-(-119.6+46x)}} \qquad \cdots(46.7)$$

然後將這兩個函數加起來，再減去 1(原因同前)，得到的圖形就如下圖所示：

圖表 6-20

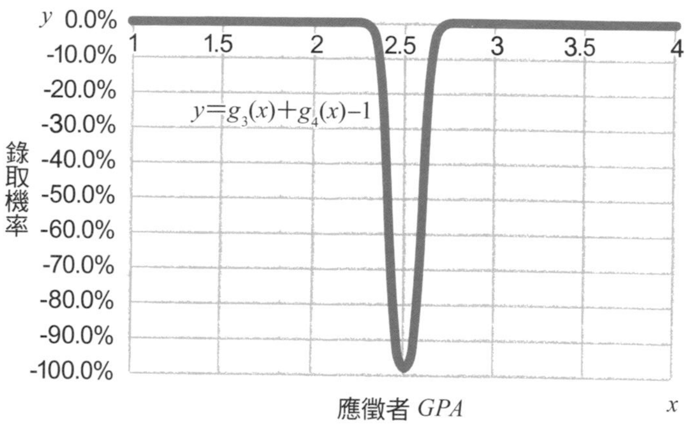

用這種方式就可以做出山谷曲線的函數。同理，如果想做出山峰的曲線，則只要將山谷函數正負顛倒就行了。

然後我們觀察圖表 6-14、6-20，發現在圖表 6-14 的山谷部分，錄取機率的最低點差不多下降了 10% 左右，然而圖表 6-20 的最低點卻下降了近 100%。因此我們可將圖表 6-20 的函數乘上 0.1 倍，如此即可將下降幅度調整為 10%。可得：

$$y=0.1(g_3(x)+g_4(x)-1)$$

製作出符合 3 項特徵的近似函數

最後將前面得出的函數全都加起來，結果就會像下圖的曲線（有再經過微調，不過此處不談，因為不是我們學習這個方法的重點），大致符合從原始數據觀察到的 3 個特徵：

圖表 6-21

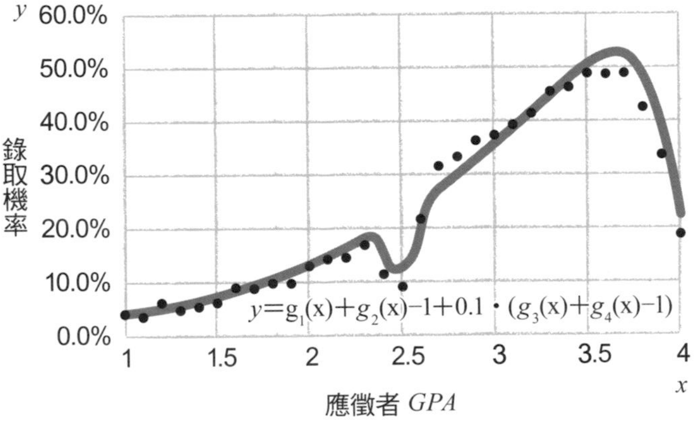

這一條彎彎曲曲的曲線，是混合了幾個 *Sigmoid* 函數「手工製作」出來的。可如下表示：

$$y=g_1(x)+g_2(x)-1+0.1\cdot(g_3(x)+g_4(x)-1)$$

$$=g_1(x)+g_2(x)-1+0.1\cdot g_3(x)+0.1\cdot g_4(x)-0.1$$

$$=-1.1+g_1(x)+g_2(x)+0.1\cdot g_3(x)+0.1\cdot g_4(x)$$

$$=-1.1+\frac{1}{1+e^{-(-4.5+1.3x)}}+\frac{1}{1+e^{-(35.4-8.8x)}}$$

$$+0.1\cdot\frac{1}{1+e^{-(110.4-46x)}}+0.1\cdot\frac{1}{1+e^{-(-119.6+46x)}} \quad \cdots(46.8)$$

將曲線函數代回神經網路的權重

我們花了許多功夫找出逼近圖表 6-14 的函數，其目的就是為了解決圖表 6-15 神經網路圖的權重：

圖表 6-22

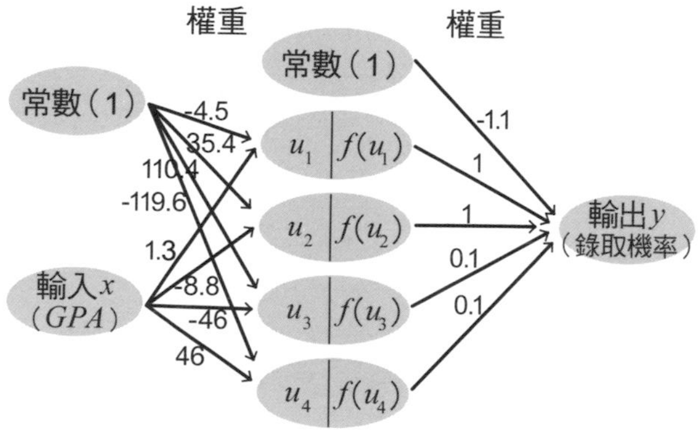

由輸入乘上權重，得到中間層的每一個單位

在圖表 6-22 中，中間層的第 1 個單位 u_1 的值，是由常數（設為 1）乘上權重 −4.5，加上 x 乘上權重 1.3 而得到 $u_1=-4.5+1.3x$（**小編補充：** 請注意圖表 6-22 中 u_1、u_2、u_3、u_4 前面各有 2 個箭頭，權重的數值就是依照前面

$g_1(x)$、$g_2(x)$、$g_3(x)$、$g_4(x)$ 分別求出的 a、b 而來）。然後再經過非線性的 *Sigmoid* 函數變換，如下所示：

$$f(u_i)=\frac{1}{1+e^{-u_i}}\text{，}i=1,2,3,4$$

用同樣的方法，我們就能得出中間層的每一個單元 u_2、u_3、u_4 。以下整理出來：

$$u_1=-4.5+1.3x$$
$$u_2=35.4-8.8x$$
$$u_3=110.4-46x$$
$$u_4=-119.6+46x$$

從中間層乘上權重，整合出輸出

然後再將 u_1、u_2、u_3、u_4 分別套入 *Sigmoid* 函數中，即可得到變換後的 $f(u_1)$、$f(u_2)$、$f(u_3)$、$f(u_4)$。再連同常數（設為 1）分別乘上輸出的權重，然後相加即可得到圖表 6-21 的輸出 y，其函數就是（46.8）式。像這樣用不同的 *Sigmoid* 函數組合的曲線，不管多麼複雜的圖形，都可以近似出來，這就是神經網路厲害之處。

吻合原始數據可能有過度配適的問題

我們從圖表 6-21 可以看出近似的函數，並沒有完全通過每一個數據點，如果我們要看的是一個趨勢，目前這個預測模型已經不錯了，可以用來推估下次應徵者的錄取機率是多少。

但如果需要盡可能吻合絕大多數的數據，則還需要再對 *Sigmoid* 函數做更精密的微調。不過此時要注意，那些少數離函數較遠的數據是否有意義？也就是說，那些數據是否可視為雜訊？（**小編補充：** 比如說遇到百年難得一見的怪胎應徵者，那麼將該筆數據視為雜訊比較好）如果硬要將許多原本該忽略的雜訊都納進來，並做成富含雜訊的數學模型，將來遇到新的資料進來時，就會受到不該出現的雜訊影響，而無法由學習產生良好的推估效果。這樣的現象稱作「過度配適（*over-fitting*）」（**小編補充：** 怪胎在統計上稱為離群值（*outlier*），這種獨特的應徵者要由知人善任的主事者來選才，目前 *AI* 還做不到！）。

因此，對於手中的歷史資料，就算能找到 100% 精確吻合的數學模型，也還是需要思考此模型是否能有效吻合新的資料呢？對於這樣的問題，在統計學或機器學習中稱為「交叉檢定（*cross-validation*）」，有興趣的讀者可自行研讀。

近年來，在深度學習的應用實例上，雖然已不太使用 *Sigmoid* 函數，而是使用其它更新、更有效的函數，但是利用不同函數相加得出近似函數的作法，一直都沒有改變。

此外，圖表 6-14 的例子只有一個 *GPA* 輸入變數與一個錄取機率的輸出變數，用平面座標即可畫出來，讓讀者用視覺化的方法，來體驗學習神經網路找出未知函數的過程。可是，當有兩個輸入變數要來預測輸出時，就要考慮立體曲面圖形。若是輸入變數達到三個或以上時，就更不容易理解了。然而，機器學習適用的領域中，可能會有成千上萬個輸入變數，這些就要以神經網路為基礎的深度學習，藉由相當複雜的中間層，從幾十萬維的資料中巧妙推估出最好的輸出結果。

單元 47

神經網路的數學表示法

前一個單元利用數個 *Sigmoid* 函數組合出圖表 6-21 的曲線函數：

$$y=-1.1+g_1(x)+g_2(x)+0.1\cdot g_3(x)+0.1\cdot g_4(x)$$
$$=-1.1+\frac{1}{1+e^{-(-4.5+1.3x)}}+\frac{1}{1+e^{-(35.4-8.8x)}}$$
$$+0.1\cdot\frac{1}{1+e^{-(110.4-46x)}}+0.1\cdot\frac{1}{1+e^{-(-119.6+46x)}} \quad \cdots(46.8)$$

然而，如果我們換了另一個非線性函數，結果顯然就不會是(46.8)式的樣子，而且這種寫法也太過於冗長，不符合數學追求化繁為簡的精神。因此本單元會將神經網路改為精簡的數學符號來表達。此處我們仍以下圖的神經網路的例子說明：

圖表 6-23

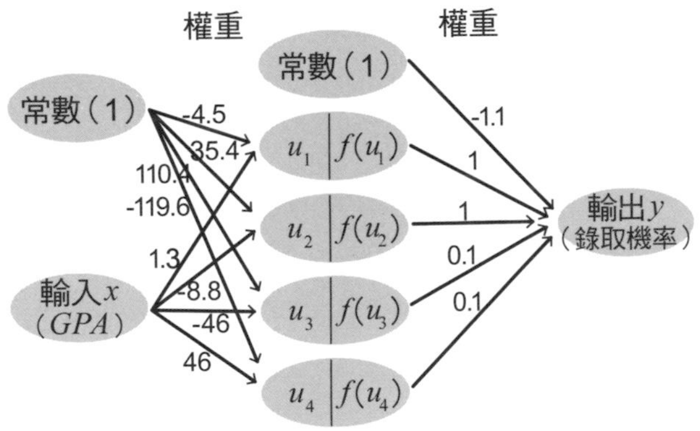

此處我們會用到單元 44 深度學習的變數表示法。中間層（此例的中間層只有 1 層，即第 2 層）的每個單元用符號 u 來表示，例如第 2 層第 i 個單元的值寫為 $u_i^{(2)}$。從第 2 層到第 3 層的權重會以 $\boldsymbol{w}^{(3)}$ 表示。經過非線性函數變換的每一個 $f(u_i)$ 的輸出用 z_i 來表示。如此，第 2 層的 $z_i^{(2)}$ 可寫成下面的式子：

$$z_i^{(2)}=f(u_i^{(2)})=\frac{1}{1+e^{-u_i^{(2)}}}\text{，}i=1, 2, 3, 4$$

因為此例的中間層只有 1 層，就不需要特別在右上角標註是第幾層，可改寫為下式：

$$z_i=f(u_i)=\frac{1}{1+e^{-u_i}} \qquad \cdots(47.1)$$

神經網路運算用向量與矩陣形式表達

我們現在要將圖表 6-23 的運算過程，改用線性代數的矩陣形式來重新整理。

將第 2 層到輸出層用向量與矩陣形式表達

從 (46.8) 式可以看出第 2 層的常數 1 與 z_i（也就是 $f(u_i)$），分別乘上 −1.1、1、1、0.1、0.1 的權重，相加之後即可得到輸出 y（**小編補充：** y 是錄取機率，乃是一個純量，不是向量）。我們將第 2 層到輸出層的權重表示為：

$$b^{(3)}=-1.1$$

$$\boldsymbol{w}^{(3)}=\begin{pmatrix}1\\1\\0.1\\0.1\end{pmatrix}$$

此處，$b^{(3)}$ 與權重向量 $\boldsymbol{w}^{(3)}$ 的關係類似於多元迴歸中的截距與迴歸係數向量。之所以會將 $b^{(3)}$ 與 $\boldsymbol{w}^{(3)}$ 分開，是因為在 3 層以上的神經網路會使用稱為「反向傳播（*back propagation*，亦稱為倒傳遞）」的方法做運算，此時，將常數和與前一層有關聯的權重區分開來，就比較方便。

如此一來，輸出層的 y 就可以用第 2 層的 4 個單元 z_i，分別乘上權重向量 $\boldsymbol{w}^{(3)}$，再加上 $b^{(3)}$，以矩陣形式表示為：

$$\boldsymbol{u}=\begin{pmatrix} u_1 \\ u_2 \\ u_3 \\ u_4 \end{pmatrix}、\boldsymbol{z}=f(\boldsymbol{u})=\begin{pmatrix} f(u_1) \\ f(u_2) \\ f(u_3) \\ f(u_4) \end{pmatrix}=\begin{pmatrix} \dfrac{1}{1+e^{-u_1}} \\ \dfrac{1}{1+e^{-u_2}} \\ \dfrac{1}{1+e^{-u_3}} \\ \dfrac{1}{1+e^{-u_4}} \end{pmatrix}$$

$$y=-1.1+(1 \quad 1 \quad 0.1 \quad 0.1)\begin{pmatrix} \dfrac{1}{1+e^{-u_1}} \\ \dfrac{1}{1+e^{-u_2}} \\ \dfrac{1}{1+e^{-u_3}} \\ \dfrac{1}{1+e^{-u_4}} \end{pmatrix}$$

$$=b^{(3)}+\boldsymbol{w}^{(3)T}\boldsymbol{z} \qquad \cdots(47.2)$$

將輸入層到第 2 層用向量與矩陣形式表達

接下來，已知第 2 層的每個單元 u_i，是由常數向量 $\boldsymbol{b}^{(2)}$ 中的每個常數 $b_i^{(2)}$ 與輸入 $\boldsymbol{x}$ 分別乘上權重 $\boldsymbol{w}^{(2)}$（輸入層到第 2 層的權重）相加後所得。同樣也以矩陣形式表示為：

$$\boldsymbol{b}^{(2)}=\begin{pmatrix}-4.5\\35.4\\110.4\\-119.6\end{pmatrix}、\boldsymbol{w}^{(2)}=\begin{pmatrix}1.3\\-8.8\\-46\\46\end{pmatrix}$$

$$\boldsymbol{u}=\boldsymbol{b}^{(2)}+\boldsymbol{w}^{(2)}x \qquad \cdots(47.3)$$

$$\boldsymbol{z}=f(\boldsymbol{u})$$

結合輸入層－第 2 層－輸出層，得到曲線函數

在 (47.2) 式中，已知向量 $\boldsymbol{z}=f(\boldsymbol{u})$，因此將 (47.3) 式代入 (47.2) 式，即可得到曲線函數為：

$$y=b^{(3)}+\boldsymbol{w}^{(3)T}f(\underbrace{\boldsymbol{b}^{(2)}+\boldsymbol{w}^{(2)}x}_{\boldsymbol{u}}) \qquad \cdots(47.4)$$

也就是說，我們將 (46.8) 式改用深度學習的符號來表示，就會變成 (47.4) 式。其實不管中間層用的是哪一種啟動函數（此處是 *Sigmoid* 函數），只要是中間層只有一層的神經網路，基本上都可以用 (47.4) 來表達，差別只在於 f 函數要換成哪一個非線性函數而已。

最終目的要能推估錄取與否

在實際應用上，我們希望將每一位應徵者的 *GPA* 套入 (47.4) 式，輸出的 y 不應該只是得到錄取機率而已，而要能判斷是錄取（虛擬變數 1）或未錄取（虛擬變數 0），如此才能達到單元 46 想要節省徵人成本的目標。其實這也跟單元 45 用邏輯斯迴歸推估「回客虛擬變數」是 1 或 0 的想法相同。

因此，為了讓 y 能以虛擬變數 1 或 0 來輸出，我們還是要回到單元 38 的概似函數，也就是(38.1)式。假設錄取機率為 p，未錄取機率就是 $1-p$。所以，若第 i 位應徵者的 GPA 為 x_i，其錄取的機率即為 p_i，根據(47.4)式，每一個 p_i 會是：

$$p_i=b^{(3)}+\boldsymbol{w}^{(3)T} f(\boldsymbol{b}^{(2)}+\boldsymbol{w}^{(2)}x_i) \qquad \cdots(47.5)$$

然後即可利用最大概似估計法解決，我們留待下一個單元繼續。

上面是考慮中間層只有一層的情況，但即使中間層從一層增加到多層，也只要把握前面介紹的方法，找出第 m 層各單元與第 $m+1$ 層各單元之間的數學關係，那麼其他層也就都一樣，可以用簡潔的數學式子表達出來。

由本單元可以學到，即使是包含非線性函數的神經網路，一樣可以用線性代數的形式以簡潔的式子表達出來。對於想進一步研究神經網路的人來說，有必要熟悉這種化繁為簡的數學表達方式。

回顧一下：本單元我們做了這些事

(1) 用深度學習的變數符號來表現中間層以及權重

(2) 將神經網路的輸入、權重、中間層改為向量

(3) 將原本複雜的函數 (46.8) 式改以簡潔的向量與矩陣形式呈現

單元 48

反向傳播－利用隨機梯度下降法與偏微分鏈鎖法則

我們在單元 45 學習的梯度下降法，每次更新參數都要全部數據重算一遍，這樣的計算效率太差，現今深度學習已不採用，然而其藉由計算斜率（即梯度），找出新的參數值，不斷迭代（*iterative*）算出參數收斂值的理論基礎是不變的，只是我們希望採用更具效率的演算法。例如接下來要介紹的「隨機梯度下降法（*Stochastic Gradient Descent*，簡稱 *SGD*）」，即可提升參數收斂的效率。

另外，我們也發現神經網路中每一層的斜率之間並非毫無關聯。例如第 1 層到第 2 層權重的斜率，與第 2 層到第 3 層權重的斜率，這兩個斜率之間會有關聯性。假設，第 2 層到第 3 層權重的斜率較大，則即使第 1 層到第 2 層的權重微幅變化，也會被後層（第 2～3 層）的斜率加以放大，使得誤差函數值的變動也較大。或者，如果從第 2 層到第 3 層權重的斜率為 0，這也表示第 1 層到第 2 層的權重變化，並不會被後層（第 2～3 層）的斜率加以放大，因而對誤差函數的影響會很小。

也就是說，後一層權重的斜率，與其前一層權重的斜率有關係，這是多層神經網路的特有現象，因此就發展出「反向傳播（*Back Propagation*）」，將「誤差」從各層朝前面一層（即反向）倒算回去。簡單來說，就是從接近輸出層這一側的權重，依序對誤差函數求出權重斜率後，接近輸入層這一側的斜率就容易計算出來。

多變數合成函數微分的鏈鎖法則與向量微分

因為反向傳播必須使用微分鏈鎖法則，因此我們快速複習一下合成函數的微分公式。當 y 是 u 的函數，u 是 x 的函數，則 y 對 x 的微分，依照鏈鎖法則，即為：

$$\frac{dy}{dx}=\frac{dy}{du}\cdot\frac{du}{dx}$$

將此法則擴展到向量偏微分時，會如 (48.1) 式所示。因為在純量時，鏈鎖法則的乘法具有交換律，但矩陣相乘就不一定具有交換律，所以向量偏微分時，乘法的順序不可以調換，這點要留意。

$$\frac{\partial y}{\partial \boldsymbol{x}}=\frac{\partial \boldsymbol{u}}{\partial \boldsymbol{x}}\cdot\frac{\partial y}{\partial \boldsymbol{u}} \qquad \cdots(48.1)$$

$\boldsymbol{u}$ 是向量，有 u_1、u_2、⋯、u_n 等多個元素，而 y 是 $\boldsymbol{u}$ 的函數，所以 y 是 u_1、u_2、⋯、u_n 的函數，是個多變數函數，(48.1) 式即是一個多變數的鏈鎖法則。有關多變數函數的鏈鎖法則請參考 6-87 頁的補充說明。

假設 $\boldsymbol{x}$ 是 $p\times1$ 向量，$\boldsymbol{u}$ 是 $q\times1$ 向量，y 是 1×1 的純量，彼此間的關係表示如下：

$$\boldsymbol{x}=\begin{pmatrix}x_1\\x_2\\\vdots\\x_p\end{pmatrix}$$

$$\boldsymbol{u}=\begin{pmatrix}u_1\\u_2\\\vdots\\u_q\end{pmatrix}$$

$$y=f(\boldsymbol{u})$$

我們分別來看看 (48.1) 式的等號兩邊會是什麼。首先是等號左邊，將純量 y 對向量 $\boldsymbol{x}$ 偏微分，結果是一個向量，即為依序對向量內的每一個 x_i 做偏微分，可寫成：

$$\frac{\partial y}{\partial \boldsymbol{x}} = \begin{pmatrix} \dfrac{\partial y}{\partial x_1} \\ \dfrac{\partial y}{\partial x_2} \\ \vdots \\ \dfrac{\partial y}{\partial x_p} \end{pmatrix} \quad \cdots (48.2)$$

接著看 (48.1) 等號右邊，我們先看第 2 項「y 對向量 $\boldsymbol{u}$ 偏微分」，即 y 對每一個 u_i 偏微分，可得：

$$\frac{\partial y}{\partial \boldsymbol{u}} = \begin{pmatrix} \dfrac{\partial y}{\partial u_1} \\ \dfrac{\partial y}{\partial u_2} \\ \vdots \\ \dfrac{\partial y}{\partial u_q} \end{pmatrix}$$

接著看 (48.1) 式等號右邊第 1 項「向量 $\boldsymbol{u}$ 對向量 $\boldsymbol{x}$ 偏微分」，表示先用 u_1 對 $x_1 \sim x_p$ 分別做偏微分，做為矩陣的第 1 行。然後用 u_2 對 $x_1 \sim x_p$ 分別做偏微分，做為矩陣的第 2 行。依此類推 $u_3 \sim u_q$ 分別對 $x_1 \sim x_p$ 偏微分，可得下面的矩陣（請記得！向量對向量偏微分，會得到矩陣）：

$$\frac{\partial \boldsymbol{u}}{\partial \boldsymbol{x}} = \begin{pmatrix} \frac{\partial u_1}{\partial x_1} & \frac{\partial u_2}{\partial x_1} & \cdots & \frac{\partial u_q}{\partial x_1} \\ \frac{\partial u_1}{\partial x_2} & \frac{\partial u_2}{\partial x_2} & \cdots & \frac{\partial u_q}{\partial x_2} \\ \vdots & \vdots & \ddots & \vdots \\ \frac{\partial u_1}{\partial x_p} & \frac{\partial u_2}{\partial x_p} & \cdots & \frac{\partial u_q}{\partial x_p} \end{pmatrix}$$

然後將 $\frac{\partial \boldsymbol{u}}{\partial \boldsymbol{x}} \cdot \frac{\partial y}{\partial \boldsymbol{u}}$ 兩者相乘可得：

$$\frac{\partial \boldsymbol{u}}{\partial \boldsymbol{x}} \cdot \frac{\partial y}{\partial \boldsymbol{u}} = \begin{pmatrix} \frac{\partial u_1}{\partial x_1} \cdot \frac{\partial y}{\partial u_1} + \frac{\partial u_2}{\partial x_1} \cdot \frac{\partial y}{\partial u_2} + \cdots + \frac{\partial u_q}{\partial x_1} \cdot \frac{\partial y}{\partial u_q} \\ \frac{\partial u_1}{\partial x_2} \cdot \frac{\partial y}{\partial u_1} + \frac{\partial u_2}{\partial x_2} \cdot \frac{\partial y}{\partial u_2} + \cdots + \frac{\partial u_q}{\partial x_2} \cdot \frac{\partial y}{\partial u_q} \\ \vdots \\ \frac{\partial u_1}{\partial x_p} \cdot \frac{\partial y}{\partial u_1} + \frac{\partial u_2}{\partial x_p} \cdot \frac{\partial y}{\partial u_2} + \cdots + \frac{\partial u_q}{\partial x_p} \cdot \frac{\partial y}{\partial u_q} \end{pmatrix}$$

$$= \begin{pmatrix} \sum_{j=1}^{q} \frac{\partial u_j}{\partial x_1} \cdot \frac{\partial y}{\partial u_j} \\ \sum_{j=1}^{q} \frac{\partial u_j}{\partial x_2} \cdot \frac{\partial y}{\partial u_j} \\ \vdots \\ \sum_{j=1}^{q} \frac{\partial u_j}{\partial x_p} \cdot \frac{\partial y}{\partial u_j} \end{pmatrix} \qquad \cdots(48.3)$$

根據 (48.2) 與 (48.3) 式，y 對各個 x_i 偏微分 $(i=1, 2, \cdots, p)$，即為下式：

$$\frac{\partial y}{\partial x_i}=\sum_{j=1}^{q}\frac{\partial u_j}{\partial x_i}\cdot\frac{\partial y}{\partial u_j} \qquad \cdots(48.4)$$

上式中的 y、∂x_i、∂u_j 又代表什麼意思呢？我們用下圖來說明：

圖表 6-24

y、∂x_i、∂u_j 的關聯性

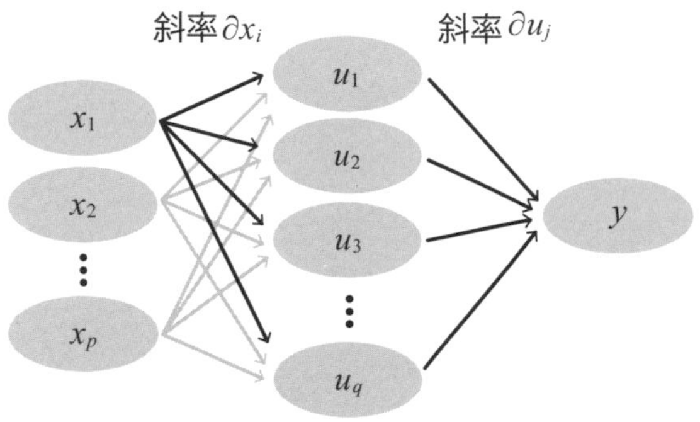

請注意！這並不是神經網路圖，而是畫出 x_i、u_j、y 與斜率的關聯性（用箭頭相連）。在此用類似神經網路的方式表達，會更能理解後續反向傳播的內容。

小編補充： 由此圖表可以看出，當 x_1 微幅變動時，會牽動到 u_1～u_q 的變化，其變化率就是 $\frac{\partial u_1}{\partial x_1}$ ～ $\frac{\partial u_q}{\partial x_1}$。然後當每一個 u_j（$j=1, 2, \cdots, q$）微幅變動時，也會牽動到 y 的變化，其變化率為 $\frac{\partial y}{\partial u_1}$ ～ $\frac{\partial y}{\partial u_q}$。

依據多變數鏈鎖法則，當 y 對 x_1 偏微分時可得：

$$\frac{\partial y}{\partial x_1}=\frac{\partial u_1}{\partial x_1}\cdot\frac{\partial y}{\partial u_1}+\frac{\partial u_2}{\partial x_1}\cdot\frac{\partial y}{\partial u_2}+\cdots+\frac{\partial u_q}{\partial x_1}\cdot\frac{\partial y}{\partial u_q}$$

$$=\sum_{j=1}^{q}\frac{\partial u_j}{\partial x_1}\cdot\frac{\partial y}{\partial u_j}$$

▶接下頁

進而將上式套用到每一個 x_i $(i = 1, 2, \cdots, p)$，可得：

$$\frac{\partial y}{\partial x_i} = \sum_{j=1}^{q} \frac{\partial u_j}{\partial x_i} \cdot \frac{\partial y}{\partial u_j}$$

← 這就是 (48.4) 式的推導過程

多層合成函數偏微分

同理，鏈鎖法則也可以推導到更多層的合成函數。例如除了向量 $\boldsymbol{x}$、$\boldsymbol{u}$ 之外，再增加一個向量 $\boldsymbol{z}$，而 x 是 $\boldsymbol{z}$ 的函數。此時 y 對向量 $\boldsymbol{z}$ 的偏微分，依據鏈鎖法則，可寫成：

$$\frac{\partial y}{\partial \boldsymbol{z}} = \frac{\partial \boldsymbol{x}}{\partial \boldsymbol{z}} \cdot \frac{\partial y}{\partial \boldsymbol{x}}$$

然後把最後一項再套用鏈鎖法則：

$$\frac{\partial y}{\partial \boldsymbol{z}} = \frac{\partial \boldsymbol{x}}{\partial \boldsymbol{z}} \cdot \frac{\partial y}{\partial \boldsymbol{x}} = \frac{\partial \boldsymbol{x}}{\partial \boldsymbol{z}} \cdot \frac{\partial \boldsymbol{u}}{\partial \boldsymbol{x}} \cdot \frac{\partial y}{\partial \boldsymbol{u}}$$

根據合成函數的微分性質，不管是多少層的合成函數（如同很多層的神經網路），都可以從輸出層計算 $\frac{\partial y}{\partial \boldsymbol{u}}$ 斜率，再算中間層 $\frac{\partial \boldsymbol{u}}{\partial \boldsymbol{x}}$ 斜率，最後算出輸入層 $\frac{\partial \boldsymbol{x}}{\partial \boldsymbol{z}}$ 斜率，如此一層一層反向計算斜率，再相乘起來，這就是「反向傳播」的由來。

小編補充： 反向傳播的根本，就是鏈鎖法則（如同一層一層拆解）結合梯度下降法（算每一層的斜率）而成的演算法。

用範例理解反向傳播的運作

接下來我們用單元 46、47 應徵者 *GPA* 與錄取機率的關係，來看看誤差反向傳播的運作。假設第 i 位應徵者的 *GPA* 為 x_i，錄取機率為 p_i，即為上個單元最後推導出的 (47.5) 式：

$$p_i = b^{(3)} + \boldsymbol{w}^{(3)T} f(\boldsymbol{b}^{(2)} + \boldsymbol{w}^{(2)} x_i) \qquad \cdots(47.5)$$

使用上式，來看看誤差函數對各個參數偏微分之後的斜率向量。我們在此一樣將對數概似函數乘以 −1 當做誤差函數 C。之前在 (45.6) 式的對數概似函數比較簡單，是由截距和迴歸係數的向量 $\boldsymbol{\beta}$ 構成，然而 (47.5) 式的神經網路比較複雜，是由 $\boldsymbol{w}^{(3)}$、$b^{(3)}$、$\boldsymbol{b}^{(2)}$、$\boldsymbol{w}^{(2)}$ 構成。因此誤差函數套用 (45.6) 式，乘以 −1，然後再將 p_i 用 (47.5) 式代入之後變成：

$$\begin{aligned}
C(\boldsymbol{w}^{(3)}, b^{(3)}, \boldsymbol{w}^{(2)}, \boldsymbol{b}^{(2)}) &= -\ln L(\boldsymbol{w}^{(3)}, b^{(3)}, \boldsymbol{w}^{(2)}, \boldsymbol{b}^{(2)}) \\
&= -\sum_{i=1}^{n} \left(y_i \ln p_i + (1-y_i) \ln(1-p_i) \right) \\
&= -\sum_{i=1}^{n} \left(y_i \ln \left(b^{(3)} + \boldsymbol{w}^{(3)T} f(\boldsymbol{b}^{(2)} + \boldsymbol{w}^{(2)} x_i) \right) \right) \\
&\quad -\sum_{i=1}^{n} \left((1-y_i) \ln \left(1 - b^{(3)} - \boldsymbol{w}^{(3)T} f(\boldsymbol{b}^{(2)} + \boldsymbol{w}^{(2)} x_i) \right) \right)
\end{aligned}$$

採用隨機梯度下降法（SGD）

上面最後一個式子看起來很複雜，如果用梯度下降法，需要將 i 從 1 到 n 全部數據代入後，對各參數偏微分，算出新的參數值。更新參數後，又要把 n 個數據再算一遍，如此反覆迭代多次以得到參數的收斂值 (請複習單元 45)。這種作法在 n 很大的時候，運算量會非常龐大而無效率。

所以，此處採用「隨機梯度下降演算法」，在每次更新參數時，只從樣本中隨機取出 1 個數據，因此上式第 2 個等號右邊就不需要考慮 i 了，而且也不需加總，可直接寫為：

$$C=-y\ln p-(1-y)\ln(1-p) \qquad \cdots(48.5)$$

小編補充： 由梯度下降法衍生出來的還有「*Mini-Batch* 梯度下降法」，是每次從完整樣本中隨機取出少量數據（也就是小批量）做運算。只要隨機取出的小批量足夠大（所以許多機器學習的書中會取樣 256、512、或 1024 個），就具有整體樣本的代表性。如果每一批量都具有代表性，則其收斂速度會比一次全部數據下去算的梯度下降法來得好，所以是目前最被廣泛採用的方法。如果是每次只隨機取 1 個數據的「隨機梯度下降法」，可能因為每次隨機選到的數據跳得太遠而使得收斂緩慢。此處是為了便於解釋反向傳播的運算過程，才因此採用隨機梯度下降法。

因為輸出層的 y 只有錄取（虛擬變數為 1）與不錄取（虛擬變數為 0）兩種結果，於是分別將 y 等於 1 與 0 代入 (48.5) 式，可將誤差函數 C 改為錄取機率 p 的函數：

$$C=\begin{cases}-\ln p & (\text{當 } y=1 \text{ 時})\\ -\ln(1-p) & (\text{當 } y=0 \text{ 時})\end{cases} \qquad \cdots(48.6)$$

我們先算出誤差函數 C 的斜率（即梯度），也就是對 p 做偏微分，可得到：

$$\frac{\partial C}{\partial p}=\begin{cases}-\dfrac{1}{p} & (\text{當 } y=1 \text{ 時})\\ \dfrac{1}{1-p} & (\text{當 } y=0 \text{ 時})\end{cases} \qquad \cdots(48.7)$$

只要有初始的權重值、偏差值以及輸入的 x 數據，代入前面的 (47.5) 式，就可以計算出錄取機率 p。再將 p 代入 (48.7) 式即可求得 $\dfrac{\partial C}{\partial p}$ 的值。

我們接下來要做兩件事：

1. 從輸出層反向推導出第 2 層到第 3 層權重的斜率：$\dfrac{\partial C}{\partial \boldsymbol{w}^{(3)}}$
2. 從輸出層反向推導出第 1 層到第 2 層權重的斜率：$\dfrac{\partial C}{\partial \boldsymbol{w}^{(2)}}$

有了這兩組權重斜率，就可以用來更新 $\boldsymbol{w}^{(3)}$ 和 $\boldsymbol{w}^{(2)}$ 權重值。

因為反向傳播會用到鏈鎖法則，也就是會出現一連串的偏微分相乘，為了視覺上容易瞭解，再回顧一下這個神經網路圖，並做一點簡化：

圖表 6-25

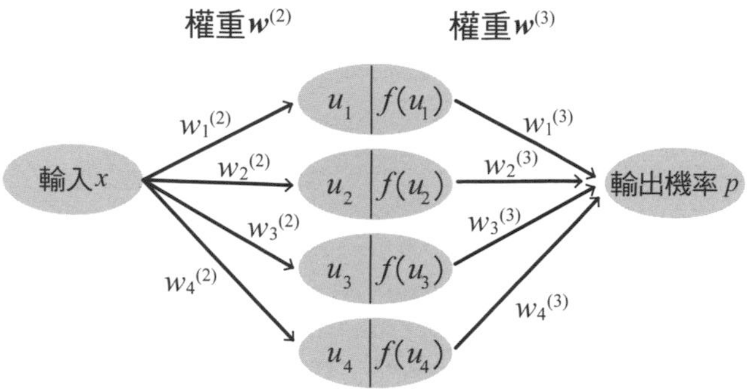

計算第 2 層到第 3 層權重的斜率

現在要計算誤差函數 C 在第 2 層（中間層）到第 3 層（輸出層）權重的斜率，也就是 C 對 $\boldsymbol{w}^{(3)}$ 偏微分：$\dfrac{\partial C}{\partial \boldsymbol{w}^{(3)}}$，利用鏈鎖法則可得：

$$\frac{\partial C}{\partial \boldsymbol{w}^{(3)}} = \frac{\partial p}{\partial \boldsymbol{w}^{(3)}} \cdot \frac{\partial C}{\partial p} \qquad \cdots(48.8)$$

因為上式中的 $\dfrac{\partial C}{\partial p}$ 已經算出來了，就是(48.7)式，所以只需要再算出 $\dfrac{\partial p}{\partial \boldsymbol{w}^{(3)}}$ 即可得到 $\dfrac{\partial C}{\partial \boldsymbol{w}^{(3)}}$。

因為 (47.5) 式，我們將非線性函數向量 $f(\boldsymbol{u})$ 以向量 $\boldsymbol{z}$ 表示，因此 (47.5) 式可簡化為：

$$p=b^{(3)}+\boldsymbol{w}^{(3)T}z$$

然後 p 對權重向量 $\boldsymbol{w}^{(3)}$ 偏微方，因為等號右邊第 1 項 $b^{(3)}$ 是常數，微分後為 0。而第 2 項 $(\boldsymbol{w}^{(3)})^T z$ 偏微分後等於 z（**小編提醒：**是根據單元 42 矩陣偏微分的性質 1)，因此：

$$\frac{\partial p}{\partial \boldsymbol{w}^{(3)}}=z \qquad \cdots(48.9)$$

然後將 (48.9) 與 (48.7) 式代入 (48.8) 式，可得：

$$\frac{\partial C}{\partial \boldsymbol{w}^{(3)}}=\begin{cases} -\dfrac{1}{p}z & (\text{當 } y=1 \text{ 時}) \\ \dfrac{1}{1-p}z & (\text{當 } y=0 \text{ 時}) \end{cases} \qquad \cdots(48.10)$$

計算第 1 層到第 2 層權重的斜率

接下來，我們要計算誤差函數 C 從第 1 層 (輸入層) 到第 2 層權重 $\boldsymbol{w}^{(2)}$ 的斜率。計算 C 對權重 $\boldsymbol{w}^{(2)}$ 的斜率，要利用鏈鎖法則分別計算 $\boldsymbol{u}$ 對 $\boldsymbol{w}^{(2)}$ 偏微分、$\boldsymbol{z}$ 對 $\boldsymbol{u}$ 偏微分、p 對 $\boldsymbol{z}$ 偏微分、C 對 p 偏微分，也就是：

$$\frac{\partial C}{\partial \boldsymbol{w}^{(2)}}=\frac{\partial \boldsymbol{u}}{\partial \boldsymbol{w}^{(2)}}\cdot\frac{\partial \boldsymbol{z}}{\partial \boldsymbol{u}}\cdot\frac{\partial p}{\partial \boldsymbol{z}}\cdot\frac{\partial C}{\partial p} \qquad \cdots(48.11)$$

其中 $\frac{\partial C}{\partial p}$ 已經算過了，就是 (48.7) 式，可以直接拿來用。只要我們能算出 $\frac{\partial \boldsymbol{u}}{\partial \boldsymbol{w}^{(2)}}$、$\frac{\partial \boldsymbol{z}}{\partial \boldsymbol{u}}$ 與 $\frac{\partial p}{\partial \boldsymbol{z}}$ 這 3 項，再全部相乘起來，就可以得到 $\frac{\partial C}{\partial \boldsymbol{w}^{(2)}}$ 了。

計算 $\frac{\partial \boldsymbol{u}}{\partial \boldsymbol{w}^{(2)}}$

首先，(48.11) 式等號右邊第 1 項是 $\boldsymbol{u}$ 對 $\boldsymbol{w}^{(2)}$ 偏微分會是一個矩陣（前面學過向量對向量偏微分是矩陣），而且從 (47.3) 式已知：

$$\boldsymbol{u}=\boldsymbol{b}^{(2)}+\boldsymbol{w}^{(2)}x$$

而 $\boldsymbol{b}^{(2)}$、x 是與 $\boldsymbol{w}^{(2)}$ 無關的常數，因此，$\boldsymbol{u}$ 對 $\boldsymbol{w}^{(2)}$ 偏微分可得：

$$\frac{\partial \boldsymbol{u}}{\partial \boldsymbol{w}^{(2)}}=\begin{pmatrix} \frac{\partial u_1}{\partial w_1^{(2)}} & \frac{\partial u_2}{\partial w_1^{(2)}} & \frac{\partial u_3}{\partial w_1^{(2)}} & \frac{\partial u_4}{\partial w_1^{(2)}} \\ \frac{\partial u_1}{\partial w_2^{(2)}} & \frac{\partial u_2}{\partial w_2^{(2)}} & \frac{\partial u_3}{\partial w_2^{(2)}} & \frac{\partial u_4}{\partial w_2^{(2)}} \\ \frac{\partial u_1}{\partial w_3^{(2)}} & \frac{\partial u_2}{\partial w_3^{(2)}} & \frac{\partial u_3}{\partial w_3^{(2)}} & \frac{\partial u_4}{\partial w_3^{(2)}} \\ \frac{\partial u_1}{\partial w_4^{(2)}} & \frac{\partial u_2}{\partial w_4^{(2)}} & \frac{\partial u_3}{\partial w_4^{(2)}} & \frac{\partial u_4}{\partial w_4^{(2)}} \end{pmatrix}$$

$$=x\begin{pmatrix} \frac{\partial w_1^{(2)}}{\partial w_1^{(2)}} & \frac{\partial w_2^{(2)}}{\partial w_1^{(2)}} & \frac{\partial w_3^{(2)}}{\partial w_1^{(2)}} & \frac{\partial w_4^{(2)}}{\partial w_1^{(2)}} \\ \frac{\partial w_1^{(2)}}{\partial w_2^{(2)}} & \frac{\partial w_2^{(2)}}{\partial w_2^{(2)}} & \frac{\partial w_3^{(2)}}{\partial w_2^{(2)}} & \frac{\partial w_4^{(2)}}{\partial w_2^{(2)}} \\ \frac{\partial w_1^{(2)}}{\partial w_3^{(2)}} & \frac{\partial w_2^{(2)}}{\partial w_3^{(2)}} & \frac{\partial w_3^{(2)}}{\partial w_3^{(2)}} & \frac{\partial w_4^{(2)}}{\partial w_3^{(2)}} \\ \frac{\partial w_1^{(2)}}{\partial w_4^{(2)}} & \frac{\partial w_2^{(2)}}{\partial w_4^{(2)}} & \frac{\partial w_3^{(2)}}{\partial w_4^{(2)}} & \frac{\partial w_4^{(2)}}{\partial w_4^{(2)}} \end{pmatrix}$$

上面最後一個等式右邊的矩陣中，左上角 $w_1^{(2)}$ 對 $w_1^{(2)}$ 的偏微分會等於 1，同理，從左上到右下的斜對角線上的元素都會等於 1，其餘元素都會等於 0，也就是會等於單位矩陣 $\boldsymbol{I}$，故可得：

$$\frac{\partial \boldsymbol{u}}{\partial \boldsymbol{w}^{(2)}} = x\begin{pmatrix} 1 & 0 & 0 & 0 \\ 0 & 1 & 0 & 0 \\ 0 & 0 & 1 & 0 \\ 0 & 0 & 0 & 1 \end{pmatrix} = x\boldsymbol{I} \qquad \cdots(48.12)$$

計算 $\frac{\partial \boldsymbol{z}}{\partial \boldsymbol{u}}$

接下來，要算(48.11)式等號右邊第 2 項的 $\boldsymbol{z}$ 對 $\boldsymbol{u}$ 偏微分，因為 z 跟 $\boldsymbol{u}$ 的關係如下(來自於單元 47，此處的 f 用的是 *Sigmoid* 函數)：

$$\boldsymbol{z} = f(\boldsymbol{u}) = \begin{pmatrix} f(u_1) \\ f(u_2) \\ f(u_3) \\ f(u_4) \end{pmatrix} = \begin{pmatrix} \frac{1}{1+e^{-u_1}} \\ \frac{1}{1+e^{-u_2}} \\ \frac{1}{1+e^{-u_3}} \\ \frac{1}{1+e^{-u_4}} \end{pmatrix}$$

所以，$\boldsymbol{z}$ 對 $\boldsymbol{u}$ 偏微分後，也會是一個矩陣(向量對向量偏微分)。另外，不同的單元 u_i 與 u_j 彼此獨立，所以當 $i \neq j$ 時，u_i 對 u_j 偏微分會是 0。而且根據單元 37，對 *Sigmoid* 函數 $f(x)$ 微分的結果，會等於 $f(x)(1-f(x))$，所以，$\boldsymbol{z}$ 對 $\boldsymbol{u}$ 偏微分可得：

$$\frac{\partial z}{\partial \boldsymbol{u}} = \begin{pmatrix} \frac{\partial}{\partial u_1} f(u_1) & 0 & 0 & 0 \\ 0 & \frac{\partial}{\partial u_2} f(u_2) & 0 & 0 \\ 0 & 0 & \frac{\partial}{\partial u_3} f(u_3) & 0 \\ 0 & 0 & 0 & \frac{\partial}{\partial u_4} f(u_4) \end{pmatrix}$$

$$= \begin{pmatrix} (1-f(u_1))\cdot f(u_1) & 0 & 0 & 0 \\ 0 & (1-f(u_2))\cdot f(u_2) & 0 & 0 \\ 0 & 0 & (1-f(u_3))\cdot f(u_3) & 0 \\ 0 & 0 & 0 & (1-f(u_4))\cdot f(u_4) \end{pmatrix}$$

接著，假設 $\boldsymbol{Z}$ 方陣形式如下：

$$\boldsymbol{Z} = \begin{pmatrix} f(u_1) & 0 & 0 & 0 \\ 0 & f(u_2) & 0 & 0 \\ 0 & 0 & f(u_3) & 0 \\ 0 & 0 & 0 & f(u_4) \end{pmatrix}$$

如此一來，$\frac{\partial z}{\partial \boldsymbol{u}}$ 就能改用 (48.13) 式來表示（讀者可一一乘開驗證）：

$$\frac{\partial z}{\partial \boldsymbol{u}} = (\boldsymbol{I}-\boldsymbol{Z})\cdot \boldsymbol{Z} \qquad \cdots (48.13)$$

計算 $\dfrac{\partial p}{\partial \boldsymbol{z}}$

算了這麼多，腦袋有點暈吧！我們再回顧一下剛剛算了哪些東西：

$$\frac{\partial C}{\partial \boldsymbol{w}^{(2)}}=\frac{\partial \boldsymbol{u}}{\partial \boldsymbol{w}^{(2)}}\cdot\frac{\partial \boldsymbol{z}}{\partial \boldsymbol{u}}\cdot\frac{\partial p}{\partial \boldsymbol{z}}\cdot\frac{\partial C}{\partial p} \qquad \cdots(48.11)$$

上式中的 $\dfrac{\partial C}{\partial p}$ (48.7) 式、$\dfrac{\partial \boldsymbol{u}}{\partial \boldsymbol{w}^{(2)}}$ (48.12) 式、$\dfrac{\partial \boldsymbol{z}}{\partial \boldsymbol{u}}$ (48.13) 式都已經算出來了。現在，只要將 $\dfrac{\partial p}{\partial \boldsymbol{z}}$ 也算出來，那麼 (48.11) 式需要的所有斜率就備齊了。我們同樣利用 (48.9) 式，來做 p 對 z 偏微分：

$$p=b^{(3)}+\boldsymbol{w}^{(3)T}\boldsymbol{z}，\ 可得\ \frac{\partial p}{\partial \boldsymbol{z}}=\boldsymbol{w}^{(3)} \qquad \cdots(48.14)$$

統合第 1 層到第 2 層權重的斜率

然後，把 (48.7)、(48.12)、(48.13)、(48.14) 式這幾個斜率代入 (48.11) 式，則誤差函數 C 對第 1 層到第 2 層權重 $\boldsymbol{w}^{(2)}$ 的斜率，可如下求得：

$$\begin{aligned}\frac{\partial C}{\partial \boldsymbol{w}^{(2)}}&=\frac{\partial \boldsymbol{u}}{\partial \boldsymbol{w}^{(2)}}\cdot\frac{\partial \boldsymbol{z}}{\partial \boldsymbol{u}}\cdot\frac{\partial p}{\partial \boldsymbol{z}}\cdot\frac{\partial C}{\partial p}\\&=\begin{cases}x\boldsymbol{I}\cdot(\boldsymbol{I}-\boldsymbol{Z})\cdot\boldsymbol{Z}\cdot\boldsymbol{w}^{(3)}\cdot\left(-\dfrac{1}{p}\right) & (當\ y=1\ 時)\\ x\boldsymbol{I}\cdot(\boldsymbol{I}-\boldsymbol{Z})\cdot\boldsymbol{Z}\cdot\boldsymbol{w}^{(3)}\cdot\dfrac{1}{1-p} & (當\ y=0\ 時)\end{cases}\end{aligned} \qquad \cdots(48.15)$$

注意！
$\boldsymbol{w}^{(2)}$ 斜率會由 $\boldsymbol{w}^{(3)}$ 而來

如此一來，只要知道輸入層的 x、中間層的非線性函數 z、第 3 層的權重，以及錄取機率 p，就可以求出第 2 層權重的斜率。

用權重的斜率算出新的權重

既然已經算出 C 對 $\boldsymbol{w}^{(2)}$ 與 $\boldsymbol{w}^{(3)}$ 的斜率（變化率或稱梯度），就可以算出權重的更新值，我們整個來整理一下，從輸入層到中間層再到輸出層的順序如下：

$$x \to \boldsymbol{w}^{(2)} \to \boldsymbol{w}^{(3)} \to p$$

我們可以將舊的權重，減去學習率（η）乘以權重斜率（梯度），即可得到更新的權重：

$$\text{new } \boldsymbol{w}^{(3)} = \text{old } \boldsymbol{w}^{(3)} - \eta \frac{\partial C}{\partial \boldsymbol{w}^{(3)}} \quad \cdots(48.16)$$

$$\frac{\partial C}{\partial \boldsymbol{w}^{(3)}} = \begin{cases} -\dfrac{1}{p}\, z & (\text{當 } y=1 \text{ 時}) \\ \dfrac{1}{1-p}\, z & (\text{當 } y=0 \text{ 時}) \end{cases}$$

$$\text{new } \boldsymbol{w}^{(2)} = \text{old } \boldsymbol{w}^{(2)} - \eta \frac{\partial C}{\partial \boldsymbol{w}^{(2)}} \quad \cdots(48.17)$$

$$\frac{\partial C}{\partial \boldsymbol{w}^{(2)}} = \begin{cases} x\boldsymbol{I}\cdot(\boldsymbol{I}-\boldsymbol{Z})\cdot\boldsymbol{Z}\cdot w^{(3)}\cdot\left(-\dfrac{1}{p}\right) & (\text{當 } y=1 \text{ 時}) \\ x\boldsymbol{I}\cdot(\boldsymbol{I}-\boldsymbol{Z})\cdot\boldsymbol{Z}\cdot w^{(3)}\cdot\dfrac{1}{1-p} & (\text{當}y=0 \text{ 時}) \end{cases}$$

正向與反向交替的視覺化流程

第 1 輪

① 輸入第 1 個 x、初始權重 $\boldsymbol{w}^{(2)}$、$\boldsymbol{w}^{(3)}$，可算出 p 及 C

$$x \rightarrow \boldsymbol{w}^{(2)} \rightarrow \boldsymbol{w}^{(3)} \rightarrow p \diagup C$$

② 反向算出 $\dfrac{\partial C}{\partial \boldsymbol{w}^{(3)}}$，再由 (48.16) 式算出 $new\ \boldsymbol{w}^{(3)}$（標記為 $\boldsymbol{w}'^{(3)}$）

$$x \rightarrow \boldsymbol{w}^{(2)} \rightarrow \boldsymbol{w}^{(3)} \rightarrow p \diagup C$$

③ 反向算出 $\dfrac{\partial C}{\partial \boldsymbol{w}^{(2)}}$，再由 (48.17) 式（用 p、$old\ \boldsymbol{w}^{(2)}$、$old\ \boldsymbol{w}^{(3)}$）算出 $new\ \boldsymbol{w}^{(2)}$（標記為 $\boldsymbol{w}'^{(2)}$）

$$x \rightarrow \boldsymbol{w}^{(2)} \rightarrow \boldsymbol{w}^{(3)} \rightarrow p \diagup C$$

如此權重 $\boldsymbol{w}^{(2)}$、$\boldsymbol{w}^{(3)}$ 更新為 $\boldsymbol{w}'^{(2)}$、$\boldsymbol{w}'^{(3)}$。

> 此處將 C 畫在 p 的斜上方，而不是正右方，是因為 C 是優化權重參數的函數，基本上是一個工具，而不是目的，而 p 才是我們真正要預測的值，所以將 C 畫在 p 的右上方以便和 p 區分開來。

第 2 輪

① 輸入第 2 個 x，以及更新權重 $\boldsymbol{w}'^{(2)}$、$\boldsymbol{w}'^{(3)}$，可算出 $new\ p$（標記為 p'）

$$x \rightarrow \boldsymbol{w}'^{(2)} \rightarrow \boldsymbol{w}'^{(3)} \rightarrow p' \diagup C$$

② 反向算出 $\dfrac{\partial C}{\partial \boldsymbol{w}^{(3)}}$，再由 (48.16) 式可算出 $new\ \boldsymbol{w}'^{(3)}$（標記為 $\boldsymbol{w}''^{(3)}$）

$$x \rightarrow \boldsymbol{w}'^{(2)} \rightarrow \boldsymbol{w}'^{(3)} \rightarrow p' \diagup C$$

③ 反向算出 $\dfrac{\partial C}{\partial \boldsymbol{w}^{(2)}}$，再由 (48.17) 式（用 p'、$\boldsymbol{w}'^{(2)}$、$\boldsymbol{w}'^{(3)}$）可算出 $new\ w'^{(2)}$（標記為 $w''^{(2)}$）。

$$x \rightarrow \boldsymbol{w}'^{(2)} \rightarrow \boldsymbol{w}'^{(3)} \rightarrow p' \diagup C$$

如此權重 $\boldsymbol{w}'^{(2)}$、$\boldsymbol{w}'^{(3)}$ 更新為 $\boldsymbol{w}''^{(2)}$、$\boldsymbol{w}''^{(3)}$。

接著再用第 3 個 x、權重 $\boldsymbol{w}''^{(2)}$、$\boldsymbol{w}''^{(3)}$ 求出新的 p'' …，如此迭代。這就是反向傳播的意思。

依此類推，直到新舊權重的差距(即 $\eta\dfrac{\partial C}{\partial \boldsymbol{w}^{(3)}}$ 與 $\eta\dfrac{\partial C}{\partial \boldsymbol{w}^{(2)}}$) 足夠小，就表示已收斂，這時的 $\boldsymbol{w}^{(2)}$、$\boldsymbol{w}^{(3)}$ 就是最佳權重值。

此例的中間層只有一層，如果中間層有更多層，只要重複利用鏈鎖法則，就可以一層一層得到各權重參數的斜率。求出斜率後，再乘上學習率，即可計算出一組新的權重參數，如此反覆迭代計算，理論上即可求出誤差函數最佳優化的答案。這就是神經網路中，誤差反向傳播的運作方式。

提醒您！以上推導過程用的啟動函數 f 都是 *Sigmoid* 函數，但其實不論您用哪一種啟動函數，只要中間層只有一層，都是由 (47.4) 式來表示，而如果中間層不止一層，也可以多次套用 (47.4) 式來運算，這就是線性代數表示法的好處。

回顧一下：本單元我們做了這些事

(1) 多變數合成函數偏微分的鏈鎖法則

(2) 向量對向量偏微分會得到矩陣

(3) 隨機梯度下降法是每次迭代，都只挑選 1 個數據來運算、並更新參數

(4) 反向傳播是從誤差函數 C、輸出層的機率，反向回推出 C 對各層間權重 $\boldsymbol{w}^{(3)}$、$\boldsymbol{w}^{(2)}$ 的變化率 (梯度)。

到這裏，我們做的都是公式的推導，或許還是有點抽象，如果你希望更踏實的理解整個深度學習反向傳播的實作，可以參考旗標科技出版的《*NumPy* 高速運算徹底解說》一書第 4 章，你在那裏會看到如何手工計算反向傳播、梯度下降的所有細節，以及如何用 *Python* 程式來實作本單元揭示的原理。

本篇總結：並非所有事情都適合交給機器學習

讀到這裏讓我們想想看，在單元 46 圖表 6-14 的統計資料中，在未以 *GPA* 做篩選的情況下，事後發現 *GPA* 等於 1 的錄取率只有 4%，表示徵人資源花在這裏有 96% 白費。而 *GPA* 等於 3.5 的錄取率有 50%，浪費的資源降低到 50%，表示還可以用比較少的資源來做徵人的工作。也因此，利用 *GPA* 分數做為篩選進入面試的依據，確實會比原來未採用 *GPA* 的方法要有效率得多。

我們在單元 46 花了很大的功夫，找出儘可能逼近原始數據的函數，然而一般人卻很難看懂，因為那本來就不是給人類看的，而是丟給電腦去處理。如果要求沒那麼精準，其實也可以用簡單的邏輯斯迴歸函數，來解釋 *GPA* 分數與錄取機率之間的關係，例如：

圖表 6-26

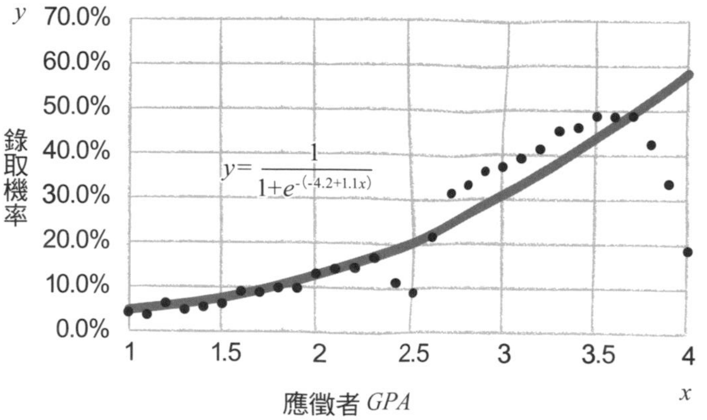

這個邏輯斯函數曲線，雖然無法呈現實際數據中 *GPA* 在 2.5 附近的山谷，以及大於 3.5 會快速下降的特徵，但 *GPA* 每增加 1 的勝算比為 3.004166，仍然能表現出 *GPA* 高的應徵者，獲得錄取機率也高的態勢。人資單位在做初步篩選時，是個很好的判斷依據。如此一來，就不容易有名校迷思，讓企業也有機會網羅到其他學校畢業且學習能力又好的優秀人才。

小編補充： 上文中 *GPA* 每增加 1 的勝算比為 3.004166，是由「$GPA = x + 1$ 的勝算」除以「$GPA = x$ 的勝算」而來。勝算公式為 $\frac{p}{1-p}$，將 *GPA* 值代入圖表 6-26 的函數可得到 p。例如 $GPA = 1$ 的勝算為 0.045049，$GPA = 2$ 的勝算為 0.135335，$GPA = 3$ 的勝算為 0.40657，$GPA = 4$ 的勝算為 1.221403。然後用後者除以前者，即可得 *GPA* 每增加 1 的勝算比皆為 3.004166。也就表示，*GPA* 每多 1 分的勝算就會高 3.004166 倍。

一般人或許看不懂圖表 6-21 的函數是怎麼回事，但一定看得懂圖表 6-26 的函數代表的意思。也就是說，即使機器學習與統計學背後用到的數學與演算法類似，但仍有明顯的區別。機器學習是做「預測和最佳優化」，統計學則是用來「洞察現象」，如果不將兩者的用途分清楚，而以為是相同的東西，那就可能弄錯方向了。

舉例來說，做網路行銷時，該給哪一種用戶看哪一類廣告的點擊率會最高？這種事情就很適合交給機器學習去做，因為即使在不了解人類習性的情況下，仍然能夠優化到很好的程度。然而，如果要思考的是應該規劃什麼樣的廣告？則由人類依據統計學呈現出的現象做判斷才比較適當。機器學習與統計學各有擅長的領域，善用工具才是最好的選擇。

MEMO

旗 標 FLAG

好書能增進知識 提高學習效率 卓越的品質是旗標的信念與堅持

旗 標 FLAG
http://www.flag.com.tw